工业软件丛书

工业软件云战略

《工业软件云战略》编委会◎编著

机械工业出版社
CHINA MACHINE PRESS

图书在版编目（CIP）数据

工业软件云战略 /《工业软件云战略》编委会编著 . —北京：机械工业出版社，
2023.9（2024.5 重印）

（工业软件丛书）

ISBN 978-7-111-73615-8

Ⅰ. ①工… Ⅱ. ①工… Ⅲ. ①软件开发 Ⅳ. ① TP311.52

中国国家版本馆 CIP 数据核字（2023）第 144214 号

机械工业出版社（北京市百万庄大街 22 号 邮政编码 100037）
策划编辑：王 颖 责任编辑：王 颖
责任校对：李小宝 李 杉 责任印制：张 博
北京建宏印刷有限公司印刷
2024 年 5 月第 1 版第 2 次印刷
170mm×240mm・17.25 印张・1 插页・314 千字
标准书号：ISBN 978-7-111-73615-8
定价：99.00 元

电话服务 网络服务

客服电话：010-88361066 机 工 官 网：www.cmpbook.com

010-88379833 机 工 官 博：weibo.com/cmp1952

010-68326294 金 书 网：www.golden-book.com

封底无防伪标均为盗版 机工教育服务网：www.cmpedu.com

COMMITTEE

当今世界正经历百年未有之大变局。国家综合实力由工业保障，工业发展由工业软件驱动。工业软件正在重塑工业巨人之魂。

习近平总书记在 2021 年 5 月 28 日召开的两院院士大会、中国科协第十次全国代表大会上发表了重要讲话："科技攻关要坚持问题导向，奔着最紧急、最紧迫的问题去。要从国家急迫需要和长远需求出发，在石油天然气、基础原材料、高端芯片、工业软件、农作物种子、科学试验用仪器设备、化学制剂等方面关键核心技术上全力攻坚，加快突破一批药品、医疗器械、医用设备、疫苗等领域关键核心技术。"

国家最高领导人将工业软件定位于"最紧急、最紧迫的问题"，是"国家急迫需要和长远需求"的关键核心技术，史无前例，开国首次，彰显了国家对工业软件的高度重视。机械工业出版社此次领衔组织出版这套"工业软件丛书"，秉持系统性、专业性、全局性、先进性的原则，开展工业软件生态研究，探索工业软件发展规律，反映工业软件全面信息，汇总工业软件应用成果，助力产业数字化转型。这套丛书是以实际行动落实国家意志的重要举措，意义深远，作用重大，正当其时。

本丛书分为产业研究与生态建设、技术与产品、支撑环境三大类。

在工业软件的产业研究与生态建设大类中，列入了工业技术软件化专项研究、工业软件发展生态环境研究、工业软件分类研究、工业软件质量与可靠性测试、工业软件的标准和规范研究等内容，希望从顶层设计的角度让读者清晰地知晓，在工业软件的技术与产品之外，还有很多制约工业软件发展的生态因素。例如工业软件的可靠性、安全性测试，还没有引起业界足够的重视，但是当工业软件越来越多地进入各种工业品中，成为"软零件""软装备"之后，工业软件的可靠性、安全性对各种工业品的影响将越来越重要，甚至就是"一票否决"式的重要。至于制约工业软件发展的政策、制度、环境，以及工业技术的积累等基础性的问题，就更值得予以认真研究。

工业软件的技术与产品大类是一个生机勃勃、不断发展演进的庞大家族。据不完全统计，工业软件有近 2 万种之多[一]。面对如此庞大的工业软件家族，如何用一套丛书来进行一场"小样本、大视野、深探底"的表述，是一个巨大的挑战。就连"工业软件"术语本身，也是在最初没有定义的情况下，伴随着工业软件的不断发展而逐渐产生的，形成了一个"用于工业过程的所有软件"的基本共识。如果想准确地论述工业软件，从范畴上说，要从国家统计局所定义的"工业门类"[二]出发，把应用在矿业、制造业、能源业这三大门类中的所有软件都囊括进来，而不能仅仅把目光放在制造业一个门类上；从分类上说，既要顾及现有分类（如 CAX、MES 等），也要着眼于未来可能的新分类（如工研软件、工管软件等）；从架构上说，既要顾及传统架构（如 ISA95）的软件，也要考虑到基于云架构（如 SaaS）的订阅式软件；从所有权上说，既要考虑到商用软件，也要考虑到自用软件（in-house software）；等等。本丛书力争做到从不同的维度和视角，对各种形态的工业软件都能有所展现，勾勒出一幅工业软件的中国版图，尽管这种展现与勾勒，很可能是粗线条的。

工业软件的支撑环境是一个不可缺失的重要内容。数据库、云技术、材料属性库、图形引擎、过程语言、还是工业操作系统等，都是支撑各种形态的工业软件实现其功能的基础性的"数字底座"。基础不牢，地动山摇，遑论自主，更无可控。没有强大的工业软件所需的运行支撑环境，就没有强大的工业软件。因此，工业软件的"数字底座"是一项必须涉及的重要内容。

[一] 林雪萍的"工业软件 无尽的边疆：写在十四五专项之前"，可见 https://mp.weixin.qq.com/s/Y_Rq3yJTE1ahma30iV0JJQ。
[二] 参考《国民经济行业分类》(GB/T 4754—2019)。

长期以来，"缺芯少魂"一直困扰着中国企业及产业高质量发展。特别是从 2018 年以来，强加在很多中国企业头上的贸易摩擦展现了令人眼花缭乱的"花式断供"，仅芯片断供或许就能导致某些企业停产。芯片断供尚有应对措施来减少损失，但是工业软件断供则是直接阉割企业的设计和生产能力。没有工业软件这个基础性的数字化工具和软装备，就没有工业品的设计和生产，社会可能停摆，企业可能断命，绝大多数先进设备可能变成废铜烂铁。工业软件对工业的发展具有不可替代、不可或缺、不可估量的支撑、提振与杠杆放大作用，已经日益为全社会所切身感受和深刻认知。

本丛书的面世，或将揭开蒙在工业软件头上的神秘面纱，厘清工业软件发展规律，更重要的是，将会激励中国的工业软件从业者，充分发挥"可上九天揽月，可下五洋捉鳖"的想象力、执行力和战斗力，让每一行代码、每一段程序，都谱写出最新、最硬核的时代篇章，让中国的工业软件产业就此整体发力，急速前行，攻坚克难，携手创新，使我国尽快屹立于全球工业软件强国之林。

丛书编委会

2021 年 8 月

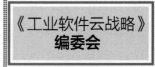

《工业软件云战略》
编委会

COMMITTEE

序一

FOREWORD

　　发展工业软件是提升中国制造业国际竞争力和推动制造大国迈向制造强国的根本所在。由于历史原因，我国制造业大而不强，尤其是在作为工业产业核心基础工具的工业软件方面，严重依赖于发达国家，这不但在经济上付出很大代价，而且使我国工业发展受制于人。长期以来，中国工业软件市场一直被外国跨国公司所垄断，这几年，随着西方单边主义、霸凌主义的加剧，我国工业发展更深受工业软件卡脖子之苦，补齐工业软件的短板已刻不容缓。

　　目前中国是全球第一大工业国，中国制造业占全球的 30% 左右，但工业软件市场占比却不到 10%，这说明在工业软件领域中国要赶上发达国家还是一个十分艰巨的任务。技术的发展具有一定的周期性，中国要补齐工业软件的短板，不能走西方发达国家当年的老路，简单地模仿、追随是永远也赶不上发达国家的，我们应当顺应技术发展潮流，用"创新驱动发展"的战略思维，争取在新一轮科技变革中换道超车，后来居上。

　　《工业软件云战略》一书记述了广东省数字化工业软件联盟正在探索的一条具有中国特色的、创新的工业软件发展路径。该联盟坚持"以用促研"，充分结合工业软件发展现状和制造业的产业需求，"集众智、聚众力"，攻坚克难。书中提出以面向未来的新一代"云计算架构"为中心的新型工业软件概念，重新定义新一代工业软件架构和标准体系，并详细阐述了基于工业云服务平台，采用场景化 SaaS 聚合生态优势，打造由"平台 + 生态"构成的全栈自主可控工业软件体系，形成云工厂 / 行业云的新商业模式。这种创新的工业软件体系可以无缝融合到国内蓬勃兴起的工业互联网框架中，为工业互联网提供重要的服务。上述这条工业软件发展路径充分利用了我国大力推进的云、AI、大数据、先进网络等新技术优势，引入数据驱动和模型驱动等新方法，由产业牵头组建创新联合体，协同共建新一代工业软件云体系，以实现国产工业软件的迅速崛起，推进中国制造业的高质量发展。

习近平总书记曾在主持中央政治局集体学习时指出"要打好科技仪器设备、操作系统和基础软件国产化攻坚战"。工业软件属于基础软件范畴。为了彻底解决工业软件受制于人的问题，我们要发挥新型举国体制优势，集中资源，攻坚克难，打好工业软件国产化攻坚战，尽快实现跨越发展。我们相信，新一代国产工业软件有望突破中国工业软件被西方长期垄断的局面，开创中国自主创新的工业软件和工业互联网融合发展的新篇章，为全面推进产业基础高级化、产业链现代化，促进制造业高质量发展提供坚实支撑，最终实现建设制造强国的宏伟目标！

中国工程院院士　倪光南

序二

FOREWORD

　　工业软件是现代工业发展的重要支撑，作为工业制造的大脑和神经，工业的发展离不开工业软件，它既是推动制造业向数智化转型升级、助力战略性新兴产业快速发展的核心驱动力，更是数字经济发展的基石。

　　作为全球工业门类最齐全的国家，工业软件在我国应用广、需求大，是我国由制造大国向制造强国迈进的关键一步，且作为"十四五"的重点突破方向，全国各地均在积极布局推进工业软件的高质量发展。然而，虽然我国制造业在全球拥有巨大的份额和影响力，连续13年制造业规模位居全球第一，但是我国工业软件市场长期以来却一直被国外软件所主导，尤其是在设计研发软件领域，国产化率甚至不足10%。从全球数据来看，2021年全球工业软件产品的市场规模为4561亿美元，而我国工业软件产品的市场规模仅为2414亿元，在全球占比不到8%，与制造业规模在全球占比有着近3倍的差距。在全球工业软件市场规模庞大的机遇面前，我国工业软件发展与先进制造业国家相比差距巨大。这种差距的存在既是一项挑战，也是一种机遇。

　　在新一代信息技术高速发展的今天，人工智能、云计算、大数据等新兴技术为弥补上述差距，实现工业软件的快速发展和创新提供了新的发展路径。人工智能与工业软件的融合应用已成为未来发展的主流趋势之一，也为我国工业软件实现跨越式发展，实现对国外软件的突围提供了一种可能。通过运用人工智能技术，可以强化工业软件的敏捷性和高效性，实现低代码化发展，推动制造业向智能化转型发展。同时，云计算技术的兴起也为工业软件的发展提供了广阔的想象空间。相较于传统的工业软件，工业软件上云所带来不仅仅是使用上的便利性，更是软件生态的变化，一方面让软件的使用不再受限于硬件设备、地理位置，让软件打通了数据流，让跨部门、跨设备沟通协作更为便利，另一方面更是建造了一种开放的产业生态，进一步提高数据价值利用和管理效率。

云已成为数字经济时代的关键基础设施，不仅在科技领域备受关注，而且是制造业实现数智化转型的基础底座。我国"十四五"规划中提出的"上云用数赋智"企业数字转型行动方案，将"上云"作为实现数字化转型的首要步骤，这一做法也突出了云作为数字经济发展的核心技术之一的关键作用，它改变了用户对资源的获取方式，从自行购买产品和建设基础设施转变为购买社会化公共服务。工业软件云化也将极大地提升研发品质、协同效率和数据价值，为产业发展带来巨大的机遇。无论国内外，各领域的龙头企业，例如 Ansys、西门子、PTC 等，都已在纷纷布局云化产品赛道，通过研发、收购等各种手段，建立自身云化产品方面的竞争优势。

在新一代数字技术的驱动下，我们在追赶先进制造业国家与全球工业软件龙头企业的过程中，还应加强与工业、新一代信息技术企业的联合研发，秉承开放、协同、创新的理念，建立工业软件产业生态圈，打通工业软件产业上下游之间的合作与交流，实现产业生态的良性循环，推动工业软件产业整体向上向好积极发展。在这方面，数字化工业软件联盟正在推进的一种"以工业软件为核心，以云计算和人工智能为基础"的开发平台架构的发展模式，为国内工业软件发展搭建了一个平台，建立了一种生态，为我们做出了榜样，树立了标杆。与此同时，我们也应看到云计算、人工智能虽然是技术进步的驱动力，但坚持工业软件本身的技术创新才是实现工业软件稳步发展的关键内核。

总之，工业软件作为现代制造业的核心技术，对实现工业高质量发展具有重要意义。通过云计算、人工智能等新一代信息技术的应用，我国可以实现工业软件领域的迎头赶超，推动制造业向数字化转型，提升工业制造的质量、效率和创新能力。工业软件的发展是我国走向制造强国的必经之路，必将为我国的产业发展注入强大动力。

本书整合了业界的集体智慧，结合我国工业软件发展现状，对我国工业软件的创新型、跨越式发展进行了深入、细致、严谨的探讨和分析，力图从云技术方向为我国工业软件的崛起突围，探索出一条切实可行之路。我相信这本书将会对工业软件产业的发展起到积极的推动作用，为业界带来启发和帮助。

在迅猛发展的信息技术浪潮中，工业软件的突围之路充满艰辛与挑战。但是以前毛主席讲过一句话，世上最怕"认真"二字。一件事情的成功不在于一个人能力有多强，而在于是不是有心去做一件事情。工业软件作为我的第三次创业领域，我相信我们终将建立具有我国产业特色的工业软件发展道路，实现我国工业软件的跨越式发展。正如法国作家阿贝尔·加缪所说："每当我似乎感受到世界的深刻意义时，正是它的简单令我震惊"。对于我国工业软件的发展而言，尽管过程千难万险，但最终也将发现其大道至简。

中国科学院院士　陈十一

中美打响了从中兴通讯和华为断供开始的两国科技之战，目前硝烟弥漫，战斗仍在升级之中，给了国人众多警示：国家的核心技术必须自力更生，关键核心技术是要不来、买不来、讨不来的。从近些年美国对中国的贸易限制不难发现，贸易战的本质其实是科技的较量，而科技较量最直观的反映便是工业，现代工业的发展离不开工业软件。工业软件的价值在于提升生产效率、优化资源利用、提高产品质量、降低风险和实现数字化转型与创新，从而，提高产品竞争力，降低成本，并适应市场的快速变化与挑战。

当前我国正在加快推动由制造大国向制造强国转变，工业软件作为创新制造的关键技术，对于推动制造业的转型升级具有无可替代的重大战略意义、时代意义和历史意义。工业软件核心技术是内核引擎技术，特别是其中的建模与求解引擎、高性能数值计算引擎等，这些技术决定了工业软件的核心功能、性能、质量和效果。目前，这些主要源头技术掌握在国外厂商手中，国内这些核心技术的研发和创新仍然薄弱，建立具有我国自主知识产权的工业软件核心理论与技术，彻底改变我工业软件自主化程度低局面的挑战迫在眉睫。先进的工业软件必须是理论先行，以先进的理论为基础。没有先进的系统动力学理论支撑，是无法想象开发出具有先进装备设计、加工、试验、评估、运用能力的先进工业软件。

随着工业领域的发展和制造现场的变化，传统工业软件存在高成本、低灵活性和低可扩展性、依赖本地设备、缺乏协同能力等短板。《工业软件云战略》一书阐述了工业软件的数字化转型和云化趋势，描绘了基于新架构、新标准、新模式的新一代工业软件的宏大蓝图和愿景。该书的出版对工业软件云技术和工业软件技术发展都具有重要的促进作用。工业软件云作为一种新的架构和模式，将工业软件与云计算、大数据、人工智能等新技术相结合，加速推动工业软件的创新和发展。工业软件云战略通过重新定义工业软件架构和标准体系，促进工业软件的标准化、规范化、互操作性和兼容性。实施工业软件云战略将推动工业软件的发展和应用，促进制造业的数字化转型和升级，支撑中国制造业高质量发展，这是时代的召唤。工业软件云的本质是利用云计算架构和虚拟化技术，将工业软件部署在云端的服务器上，通过网络提供给用户使用，用户按需使用工业软件，无需在本地安装和维护软件，实现资源的弹性扩展和共享，提高软件的可用性和灾备能力。

工业软件云战略的实施需要包括工业软件开发商、工业企业、政府部门等各方共同努力，共同建设工业软件云生态，推动工业软件的生态化发展，促进软件的共享和共赢，推动工业软件的崛起和中国制造业的高质量发展。

中国科学院院士
复杂多体系统动力学全国重点实验室主任
国际机械系统动力学学会（ISMSD）理事长
国际机械系统动力学学报（IJMSD）主编

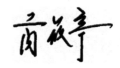

2019 年 5 月，美国把华为放入"实体清单"，所有美国的产品、芯片、器件在没有许可下不能提供给华为，也不能给华为提供服务。一时间，所有给华为提供产品开发工具软件的美国公司及产品中有美国成分的其他公司都停止了升级和服务，华为从芯片设计、单板设计、结构设计和仿真验证、软件开发都只能依赖不能升级及有许可期限制的工具软件进行，或很快进入无产品开发工具可用的境地。这如同当年横在红军前进路上的乌江天险，华为只有突破"乌江天险"，实现战略突围，才有可能持续开发出产品，即打造出从矿石和沙子到产品的领先的产品开发工具软件，彻底摆脱对开发工具软件的依赖。

三年来，华为围绕硬件开发、软件开发和芯片开发三条研发生产线，与合作伙伴一道努力打造相应的工具，完成了几十款软件/硬件开发工具的替代，保障了研发作业的连续。在服务好自身的情况下，华为联合生态伙伴，把工具软件通过华为云分享出来，向产业提供服务。在服务于产业的过程中，进一步解决用户的问题，提升用户体验，为中国工业可持续发展提供更好的支撑。

《工业软件云战略》结合华为内部工程和数字化实践以及世界工业软件成长

路径、演进趋势，形成了新一代工业软件的战略宣言，详细描绘了基于新架构、新标准、新模式，众多国内外生态伙伴"共建新一代工业软件云，让天下没有难做的产品"的宏大蓝图和愿景。期待这本书能让业界凝聚共识，共谋发展！

华为公司轮值董事长　徐直军

世界强国大厂都在纷纷推进制造业产业升级，未来30年世界工业将面临大变局。

2011年，德国提出"工业4.0"，以数字工厂为基本单元实现更广范围的互联，意图使德国成为制造能力输出国。2014年，美国成立面向全球的工业互联网联盟（Industrial Internet Consortium，IIC），加快互联机器与设备的开发、采纳和广泛使用，促进智能分析，意图通过互联网向工业领域的延伸，执工业互联的牛耳，控制全球工业的发展。2017年，日本明确提出"互联工业"，通过企业、人、数据、机械相互连接，产生新价值，创造新产品，最终实现工业互联的智能社会。2015年，中国印发了《中国制造2025》，部署全面推进实施制造强国的战略，这是我国实施制造强国战略第一个十年的行动纲领。《中国制造2025》强调以信息技术与制造技术深度融合的数字化、网络化、智能化制造为主线，三步走实现中国制造业强国目标。

2013年，波音公司以研制为起点提出了数字航空（Digital Aviation）的发展构想，通过数字飞机实现了"将正确的数据，在正确的时间，以正确的版本和格式，发给正确的人和机器"，从而不断优化民机运营效率、安全性、适航规章符合性和用户体验；对外打造以航空业大数据分析为主的数字化解决方案，增加数字化服务产品，为航空业其他企业提供增值服务。GE 公司以运维为起点聚焦大型设备运维数据采集和预测性能维护，打造 Predix 平台和数字孪生能力，"GE for GE，GE for Customer，GE for World"的商业模式创新领业界之先，带动了包括美国 PTC、EMC 等其他工业领军企业数字化转型的整体方向。西门子公司以制造为起点，依托自身庞大的工业软件体系，构建了"以制造为中心"的工业 4.0 生产系统，提升设备竞争力，打造新的商业模式，使能企业客户的数字化转型。丰田汽车公司以产品为起点，通过"新四化"（网联化、电动化、共享化、智能化）的技术创新占领智能网联汽车的制高点。

数字化转型的进程中，市场竞争的主逻辑是从企业间竞争转向产业链竞争，产业链企业群整体的活力决定了它们的竞争力。企业数字化逐步走向产业链数字化。业界优秀工业企业数字化转型的经验表明，工业数字化转型升级的本质是一场数字化技术驱动的业务变革，是一场通过数字化技术改造的生产工具和生产资料带动生产关系的革命。工业数字化时代的生产工具将由工业软件定义，生产资料将由工业数据驱动。由此说明工业数字化转型的特点是无软件，不转型；无数据，不升级。

工业数字化转型对工业软件提出了新诉求，新诉求催生新机遇。工业水平决定了工业软件水平，匹配世界工业需求，匹配技术变化，推进工业软件更新换代，是世界工业软件界的共同命题。我国工业软件的成长史与工业的成长史相辅相成，中国工业正从逆向设计为主的加工制造，走向正向创新为主的研发制造，数字化工业软件的需求正大幅提升。

欧美工业软件厂商在服务于中国工业的同时，已事实上在产品开发工具软件领域构筑起内核根技术、工业行业知识、工业数据资产、工业软件生态四大壁垒。内核根技术，无论是几何建模引擎、几何约束求解引擎，还是网格剖分引擎、高性能数值计算引擎，目前世界主流源头技术仍在美国；工业行业先进工程和工艺知识都沉淀在国外软件之中；工业数据资产的数据格式大多是国外软件厂商的私有格式，国内软件无法正确打开；在工业软件生态的规模上，国外软件厂商是国内软件厂商的数十倍。我国工业软件产业要攻克以上四大壁垒，要提升技术水平、加大经费投入、扩大人才基数。

没有代码仓、构建工具、二进制仓等软件开发工具，产品软件就无法出包；没有原理图工具、版图工具、结构设计工具等硬件开发工具，电路板和硬件设备就无法研制；没有前端逻辑设计工具、逻辑综合工具、后端版图设计仿真工具等芯片开发工具，芯片就无法研制。

不能解决中国电子工业从材料、芯片到电路板、整机整个产业链端到端的工业软件自主可控问题，中国电子工业就无法真正安全，工业软件是我国制造业的"乌江天险"。美国分别有针对性地对华为、中兴、大疆等高科技公司无端打压，这种无端打压使得这些公司在极端情况下无法获得先进工艺和先进的软件，如果渡不过这个"乌江天险"，我国制造业的前进道路就会受到阻挡，有的企业甚至都无法生存下去，我国工业软件的突围迫在眉睫。"基础材料（石头沙子）→芯片／器件→单板→产品"的整个研发生产过程所需的工具软件超过上千种，目前国产工业软件市场份额仅占 6%，我国工业软件的任务艰巨。构建工业软件的产业韧性，非常迫切，极端重要。

工业软件并不仅仅是软件，更是工业知识精髓和工业属性在数字空间的凝聚与映射。工业软件的高度反映工业的高度。今天的计算框架，已经发生了根本性变革，软件生存与发展的土壤，已经从"地面"延伸到了"天空"，从单机和局域网升级到了"云端"；超融合的过程让数据按照软件制定的规则自动流动，坚实的"数字底座"让数据、信息、知识无处不在；工业发展的范式，已经发生了变革。优化工业软件，决战数字空间，是百年难遇的机会窗口。

过去四十年，我国工业软件已经历了几次突围。20 世纪 80 年代初，伴随着昂贵的 IBM 大型机、VAX 小型机、阿波罗（Apollo）工作站的引入，图形和设计 CAD 软件开始进入我国相关的研究所与高校，工业软件也开始进入各方视野，国家相关政策也随着"CAD 攻关项目""863/CIMS、制造业信息化工程""两化融合"等相继出台，研究所、高校和企业纷纷投入到对工业软件攻关、开发及实践中，但因我国制造业的发展现状及工业大环境，自主工业软件渐渐式微，国外工业软件占据主流。

面对我国工业的"乌江天险"，突围的成功路径究竟是什么？数字化工业软件联盟认为：我们一定要集众智、聚众力，以我国丰富的工业场景为磨刀石，以新制造业的有效市场需求为导向，抓住云计算框架变革的窗口期，更换工业软件切入策略和竞争逻辑，重新定义新一代工业软件架构，重新定义新一代工业软件标准体系，充分利用云、AI、大数据、先进网络等新技术，引入数据驱动和模型驱动等新方法，重新定义工业软件云上协同的开发模式和商业模式，重新定义工业产业升级的新范式，结合有为政府领导下新型举国体制的政策优势，设计新的生态化和体系化推进模式，由产业牵头组建创新联合体，聚心、聚智、聚力，共建新一代工业软件云体系，壮大中国工业软件产业连续供应能力，助力中国工业数字化转型升级。

本书从大变局、大机遇、大战略、大底座、大范式来阐述我们的观点，期望能给大家带来启发和帮助。我们相信，只要工业软件人众志成城，持续攻坚，就一定能够实现工业软件的崛起，助力我国制造业高质量发展，让天下没有难做的产品。

《工业软件云战略》编委会

目录

CONTENTS

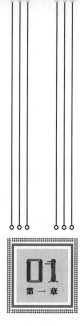

大变局：制造业高质量发展对
传统工业软件提出崭新需求

企业数字化转型始于二十多年前，波音公司（以下简称波音）携DCAC/MRM项目率先启动数字化转型。大约十年前，一场以智能为标识的新工业革命席卷全球，几乎所有的工业大国都在加速布局本国的工业转型升级，由此对工业软件提出了强劲的、刚性的、战略性的需求，而传统工业软件，无论从部署上、架构上、功能上，都已经无法满足工业转型升级的刚需。无软件，不转型。工业软件领域已经开始"变天"。

第一节　大国重器，主流工业国各展其能开展新工业革命

一、立足CPS+三个集成，德国工业4.0打造企业竞争新优势

工业4.0的概念最早由德国的工业巨头以民间联手的方式于2011年提出。这

个概念甫一面世，便引发全球科技和产业界的高度关注，将其视为"第四次工业革命"的重要突破口，代表了全球工业化发展战略的最新思考与竞争策略。

工业 4.0 的基本特征是以数字化工厂为基本单元来实现"互联及达到更广范围的互联"，本质上是通过在制造业物理系统中部署赛博物理系统（CPS，Cyber-Physical Systems，也称信息物理系统），实现"三个集成（纵向集成、端到端集成、横向集成）"，通过减少人工介入来提升德国制造企业竞争力。这就要求工厂内部带有 CPS 装置的设备实现互联，即生产设备间的互联、设备和产品的互联、虚拟和现实的互联，最终达到万物互联，其核心便是通过对赛博物理系统（CPS）的产品化及营销活动，提升德国制造产业。

工业 4.0 给德国制造业带来了巨大的发展潜力。在德国工厂部署 CPS，将提高生产效率，同时，CPS 技术的发展也为出口技术和产品提供了重要的机遇。因此，此次德国实施工业 4.0 主要采用双重策略，一方面在制造业中开展 CPS，另一方面是加强制造业的 CPS 技术及产品的市场，目的是撬动德国制造业的市场潜力。[⊖]

工业 4.0 是一种信息技术发展到新阶段产生的新型工业化发展模式，是一场以智能为标识、以数据为基础、以工业物联网为支撑的新工业革命，其核心内容如下。

1. CPS 是工业 4.0 的核心

通过把 ICT 要素嵌入物理设备，并将物理设备彼此联网，使物理设备具有计算、通信、控制、远程协调和自治五大功能，从而实现 CPS 与现实物理世界的融合。在 CPS 中，以工业软件为核心的各种软件是实现上述五大功能的关键要素。

CPS 的组成包括了可连接的物理产品及其数字孪生体，以及支撑端到端集成工具链、贯通的数字主线及云化的在线运营平台。CPS 系统有效运行的关键是产品对象的数字化，产品数字化的关键是由工业软件支撑的基于模型（Model Based）的数字化融合设计与开发。2017 年 3 月发布的《信息物理系统白皮书（2017）》中的 CPS 组成为一硬（物理实体）、一软（数字孪生）、一网（物联网 / 信息系统）和一平台（大数据平台 / 集成化产品架构），如图 1-1 所示。

2. 工业软件是 CPS 的灵魂和工业 4.0 的实现工具

一软、一网和一平台，皆由软件定义和赋能，因此 CPS 运行是依靠工业软件来实现的。

⊖ 引自：工业 4.0 工作组. 德国工业 4.0 战略计划实施建议.《世界制造技术与装备市场》，2014 年 03 期.

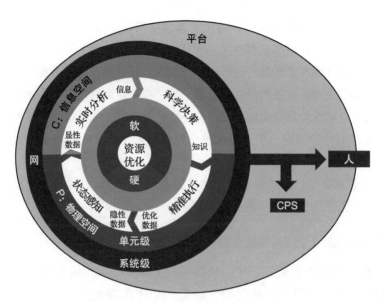

图 1-1　CPS 的组成

工业软件是工业技术 / 知识、流程的程序化封装与复用。工业软件的研制及应用的过程，本质上是工业知识和 Know-How 沉淀的过程，即基于业务场景将多学科知识进行数字化、结构化、模型化、软件化的过程。工业软件中盛装了多专业和多领域的工业知识、机理模型、推理规则以及由此推演出来的各种算法，算法是对现实问题解决方案的抽象描述，是工业软件的核心。

通过工业软件所形成的软件定义，CPS 打造了从赛博空间到物理空间的"状态感知→实时分析→科学决策→精准执行"的数据闭环，构建了基于工业软件的数据自动流动和知识智能流动的规则体系，并以此来应对系统内外部的不确定性，由工业软件给出最适用的决策和预测，高效配置企业各种资源。

无论是 CPS、三个集成、数据处理与管理、工业流程中的应用与服务，都会在发展与变革中不断产生新需求，不断期待新功能，这些都需要既有工业软件集成为更综合的软件平台，乃至开发新一代工业软件来满足企业日益增长的多元化需求，进而从根本上改善研发、制造、测试、材料使用、供应链和生命周期管理等工业过程。正是因为功能强大的工业软件打通并连接了实体物理空间与虚拟赛博空间，实现数物融合，形成资源、信息、物品和人之间的互联、互通和互操作，让工业 4.0 成为现实。

3. 数据是工业 4.0 的实现基础

数据是工业 4.0 生产体系区别于工业 1.0、2.0、3.0 生产体系的主要特征。在工业 4.0 时代，随着 CPS 的推广、智能装备和终端的普及以及各种各样传感器的使用，产生了无所不在的感知和连接，所有的生产装备、感知设备、联网终端，包括生产者本身都在源源不断地产生数据，并实现产品数据、运营数据、价值链数据及外部数据等的完善。这些数据如同血液一般，在工业系统内源源不断地产生，源源不断地被工业软件处理和赋能，又源源不断地输送到工业系统内，这些数据将会渗透到企业运营、价值链乃至产品的整个生命周期，让工业系统正常运转并发展壮大。

在新工业革命时代，数据不仅是确保企业运行的命脉，也是企业极强重要的数字资产，还是发展国民经济的生产要素。

4. 三个集成是工业 4.0 落地举措

- 纵向集成：在智能工厂中，机器人、工作中心、产线等制造系统将不再是固化和预定义的。基于 CPS 定义一组 IT 配置规则，这些规则可以根据具体生产场景，自动且灵活地创建或重构制造系统，自动匹配有关模型、数据、通信和算法，实现从执行器 / 传感器、HMI/DCS、MES、ERP 及 PLM 等不同层级的 IT 和 OT 系统纵向集成，支持高度柔性的数字化、网络化、智能化制造。

- 端到端集成：通过产品全生命周期（价值链）和为客户需求而协作的不同公司，使现实世界与数字世界完成整合，即通过产品的研发、生产、服务等产品全生命周期内的一系列工程活动来实现全价值链上所有终端 / 用户的集成，例如汽车、手机厂商围绕产品全生命周期的企业间的集成与合作。

- 横向集成：将各种使用不同制造阶段和商业计划的 IT 系统集成在一起，这其中既包括一个公司内部的材料、能源和信息的配置，也包括不同公司间的配置（价值网络）[⊖]，也就是以横向价值网络为主线，实现不同行业企业间的三流合一（物流、能量流、信息流），实现一种社会化、生态化的协同生产，例如航母的生产与配套。

上述三个集成中的"集成"概念，与集成产品开发（Integrated Product Development，IPD）中的"集成"在本质上相同。三个集成与华为基于 IPD 提出的"三个战略愿景"（参见本章第三节）、基于智慧云工厂提出的"三个一体化"（参见第五章第一节），在内涵上也有异曲同工之妙。

⊖ 引自：Henning Kagermann, Wolfgang Wahlster, Johannes Helbig, Securing the future of German manufacturing industry: Recommendations for implementing the strategic initiative INDUSTRIE 4.0 Final-report of the Industrie 4.0 Working Group, P31-32, April 2014.

5. 工业 4.0 是企业创新发展的新路径

工业 4.0 的实施过程实际上是制造业创新发展与转型的过程，具体可分为五个创新与两个转型。五个创新包含技术创新、产品创新、模式创新、业态创新、组织创新；两个转型分别是从大规模生产向个性化定制转型与从生产型制造向服务型制造转型。

工业 4.0 是一个持续演进和发展的动态概念，它是一个理解数字技术与工业融合发展的多棱镜，站在不同的视角观察会有不同的理解：工业 4.0 是互联，是集成，是数据，是软件，是创新，是服务，是转型；工业 4.0 是 CPS，是协同设计，是智能工厂，是智能制造，是智能服务；工业 4.0 是企业行为，是国家战略。

工业 4.0 是为德国企业量身定制的工业发展战略和实施计划，未必全面适用于他国的国情和企情，但是其对 CPS 的深刻理解和工程化应用，对工业软件通过算法与数据对物理系统赋能的全面重视，以及基于模型和架构的方式规划实施方法与路径的做法，给各国业界都带来了很大启发。

二、通过工业要素联网，美国工业互联网创造新型商业模式⊖

美国工业互联网的典型代表是通用电气（GE）公司。GE 公司于 2012 年发布了"工业互联网——打破智慧与机器的边界"白皮书，在其自身数字化的基础上，针对数字化技术与工业数字化的融合潮流，提出了"工业互联网"的概念。

工业互联网是由工业系统与先进计算、低成本传感设备、互联网形成新的连接产生的。它的本质是从工业现场的人 – 机 – 料 – 法 – 环 – 测等嵌入了大量传感器的不同系统上捕获数据，并实时收集数据，将有价值的数据信息反馈给客户，企业再对数据实行建模，并转化成为高价值的输出结果，帮助客户优化资产和运营的效率。收集数据和使用数据离不开数据管理和治理技术。

工业互联网汇集了工业革命带来的机器、设施、机群和系统网络方面的成果，以及与互联网革命中涌现出的计算、信息与通信系统方面取得的成果。这些成果汇集成了工业互联网的三大关键元素：互相连接的智能机器、高级分析、互相连接的工作人员，如图 1-2 所示。

GE 公司提出的工业互联网，旨在通过"智能机器 + 数据 + 分析模型"的技术手段，提高机器设备的利用率并降低成本，取得经济效益，引发新的革命。随着全球经济的发展，工业互联网的潜在应用也将扩大。根据 IDC 数据，截至 2022

⊖ 引自：周倩. 工业互联网的企业实践 GE 工业互联网五年历程.《中国工业和信息化》, 2018 年 7 月刊.

年，全球工业互联网的应用领域将达 1 万亿美元的规模⊖。即使工业互联网只能让效率提高百分之一，其效益也将是巨大的。例如，仅在商用航空领域，未来 15 年，节约百分之一的燃油就意味着节约 300 亿美元的成本。

图 1-2 工业互联网的关键元素

图 1-3 所示为工业互联网的数据循环。智能设备、智能系统和智能决策代表着机器、设备组、设施和系统网络的世界能够更深入地与连接、大数据和分析所代表的数字世界融合。GE 公司认为工业互联网数字技术的全部潜力还没有在全球工业系统上完全发挥出来。

图 1-3 工业互联网的数据循环

⊖ 引自：刘梦然. 2022 年全球工业互联网市场规模预计达 1 万亿美元 工信部总工程师韩夏：鼓励金融资本进入这一领域. https://www.cls.cn/detail/772612，2021.

传统工业网络也称为"工业总线"或"现场总线"，多为较小尺度和较小规模上的设备联网，一般用于少量节点之间的通信或分布式控制，比如在企业内部，一台机器上的控制器和数个伺服电动机之间的通信，或者一个车间里的多台机器联网并进行信息交互，还有一些已经售出的高价值、高危产品与生产厂之间的连接，类似"局域网"。传统工业网络的客户需求因成本高并没有大范围显现出来，大尺度上的联网（例如各地工厂分布的机器，或者各地分布的航空、能源、医疗设备）并没有建立起来。在工业互联网时代，这种大尺度上的联网已基本实现，但有两个核心关键需要注意：一是持续优化价值，二是落地推进组织。

1. 持续优化价值

GE 公司大力推动的"工业互联网"其实是传统工业网络的全面升级，核心价值主要集中在两个方面：一是联网节点数的大量增长，GE 公司遍布全球的航空发动机、大型医疗设备都要纳入同一个网络，而且利用目前商业互联网成熟的基础设施和技术，就能低成本实现大范围的信息交互；二是构建云端数据分析系统，对各个网络节点（每一台联网进来的机器设备都是一个网络节点）发来的海量工业数据进行深度分析和决策，提炼出高价值的信息，帮助工业客户优化生产与决策。

例如，GE 公司以前生产的飞机引擎中的传感器只有出现故障时才会亮起红灯，这种"事后被动数据分析"，除了累积经验外，已经没有太多价值，只有提供"实时主动数据分析"，才能有效提高运营效率。因此，GE 公司要求每一台引擎都要保留每一次飞行的所有数据，并在飞行过程中实时将数据传回数据中心进行分析。据此，GE 公司数据中心能给飞机引擎提供预测性维护，减少了故障发生率，燃油经济性和飞行安全性也得到了更好的优化。

工业互联网推动的变革产生的效率提升哪怕只有 1%，只要保持持续优化，每天、每周、每月优化一点点，它所带来的整体效益也是空前巨大的。

2. 落地推进组织

2014 年，GE 公司联合 AT&T 公司、思科公司、IBM 公司和英特尔公司，成立了面向全球的工业互联网联盟（Industrial Internet Consortium，IIC），旨在加快互联机器与设备的开发、采纳和广泛使用，促进智能分析，并为工作者提供帮助。工业互联网联盟（IIC）发布了一系列技术文档，从通用 / 水平、技术专题、垂直行业及特定主题等视角诠释工业互联网的内涵，如图 1-4 所示。其中的工业互联网参考架构（IIRA）中，按照 ISO/IEC/IEEE42010—2011 关于架构描述的标准，从业务视角、使用视角、功能视角和实施视角四个层级，论述了系统安全、信息安全、弹性、互操作性、连接性、数据管理、高级数据分析、智能控制、动态组合九大系统特性。

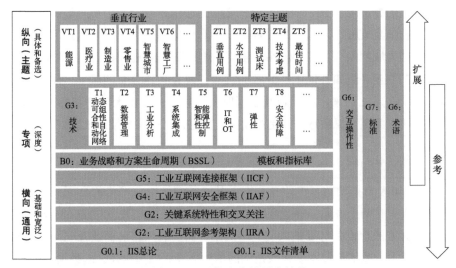

图 1-4   IIC 技术文档层次结构

同时 GE 还认为实现工业互联网需要关键的动力、催化剂和支持条件才能实现，包括工业软件创新、强有力的网络安全管理、基础设施平台以及培养具备新技能的新人才。

工业互联网联盟（IIC）带给我们的启示是，要想把一个新生事物做到长期稳定有效、可持续研究与推进，一个专业的、专注的、联合了供给侧、需求侧和广大利益攸关方的联盟是必不可少的组织形式。

3. 工业互联网顺应了美国发展制造业意图

美国政府在 2008 年金融危机中意识到制造业对国家经济的重要性，提出"再工业化"和"制造业回流"战略，于 2009 年 12 月出台《重振美国制造业框架》，2011 年 6 月启动"先进制造伙伴计划（AMP）"，2013 年 1 月斥资 10 亿美元组建"美国制造业创新网络（NNMI）"，即后来的"美国制造业（Manufacturing USA）"，在政策上密集支持本国制造业。2012 年 GE 开始大力发展工业互联网，赶上了一个天时地利的好时机：既在主观上加速了 GE 自身的数字化转型，也在客观上顺应了美国政府发展制造业的强烈意图，同时又呼应了刚刚在全球兴起的新工业革命。

三、以工业价值链为支撑，日本从互联工业向社会 5.0 进发

2017 年 3 月，日本明确提出"互联工业"的概念，并作为日本产业新未来的

愿景，其中三个核心要素是：人、设备和系统的相互交互的新型数字社会，通过合作与协调解决工业新挑战，积极培养适应数字技术的高级人才。日本经产省大臣也随后跟德国经济能源部部长联合发表了德日共同声明"汉诺威宣言"，宣布推进"通过连接人、设备、技术等实现价值创造的互联工业"。

互联工业作为日本国家战略层面的产业愿景，强调通过各种关联创造新的附加值的产业社会，包括物与物的连接、人和设备及系统之间的交互与协同、人和技术相互关联、既有经验和知识的传承，以及生产者和消费者之间的关联。互联工业还特别强调了熟练的技术员和年轻的技术员的衔接，以实现技术的传承，从而创造更多的价值。日本认识到互联工业需要充分发挥高科技和高现场力，构筑以解决问题为导向、以人为本的新型产业社会。这与日本政府的一个更高目标"Society5.0（社会 5.0）"密切相关。日本正在朝着超智能社会——也就是"社会5.0"方向发展，以解决一些迫切性很强的社会问题，包括老龄化、人力匮乏、社会环境能源制约等。图 1-5 展示了日本社会 5.0 视野下的互联工业。

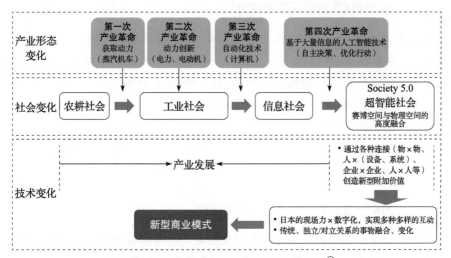

图 1-5　日本社会 5.0 视野下的互联工业[⊖]

日本互联工业的主要特点如下：

1. 基于宽松标准构建互联工业体系[⊖]

互联工业战略提出构建互联工业体系，即制造企业需要与客户、消费者、供

⊖　引自：李倩. 为了实现互联工业日本在智能制造方面的举措. https://www.elecfans.com/d1664999.html, 2018.

⊖　引自：尹峰. 日本互联工业战略的启示. https://www.fx361.com/page/2020/0115/6292799.shtml.2020.

应商等价值链上利益相关者之间实现互联互通。但从现实的角度看，由于企业对关乎其核心竞争力的内容会严格保密，很难直接实现高度的互联互通。鉴于此，日本十分务实地提出了"宽松标准"，即建立企业间易于互联互通的宽松接口，在实现企业间互联互通的同时保证各家企业的竞争优势不受影响，以当下可行的方法推动互联工业的发展。

2. 突出平台的核心作用

互联工业战略将平台作为网络和数字世界的核心。首先，基于工业软件的平台定义了一系列的规则和条件，集成了相关的软件和硬件设施，并通过工业软件为制造业企业提供服务。其次，平台利用数字技术将生产现场的各种活动转换到赛博和数字世界中，并通过对数据的加工处理形成新的知识和技术。最后，不同的平台需要基于宽松标准连接起来，形成分布式的平台生态系统。

3. 强调通过持续改进实现智能制造

互联工业强调通过生产现场、组织架构、工作流程等方面的持续改进和迭代升级来实现智能制造。例如，基于 SMU（Smart Manufacturing Unit，智能制造单元）的活动维度可将生产现场的所有活动归为四类：计划、执行、检查和处置。通过 PDCA 循环周而复始地运转，不断发现和解决生产现场的"小问题"，实现持续改进。对于组织结构优化、工作流程调整等"大问题"，IVRA-Next（新一代工业价值链参考架构）通过发现问题、共享问题、确立课题、解决问题的迭代循环，实现 SMU 的自主进化。

4. 以人为本，重视人在制造系统中的价值

日本互联工业基于日本企业长期形成的员工终身雇佣文化、对人机关系的深入理解和企业无处不在的精益思想，提出以人为本，重视人在制造系统中的价值，通过 PDCA 持续改进，实现产品竞争力的提升。

我国部分企业在实施智能制造时，片面追求机器换人，甚至将智能制造简单地理解为就是上设备、上系统。智能制造不排斥人工，事实上任何智能制造示范企业或"灯塔工厂"都有人工操作环节，IVRA-Next 认同人是企业最宝贵的资产。IVRA-Next 将其基本单元 SMU 定义为必须是有人管理、能根据需要调整内部结构、具有自主决策能力的机构。同时，SMU 的资产维度包括人员、工厂、产品和工艺（知识），在生产现场的工作人员，以及生产工艺、方法、专有技术等知识都是十分宝贵的资产。

四、基于统一数字空间，俄罗斯全面提升工业制造能力[⊖]

2017 年，俄罗斯政府提出了"4.0 RU（即俄罗斯版工业 4.0）"的概念，力图利用统一数字空间将数字设计、技术和航空制造相结合。在工业领域广泛应用数字化技术，以推进工业 4.0、多样化经济变革和出口能力的发展。例如，在航空制造领域，数字化技术用于新产品快速设计、制造、市场投放，以及全寿命跟踪，促进了生产和服务系统向智能数字化模式转变。当前，俄罗斯联合飞机制造集团、联合发动机制造集团、俄罗斯电子集团等大型航空相关企业都开始研究并引入各类数字化技术，积极促进研制生产和服务系统向智能数字化模式转变。

为落实国家数字经济规划，提升航空工业产品研制效率，俄罗斯各大航空集团在企业内部积极推广数字化技术，建设统一数字空间。例如，将设计文件和其他文件向数字格式转化，发展数字孪生技术，实现所有实物资产完全数字化，以优化生产需求和资源；建立综合的软件硬件平台，集成生产准备系统、管理系统和资金管理系统的功能，在初始阶段将通过数据自动收集系统集成包括航空装备研究机构、认证中心、生产企业、租赁和服务公司、运营商等相关数据；加强发展信息基础设施，包括利用数字技术进行数据收集和传输的通信网络、数据存储和处理中心系统（包括高效计算系统、云计算方案等）、安全稳定的且经济有效的航空工业数据存储和处理服务系统、开发并推广使用统一的国家数字化平台，将已有的和正在开发的不同系统组合起来，形成多个行业数字技术能力中心等。积极促进研制生产和服务系统向智能数字化模式转变。

1. 统一信息环境

俄罗斯联合飞机制造集团下属的图波列夫公司已经初步具备飞机设计、生产和售后服务的统一信息环境。这是俄罗斯航空制造业首次建立全寿命周期的统一信息环境，图波列夫公司下属的设计局引进了大量新型计算装备，包括超级计算工具，实现了无纸化设计，通过虚拟现实、3D 技术等应用大大提高了复杂零部件的设计效率。

2. 数字孪生

俄罗斯联合发动机制造集团自 2017 年开始，陆续与圣彼得堡理工大学、萨拉夫工程中心等机构在发动机数字化领域展开合作，主要方向是研究和优化发动机及其零部件的"数字孪生"。数字孪生技术是建立高度符合实际材料、结构和

⊖　引自：张慧. 俄罗斯航空工业持续推进数字化转型. 中国航空报，2019.

物理过程的数字化数学模型，能够模拟变化并使计算接近真实的效果。数字孪生制造车间在考虑使用设备、车间布置、自动化和手动操作特点的情况下，保证实际情况下的生产能力和生产周期。该技术的应用不仅可以极大地缩短研制周期，而且能够降低全寿命周期成本，拓宽和提高研制产品的技术和使用性能。俄罗斯联合发动机制造集团和萨拉夫工程中心的合作包括建立数学模型、开展计算工作、完成虚拟试验、初始和计算数据信息交换、合作分析校对结果等。

3. 超级计算能力

俄罗斯联合发动机制造集团下属土星公司建立了超级计算中心，集成了高效计算资源 AL-100 系统和新的专用软硬件系统（SPAK），称为"土星 -100"。在引进和应用工业超级计算的创新发展计划中，土星公司采用了的 SPAK 系统，运算速度达到了每秒 114 万亿浮点运算。AL-100 系统用于解决最重要的计算问题：燃烧室燃烧、涡轮叶片热交换、声学计算、单个结构件优化计算等。此外，2019 年 3 月，俄罗斯电子集团联合俄罗斯原子能国家公司完成了阿纳帕时代军事创新科技城信息通信中心计算系统的建设，其中新数据中心的主要任务是为了解决科技城试验室数学过程建模的问题。为时代军事创新科技城创建的大数据处理解决方案是实施"数字经济"国家计划的又一步。新的计算能力能够通过系统的数学建模加速航空产品和技术开发和测试的过程。

4. 增材制造

增材制造是数字化生产中发展最快的领域之一，俄罗斯联合发动机制造集团提出了《增材制造技术发展草案》，并在其下属的乌法发动机生产企业成立了大尺寸钛合金毛坯件制造专业中心，服务于未来产品研制。2019 年 4 月，俄罗斯联合发动机制造集团在萨马拉库兹涅佐夫公司开设增材制造技术实验室，以便掌握工业燃气涡轮发动机大型零件的生产工艺。该实验室具有俄罗斯最大的金属粉末材料直接激光沉积设备，采用选区激光熔融和直接激光沉积（包括利用多相粉末激光冶金）工艺，可以生产直径达 2.5m 的零件。

5. 数字空间"4.0 RU"

俄罗斯工业与贸易部于 2017 年 7 月提出了统一数字空间"4.0 RU"，在工业生产的所有阶段和级别全面引入数字技术。数字空间"4.0 RU"的宗旨是将利用统一数字空间将数字设计、技术和制造相结合。目前，俄罗斯国内机床行业最大的制造商 STAN、卡巴斯基实验室、物流公司 ITELMA，以及西门子公司都参与了数字空间"4.0 RU"项目合作。以 MS-21 客机的金属加工产品的生产过程为例，基本紧固件由 STAN 集团生产的车床制造；使用西门子软件实现了该产品的设计和生产技术准备，以及运营管理和生产分析；由 ITELMA 提供数字物流的解决方案；整个生产过程的网络安全由卡巴斯基实验室负责。

6. 机器人技术

在过去三年中，俄罗斯航空制造企业机器人数量增加了一倍。例如，组装 MS-21 客机机翼的航空复合材料公司，借助机器人提高装配精度，提升了成品的质量，员工的人数大幅减少。2019 年 3 月，俄罗斯联合发动机制造集团下属企业土星公司设计了借助机器人系统和使用滚动方式来处理部件曲线表面的方法，可用于处理涡轮机和压缩机的叶片边缘。该方法考虑了伴随加工的物理过程，零件机械性能的变化，允许将手动加工转移为数控设备或机器人技术系统。通过机器人技术和智能生产系统的引入，俄罗斯飞机制造能力获得快速提升。

俄罗斯的工业发展属于后知后觉、及时赶上，最终搭上了新工业革命的快车。俄罗斯统一数字空间，致力于建设一个统一的数字环境的基本理念，具有一定的先进性，值得我们学习借鉴。俄罗斯目前主要的发力点是其工业中最先进的航空工业，通过数字技术的广泛应用，使企业具有更加准确和有效的设计能力，持续降低制造和运营成本，为研制有竞争力的航空产品奠定了基础。

五、以两化融合为主线，中国制造 2025 务实推进制造强国战略

2012 年后，我国进入经济结构优化升级，从要素驱动、投资驱动转向创新驱动的新常态。制造业面临着产能过剩、制造成本高、用工难、产品质量差、劳动生产率低、创新能力不足、资源和环境约束越来越严格等深层次问题。我国投资拉动型的发展模式已经难以为继，我国制造业的发展必须引入新的思路和策略来实现可持续发展。

国务院于 2015 年 5 月印发了《中国制造 2025》，这是全面推进实施制造强国战略的行动纲领。中国制造 2025 可以概括为"一二三四五五十"的总体结构[⊖]：

"一"，就是从制造业大国向制造业强国转变，最终实现制造业强国的一个目标。

"二"，就是通过两化融合发展来实现这一目标。党的十八大提出了用信息化和工业化两化深度融合来引领和带动整个制造业的发展，这也是我国制造业所要

⊖　引自：《中国制造 2025》解读之："一二三四五五十"的总体结构，质量春秋，2017，第 8 期.

占据的一个制高点。"中国制造 2025"以体现信息技术与制造技术深度融合的数字化、网络化、智能化制造为主线。主要包括八项战略对策：推行数字化网络化智能化制造；提升产品设计能力；完善制造业技术创新体系；强化制造基础；提升产品质量；推行绿色制造；培养具有全球竞争力的企业群体和优势产业；发展现代制造服务业。

"三"，就是要通过"三步走"战略，大体上每一步用十年左右的时间来实现我国从制造业大国向制造业强国转变的目标。2025 年，迈入制造强国行列；2035 年，我国制造业整体达到世界制造强国阵营中等水平；2045 年，制造业综合实力进入世界制造强国前列。制造业主要领域具有创新引领能力和明显竞争优势，建成全球领先的技术体系和产业体系。进入世界制造强国第一方阵。

"四"，就是确定了四项原则。第一项原则是市场主导、政府引导。第二项原则是既立足当前，又着眼长远。第三项原则是全面推进、重点突破。第四项原则是自主发展和合作共赢。

"五五"，就是有两个"五"。第一个"五"是指五条方针，即创新驱动、质量为先、绿色发展、结构优化和人才为本。还有一个"五"是指五大工程，包括制造业创新中心建设的工程、强化基础的工程、智能制造工程、绿色制造工程和高端装备创新工程。

"十"，是指十大领域，包括新一代信息技术产业、高档数控机床和机器人、航空航天装备、海洋工程装备及高技术船舶、先进轨道交通装备、节能与新能源汽车、电力装备、农机装备、新材料、生物医药及高性能医疗器械十个重点领域。

为了实现这些目标，《中国制造 2025》中九大战略任务如图 1-6 所示。

图 1-6　《中国制造 2025》九大战略任务

随着国外技术强国对通过出口管制新规以及长臂管辖机制联合众多国家对我国相关企业和高校进行限制，不断挤压我国高端制造业的生存空间，使得我国高端制造业原以全球产业链为基础的设计生产模式风险变得越来越大，从而使得工业基础软件被禁用的风险也越来越高。因此，结合中国制造2025的总体思路，借鉴德国工业4.0、美国工业互联网以及日本的社会5.0，可以看出，我国的高端制造业不但需要企业内部的信息化、自动化改造，同时需要从产业的角度进行整合，形成多赢局面，以实现共同发展。两化融合是中国制造2025的主线。

两化深度融合是信息化与工业化融合的继承和发展，是在两化融合实践的基础上，在一些关键领域进行深化、提升，例如新一代信息技术应用、产品信息化、企业信息化集成应用和融合创新、产业集群两化融合、先进制造业和现代服务业融合（简称"两业融合"）、培育新兴业态等。

1. 推进产品信息化

推进产品信息化以提高产品的信息技术含量、网络化和智能化水平为目标。典型的应用场景有：

- 发展智能家电、智能家具等智能家居产品，为打造智慧家庭奠定基础；应用电子信息和自动控制技术，发展满足人体工程学的智能家具。
- 发展智能化的生产设备、机械装备，如发展具有远程控制、远程监测和故障诊断等功能的工程机械，发展网络化、具有协作能力的工程机械群。
- 发展智能化的交通工具，提高汽车电子、船舶电子、航空电子自主创新和产业化能力，提高汽车、船舶、飞机的信息技术含量，使之成为移动的信息终端。

2. 推进集成应用创新

大力发展协同设计、协同制造、协同服务，促进企业内部各部门的信息共享和业务协同。建立企业数据目录和交换体系，实现产品、项目、服务等的全生命周期管理。推进管理信息系统之间的集成，如PDM、PLM、CAX、ERP、MES等工业软件的集成。鼓励企业通过信息化集成应用实现管理创新和商业模式创新。

3. 产业集群两化融合

产业集群是在某一产业领域相互关联的企业及其支撑体系在一定领域内大量集聚发展，并形成具有持续竞争优势的经济群落。立足产业集群的共性需求、瓶颈问题和关键环节，找准切入点，开展试点示范，循序渐进地推进产业集群两化融合。支持一批面向产业集群、市场化运作的两化融合服务平台，采用"政府补一点、平台让一点、企业出一点"的方式，降低集群内中小企业使用两化融合服务平台的门槛。通过地方各级信息化推进部门和中小企业主管部门加强协作，充分发挥各自优势，共同推进产业集群两化融合。

4. 抓住两业融合契机

两业融合已成为全球经济发展的重要趋势。两业融合体现在制造业服务化和服务业产品化。通过政策引导，鼓励企业信息化部门从原企业剥离出来，为本行业甚至其他行业提供信息化产品和服务。

5. 培育新兴业态

信息化与工业化融合可以催生出新的业态，如工业电子产业、工业软件产业、工业信息化服务业。在工业软件产业领域，重点发展工业设计软件、工业控制软件、工业仿真软件、工业装备或产品中的嵌入式软件等。在工业信息化服务业领域，重点发展覆盖企业信息化规划、建设、管理、运维等环节的第三方咨询服务。

大力培育和发展支撑两化融合的生产性服务业，促进工业电子、工业软件、工业信息化服务企业与工业企业的供需对接，实施一批两化融合新兴业态培育项目。整合研发资源，构建产学研合作体系，突破一批核心技术和关键技术。

我们认为，要以信息技术与制造技术深度融合的数字化、网络化、智能化制造为主线，三步走实现中国制造业强国目标。实现工业化和信息化的"两化融合"的核心是工业软件和工业数据。

无论是德国工业 4.0、美国工业互联网、日本社会 5.0、俄罗斯统一数字空间，还是中国制造 2025，本质都是工业互联、业务互联和信息融合，都是各个国家各展其能，实施工业革命手段；目的是提升质量和系统的协同能力，推动本国工业的技术升级和范式的改变。不同点是，各自根据自身的特点，选择的切入点和侧重点不同。这些都需要以企业数字化为基础，基于模型和架构建立工业软件使能和赋能的大平台，实现人与人、人与机、机与机之间的万事万物互联，对人、机、物组成的复杂系统的状态数据、控制数据等实时分析，从而实现远程控制，减少人工介入，提升企业效率，增强企业竞争力。

大国制造业向高端转型，首先需要考虑制造业企业的特点，并在发挥国家优势行业的基础上，着重行业产业链的数字化转型和企业数字化转型，实现万物互联。其次还需要充分考虑人的作用，充分发挥人的能动力，以人为本，以 PDCA

为基础实现持续改进，最终实现制造业的成功转型。这些都需要工业软件支撑。

工业软件是新工业革命的灵魂，数据是新工业革命的血液。软件和数据，是本书各章节重点阐述的两个核心内容。

第二节 数字化转型，强国大厂不约而同的战略选择

数字技术与制造行业深度融合在全球成为趋势，世界各地的企业都在积极探索数字化转型，本节我们选择波音、GE 公司（以下简称 GE）、西门子集团（以下简称西门子）与丰田公司（以下简称丰田）四家非常具有代表性的企业优秀实践进行洞察分析。

一、以研制为起点，波音推进基于模型的创新企业管理模式[一]

传统的产品定义及设计技术主要以工程图为主，通过专业的绘图反映出产品的几何结构以及制造要求，实现设计和制造信息的共享与传递。MBD（Model Based Definition，基于模型的定义）是以工业软件提供的全新的数字化方式定义产品，改变了传统的信息授权方式。它以三维产品模型为核心，将产品设计信息、制造要求共同定义到数字化模型中，通过对三维产品制造信息和非几何管理信息的定义，实现更高层次的设计制造一体化。

MBD 是一种超越二维工程图实现产品数字化定义的全新方法，使工程人员摆脱了对二维图样的依赖。MBD 不仅仅是一个带有三维标注的数据模型，也是一个管理和技术的体系。MBD 将制造信息和设计信息共同定义到 3D 模型中，使其成为生产制造过程的唯一依据，实现 CAD（Computer Aided Design，计算机辅助设计）、CAE（Computer Aided Engineering，计算机辅助工程）和 CAM（Computer Aided Manufacturing，计算机辅助制造）等设计、加工、装配、测量、检验过程的高度集成。

MBD 技术的发展和应用，在航空工业领域始终走在前列。飞机产品作为结构复杂、制造难度最大、参与方众多的工业产品，迫切需要数字化技术来提高设计质量和设计效率。图 1-7 所示为波音飞机不同阶段的数字化成果。

1986—1990 年，波音公司使用基于 CAD 的三维建模技术进行飞机装配验证，并形成大量初步规范来指导三维设计。1990 年波音启动波音 777 数字样机的研

㊀ 引自：晓君视点. 数字转型必读：基于模型的企业——从 MBD 到 MBE 的战略路径. https://www.sohu.com/a/252619476_481474, 2018-09-08.

制，完成了世界第一款完全用三维 CAD 软件设计的全数字样机。波音 777 共有
结构件约 300 万个、标准件约 1500 万个，用 2000 台三维设计工作站进行零件设
计，用 200 台进行装配设计，取代了过去新飞机设计需要成千上万人手工画图工
作。数字化设计使得波音 777 飞机的研制周期缩短了 40%，返工量减少 50%，第
一架生产出来的波音 777 质量比已经生产了 400 架的波音 747 质量还好，成为历
史上最赚钱的飞机。

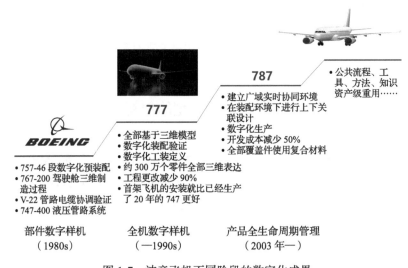

图 1-7　波音飞机不同阶段的数字化成果

波音 777 数字样机的研制成功，直接触发了波音在 1994 年开始实施 DCAC/
MRM（飞机构型定义、控制和制造资源管理）项目，拉开了波音全面数字化转型
的大幕。

从 1999 年起，波音在以波音 787 为代表的新型客机研制过程中，全面采用
了 MBD 技术，将三维产品制造信息与三维设计信息共同定义到产品的 3D 模型
中，摒弃二维图样，将 MBD 模型作为制造的唯一依据。

在波音 787 项目的带动下，波音的主要承包商及其软件供应商也向 MBD 技
术体系过渡。基于 MBD 技术的全球协同环境 GCE 在波音 787 项目中的成功应用，
是美国先进制造技术的一个突破。波音还将 MBD 技术发展为 MBE（Model Based
Enterprise，基于模型的企业），并把它纳入国家制造创新网络（NNMI）项目中并深
入研究、应用和推广。波音从 MBD 到 MBE 的数字化转型如图 1-8 所示。

2003 年，波音推出 e-Enabled 战略，以帮助航空公司客户改善经营效率和盈
利水平，同时使其产品在市场内实现服务差异化。e-Enabled 战略思想是利用电子

化运营环境，将所有与飞机维护、飞行运行和乘客需求相关的数据和信息系统连接，有效地将飞行中的飞机纳入航空公司的网络之中，从而削减运营成本、改善调度可靠性、减少航班延误或取消、提升乘客服务、增强航空安全，同时向飞行机组人员和航班调度中心实时提供环境的变化信息。

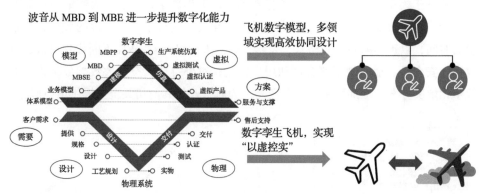

关键措施：
- 构建数字模型：建立市场／系统工程／产品／商务等模型，引入虚拟仿真，设计效率提升 40%，装配工期降低 57%。
- 构建数字孪生：通过数字主线管理全生命周期数据，实时获取飞机运行状况，精准预判故障，维护成本减少 20% 以上。

图 1-8　波音从 MBD 到 MBE 的数字化转型

另一方面，在 GE 提出工业互联网的概念后，大数据分析及其影响得到整个航空业的广泛关注，应用到了机场运营、民航维修、旅客服务、市场营销及安全等领域。2013 年，波音提出了数字航空（Digital Aviation）的发展构想，2015 年，进一步提出了数字航空公司（Digital Airline）的概念，即利用大数据分析技术构建了基于云的航空分析数字化解决方案并对外提供服务。

2020 年，波音研发的数字化解决方案将燃油效率提高 4%，将机组人员成本降低 6% 以上，将发动机的年度维护成本降低 14% 以上，同时优化维修过程，维修成本降低 20%。波音的相关数字化解决方案已被 300 多家航空公司采用，覆盖了全球 14 000 多架飞机，追踪了超过 10 亿小时的飞行时间。波音还将机器学习与数据分析工具结合在一起，以降低航空公司的运营成本，提高运营效率，提高准点率表现，从而应对航空公司在全球范围内为客户提供服务所面临的挑战。

2021 年，波音在工厂中使用沉浸式 3D 技术进行工程设计，目的是整合其庞大的设计、生产和航空服务运营业务，强化工程团队，以改变全公司的工作方式。

波音不仅是在波音 787 的开发工具、生产手段和测试环境中应用了大量工业软件，波音 787 飞机本身也伴随各种嵌入式系统的应用具备了大约 10 亿行机载软件代码，这些大量的"软零件"使其成为了一架从开发手段到产品本身都名副其实的数字化飞机。

如图 1-9 所示，波音作为高端制造业的典型企业，构建以"数字化飞机 + 数字化服务"为中心的"波音云"，采用长期、稳健的渐进式数字化转型。它在内部构建基于模型的设计，实现全流程自动化，聚焦数字化飞机，大幅缩短产品研发周期，提升产品质量。波音对内通过数字化技术实现了"将正确的数据，在正确的时间，以正确的版本和格式，发给正确的人和机器"，从而不断优化民机运营效率、安全性、适航规章符合性和用户体验；对外打造航空业大数据分析为主的数字化解决方案，增加数字化服务产品，为航空业的其他相关企业提供增值服务。

图 1-9　波音数字化转型总结

二、以运维为起点，GE 推进基于设备孪生服务的新商业模式

GE 数字化转型是在其早期成功实施企业内基于模型的数字化转型之后，构建了"以服务为中心"的工业互联网，催生了新型商业模式，节约了行业客户运营成本，并为全球工业打造了"操作系统"。如图 1-10 所示，GE 提出了"GE for GE，GE for Customers，GE for World"口号，设定了 GE 转型为数字化工业公司的战略愿景。

2012 年，GE 开始由产品制造向产品服务转型，通过发布工业互联网白皮书，从软件和服务切入，依托互联网，实现工业生产的网络化、智能化、柔性化和服务化。通过打造 Predix 平台，将其产品积累的大数据分析与运维服务能力外溢到生态伙伴。

图 1-10　GE 数字化转型策略

2015 年，GE 整合软件和 IT 职能创立 GE Digital，聚焦三个方面的变革（见图 1-11）：一是业务变革，以"业务成果（Business Outcome）"为导向，从卖产品转型为卖服务；二是 IT 平台变革，覆盖"云 – 网 – 端"构建统一的 Predix 云平台，支撑数字孪生（Digital Twin）全生命周期的 SaaS 服务等；三是管理变革，建立快速响应的人才及技术储备。

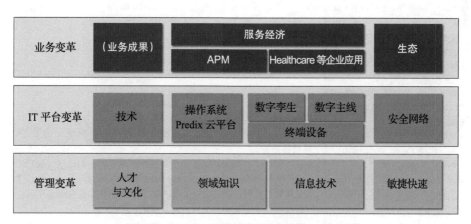

图 1-11　GE 的变革规划图

令人惋惜的是，GE 没有把握好数字化转型的战略节奏，其数字化业务受制于金融危机所触发的集团经营不佳与早期在 Predix 平台投入过于激进的影响，GE 从工业数字化转型领军企业跌落神坛，开始了战略收缩。

　　客观分析，GE 早期的数字化转型，毫无疑问是走在了全球制造业企业数字化转型的前列。GE 在航空、能源、医疗等领域的数字化转型和"GE for GE，GE for Customer，GE for World"理念创新，可圈可点，这也是 GE 在早期执全球工业数字化转型标杆牛耳的根本原因。

　　GE 近几年在 Predix 平台的战略收缩并不代表工业互联网由内而外数字化转型方向是错误的。GE 公司着重于战略与布局调整，"精简"成为其战略调整的核心，打造"更为简单、更加强大"的 GE，业务范围收缩聚焦传统核心业务，回归"GE for GE"，着重打造自身能力。

　　2018 年 7 月，GE 与微软宣布拓展合作伙伴关系，GE 在微软 Azure 上将 Predix 解决方案进一步标准化，并把 Predix 平台与 Azure 的本地云集成（混合云），包括 Azure IoT、Azure Data 及 Azure Analytics 与 Azure 深度整合，双方达成共同销售和市场推广的战略合作，提供整个垂直行业的工业互联网解决方案。由此可以看出 GE 将更专注于工业大数据行业平台能力的开发，通过与领先云服务厂商微软的深度合作来加强底层云计算、大数据分析等技术服务。

　　GE 数字化转型总结如图 1-12 所示。

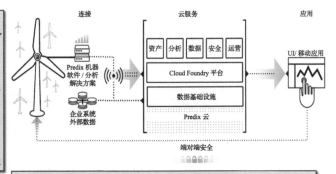

图 1-12　GE 数字化转型总结

- 成功经验。GE 的数字化转型旅程堪称经典，初期聚焦企业内基于模型的设计开发能力，取得巨大成功，后期聚焦 Predix 平台和数字孪生能力，

"GE for GE，GE for Customer，GE for World"的商业模式创新领业界之先，带动了包括西门子等其他工业领军企业数字化转型的整体方向，其数字化转型由内而外的经验非常值得借鉴。

- 失败教训。即便 GE 拥有雄厚的产业基础，Predix 平台拥有海量应用、海量工程师，最终也难凭一己之力为所有领域提供解决方案，数字化转型需要聚集众人之力，发挥各家所长才能稳步推进。另一方面也要吸取其在能力外溢构建工业互联网平台转型节奏过于激进、产业链生态构建不足，导致 Predix 平台受企业大环境影响而不得不战略收缩的教训。

无论如何，GE 都是一艘技术优秀、模式领先、数字化转型先行的工业巨轮。其数字化转型战略值得业界借鉴、学习和研究，其转型步骤和举措失当的经验教训更值得业界汲取和警醒。数字化转型，任重道远。在企业数字化转型的过程中，保持清醒的头脑和几分危机感，是非常有必要的。

三、以制造为起点，西门子推进智能制造工厂的新生产模式

西门子集团是一家全球领先的工业自动化技术企业，旗下有五家运营公司，主要活跃于电气化、自动化和数字化领域，它的发展大致可以分为以下三个阶段。

- 第一阶段：工业 2.0 时代。从成立之初至 20 世纪 60 年代，西门子重点发展电气电力业务，并在 1939 年发展成为全球最大的电气工程公司。
- 第二阶段：工业 3.0 时代。从 20 世纪 60 年代至 2010 年，西门子进军工业自动化市场，并大力发展数控系统、家电及电子信息业务；
- 第三阶段：工业 4.0 时代。从 2010 年至今，西门子全面转向数字化工业市场布局，着手开发信息技术和工业互联网服务。

西门子"2020 公司愿景"中制定了公司战略为聚焦数字化、自动化和电气化。为达成战略目标，西门子对企业所面临的挑战进行了整体性评估，发现多元化的工业业务带来巨大机遇，同时也面临流程和数字系统复杂性的挑战，因此，西门子明确了数字化转型的三大举措：①跨事业部实现流程协作；②应用精简和系统合并，建设集团一体化平台；③在产品设计和工艺设计中广泛运用数字化仿真分析和建模。

西门子以产品设计与制造融合为目标，打造数字孪生，是其数字化转型、提升效率和产品创新的关键措施，如图 1-13 所示。

如图 1-14 所示，在产品数字化方面，西门子通过数字模型、数字产品、数字

孪生等数字化技术的应用，实现产品全生命周期中设计规划、制造、维护、维修各环节的全面数字化，大幅提升了产品质量与生产效率。

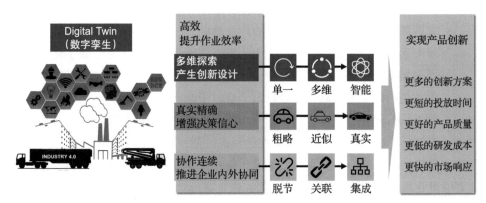

- **多维探索，产生创新设计**：基于实物→基于模型/虚实结合，多维虚拟仿真，提高响应速度，降低试错成本，产生最优设计
- **真实精确，增强决策信心**：基于经验→基于数据，数据集成推动决策越来越精准
- **协作连续，推进企业内外协同**：脱节→集成，数字模型为全流程提供同源数据，数字服务无缝使能全流程

图 1-13　西门子以数字孪生为主线创造业务价值

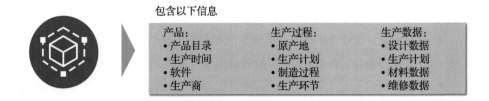

图 1-14　西门子的产品数字化

西门子工业软件是西门子的主要业务之一，为工业企业提供工业软件解决方案，实现数字化企业、工业 4.0 与智能制造技术的有机组合。

和业界其他工业软件企业一样，西门子通过并购的方式不断补齐自身短板，再结合自身在工业制造领域的优势，不断完善工业软件，使其更加符合工业场景，更具有竞争力。西门子并购历程如表 1-1 所示。

表 1-1　西门子并购历程

时间（年）	并购公司	主要产品
2007	UGS 公司	NX、Teamcenter、Tecnomatix
2008	德国 innotec 公司	过程工业数字工程软件，虚拟工厂的厂房布局和规划
2009	法国 Elan Sofware Systems 公司	MES 软件
2011	巴西 Active Tecnologia em Sistemas deAutomagao 公司	生物和制药行业 MES 软件
2011	美国 Vistagy 公司	复合材料分析工具 Fibersim
2012	德国 IBSAG 公司	质量管理软件
2012	德国 Perfect Costing Solutions GmbH 公司	产品成本管理解决方案，帮助客户提高产品成本的管理能力
2012	法国 Kineo CAM 公司	Kineo 产品满足各种各样的虚拟样机的要求，从装配 / 拆卸间隙无碰撞的机器人的应用验证
2012	比利时 VRcontext International S.A 公司	提供 3D 仿真可视化沉浸式现实（VR）来实现人机的交互。Walkinside 是主打产品，最后并入 Comos 系统
2013	比利时 LMS 公司	提供机电仿真软件、测试系统及工程咨询服务的解决方案
2013	德国 TESIS PLMware 公司	SAPOracle 和 Teamcenter 的无缝链接
2013	英国 APS 厂商 Preactor	高级排程软件
2016	美国 CD Adapco 公司	流体分析等领域有独特竞争优势的 CAE 软件
2016	Polarion 公司	应用程序生命周期管理（ALM）企业解决方案
2016	英国 Materlals Solutions 公司	3D 打印工业组件
2016	美国 Mentor Graphics 公司	EDA 三大巨头之一，在汽车行业 MCU 和线束规划设计有独特的优势

　　2007 年西门子公司收购 UGS 公司，获得了数字世界的三项重要产品：NX、Teamcenter 和 Tecnomatix，形成了西门子软件旗下最出名的全球领先的生命周期管理软件 PLM 和生产运营管理软件 MOM。通过结合双方在实体领域的自动化以及虚拟领域的 PLM 软件方面的专业知识，西门子成为全球唯一能够在客户的整个生产流程中为其提供集成化软件和硬件解决方案的公司，这成为真正影响西门子业务格局的重大举措。

　　西门子通过并购及业务整合原有的工业软件及平台，目前已形成了全面的工业软件产品体系，即端到端、软硬件相结合的数字化解决方案，与数字化使能平台对应的工具链：PLM+MOM+ 硬件 +TIA 的全集成自动化系统。

　　西门子的工业软件数字化解决方案，实现了制造工厂和车间设备的打通，研发、制造和服务的打通，以及数字虚拟世界和物理世界的打通。

　　西门子依托自身的庞大的工业软件体系，构建了"以制造为中心"的工业4.0 生产系统，提升了设备竞争力，并通过行业公有云溢出能力，对外开放智能制造增值服务。西门子数字化转型节奏是典型的"双重战略"，一方面以"制造为中心"牵引实现自身的数字化转型，另一方面通过打造 MindSphere 平台、收购云原生低代码应用开发领域领导公司等系列举措，打造数字化平台产品，再通过提供新的数字化产品，打造新的商业模式，使能企业客户的数字化转型。

四、以产品为起点，丰田推进智能网联汽车的新服务模式

20 世纪初期，福特汽车和通用汽车几乎垄断了日本汽车市场，但是日本政府把进口零部件关税从 35% 提高到了 60%，福特公司和通用公司迫于成本压力，于 1939 年退出日本市场，为日本本土企业丰田提供了发展空间。丰田从一家纺织公司发展为全球第一大传统汽车制造公司，"创新＋变革"几乎是贯穿了丰田的发展历程，自 2000 年起丰田就尝试在车辆中搭载创新技术，比如智能停车辅助系统、半自动化路边停车及转向辅助车辆稳定控制系统等。自此以后，丰田就以"创新"为核心目标，结合自主研发、投资及收购等方式，全面推进新兴业务发展。

1. 从传统造车模式转向丰田新全球架构（TNGA）

在 21 世纪的数字化转型时期，汽车行业与崛起中的其他行业不断融合，汽车核心技术也在快速转变，传统整车制造面临新的竞争，需要应对造车新势力的挑战，由此丰田从传统汽车制造商转为专注于机动性以及赋予人们行动自由出行方式的汽车服务商。

在 2008 年金融危机影响之下，丰田归母净利首次出现负值，随即在 2010 年推出 TNGA 概念，TNGA 是"丰田新全球架构（Toyota New Global Architecture）"（见图 1-15）的缩写。如同当年福特公司推出的汽车制造流水线模式，大幅提升了汽车的生产效率一样，丰田 TNGA 代表的也是一种新的生产理念，包括了汽车从研发开始的制造全过程。其目标是在生产环节、研发设计环节、产品力上进行革新，在数字化平台的支撑下，以模组化通用化的产品组合、提质增效的生产方式、客户满意的服务模式，为用户打造一个自由出行方式的机动性平台，实现诸如"在必要的时间，准时到达要去的地点""异常状态可视化"等用户诉求。

整体而言，TNGA 架构使得丰田品牌下各款车型的零部件高度共通，使得图纸减少，人员和工时减少，销售与生产端充分连接，内部沟通效率提升，人员统筹，从底层架构上提升了企业的运营效率。

对此，有些人认为 TNGA 看似高深，其实核心就是零部件共享，但其实 TNGA 架构的目的不单只是追求零部件的共通，而是其认识到零散的汽车研发和生产方式效率有待提高，所以通过 TNGA 来达成更好的共通，实现更加灵活的、高效的汽车制造，进而为用户交付一种体验感更好的驾驶平台，是一种新的理念。

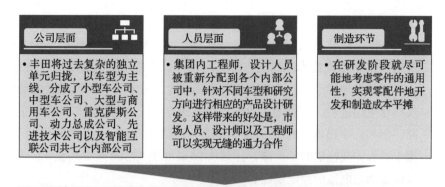

图 1-15　TNGA 架构

2009 年大规模的质量召回事件后，丰田部署新战略，调整步伐，毫不犹豫地推倒原有模式，推动基于 TNGA 架构的数字化转型。而这种自我革新，也为丰田带来了新的增长。并且在 2019 年明确了并购方向：网联化、智能化、共享化、电动化，这进一步加快了转型步伐，并且避免了无头苍蝇式的财务并购扩张。

2. 从 TNGA 转向 e-TNGA "新四化" 模式

2019 年 12 月，丰田汽车总裁表示 "新四化"（网联化 C、电动化 E、共享化 S、智能化 A）中的技术创新将导致汽车产业发生巨大变革。在这种情况下，丰田需将业务模式转变为符合 "新四化（CASE）" 时代的新型业务模式。从 2020 年开始，丰田的 TNGA 架构演进到 e-TNGA 架构，诞生了丰田新一代智能网联汽车。

- 网联化（Connected）。车企与互联网企业融合发展，制定 "网联化" 发展战略。随着互联网技术的发展，利用互联网技术建立车与人、车与路、车与车之间 "车路协同" 方式的链接，从而实现动态信息共享、智能车辆及交通管理，搭建智慧城市的基础设施，这就是汽车 "网联化" 的概念。

　　为了促进汽车网联化快速发展，大多数车企选择和芯片、软件、算法、互联网等高科技公司合作共同推进汽车网联化的进程，市场中形成了错综复杂的合作格局。丰田为了迎接汽车网联化时代的到来，2016 年在公司内部成立 "Connected Company"，并制定了搭载数据通信模块（DCMs），促建全球连接平台；基于互联平台大数据，变革自身业务；协调不同行业的公司，创造全新移动出行服务三项 "网联化" 发展战略。

- 电动化（Electric）。积极整合产业链资源，加速全球汽车电动化发展。[一]丰

㊀　引自：陈萌. 基于自由现金流量法的比亚迪企业价值评估研究.《中原工学院硕士论文》，2021.

田的电动化布局总结为"三步走"。一是创建联盟，宣布免费开放 23740 项核心电动化技术相关专利，与马自达、铃木及斯巴鲁等传统车企合作研发电动汽车相关技术。二是与宁德时代及比亚迪等电池制造商通力合作，力求提高电池续航、减少充电时间及降低电池成本等，从而推进电动汽车规模化应用进程。三是通过收购和投资的方式，为电动汽车规模化应用铺路。例如，丰田以 2.32 亿美元收购澳洲锂矿商 Orocobre Ltd 15% 的股份，用于扩大碳酸锂矿的年产能，计划从 2017 年的 17500 吨提高至 42 500 吨，以保证动力电池的稳定供应。

- 共享化（Shared）。与多方出行公司合作，深度布局未来汽车"共享化"。近几年，为了拓展 MSPF（丰田移动出行服务平台）业务，加强丰田汽车"共享化"领域的业务，丰田陆续投资了全球知名的头部出行公司，包括 Uber、Garb 及滴滴。此外，丰田和出行服务商、共享汽车服务商、租车服务商及出租车运营商展开全面战略合作，共同推进汽车"共享化"布局。首先，丰田推出"灵活租车计划"，向驾驶员提供租赁车辆，按月从驾驶员的收入中收取租金。其次，丰田投资的三家出行公司的业务几乎覆盖了全球范围，丰田可以在这些出行公司的车辆中搭载 DCMs，开发利用 MSPF 收集到的行驶数据为这些出行公司车联网服务，同时利用这些通过车联网收集来的数据，更新和完善 MSPF 平台。

- 智能化（Autonomous）。以自主研发为基础，协同投资、并购推进技术升级。当前，全球基于"软件定义汽车"的自动驾驶发展迅速，且衍生出主机厂主导模式、自动驾驶解决方案提供商主导模式及合作运营模式三种商业模式。丰田则以投资或并购的合作方式与技术解决方案提供商共同推进自动驾驶业务发展，以继续保持其主导地位。丰田的自动驾驶基础理论研究始于 1990 年，以"交通事故零伤亡"为研究目标，基于多年研究，丰田已在全球建立多个自动驾驶研究机构，有丰富的自主研发经验。丰田基于"移动性队友概念（Mobility Teammate Concept）"，从两个研发路径开发自动驾驶技术——高级驾驶辅助"Guardian（保护者）"和完全自动驾驶"Chauffeur（私人司机）"。"移动性队友概念"是建立一个人与汽车共同驾驶的安全、便利和高效的驾驶环境。[⊖]

丰田 2020 年才下决心做智能网联汽车，数字化转型起步较晚，但是丰田基于"移动出行服务"提供商转型战略使其从"大象"转身变成"数字化大象"。

⊖ 引自：刘奕彤. 丰田"新四化"转型并购. 中国计算机用户，2007-12-24.

通过上述数字化转型优秀实践的解读，可以看出，企业数字化转型的本质是数字技术引发的变革，是业务运营和业务运作范式的变革，是围绕产品、制造和交易流开展的互联，是企业发展的关键，而不仅仅是一个 IT 信息系统的信息化。它们的共同特征是基于模型，且工业软件和工业数据是关键。

不同行业的头部企业或工业巨头，都在以内生的变革动力、自身的数字化觉醒、日趋完备的数字化平台、独创的新模式和新业态，来应对外部的不确定性，以重新获得更强的行业竞争力。

- 先内后外的"双重战略"是数字化转型的基本路径。首先通过数字化转型练好内功，大幅提升产品设计制造的效率与质量，这是"对内"的一重战略；其后，通过对产品嵌入数字化技术并对客户已销售产品提供数字化增值服务，进而构建工业数字化平台使能工业企业生态链，这是"对外"创造新的商业模式，提供新的数字化产品或者数字化平台的第二重战略。

- 生产力三要素协同升级，实现生产力和生产效率整体进步。企业对内的数字化转型的基本逻辑是：提升生产装备技术，构建数字化产品，推进生产力的三个要素协同升级，从而实现企业生产力和生产效率的整体进步。

- 变革数字化转型的基本对象：从工业企业数字化变成产业链数字化。工业市场的竞争已经从企业间的竞争转变成整个产业链的竞争。工业数字化转型的基本对象，也已经从单个企业的数字化，变成整个产业链的数字化。产业链数字化转型升级的基本商业逻辑是：通过数字化技术实现产业链上下游的业务一体化融合，实现业务极致快和产业链降成增效，以产生可再分配的新增剩余价值，提升整个产业链才的竞争优势。要实现业务极致快并产生新增剩余价值，关键是实现产品工程端到端一体化、营－销－制－供－服等功能系统垂直一体化、产业链价值网络一体化，从而使业务运行模式发生根本性的变革。

第三节 华为探索软件和数据结合的产品数字化变革之路

一、产品数字化愿景与目标：打造端到端系统竞争力

1. 变革历程

1994 年，波音率先启动了数字化变革，力图打造世界上首个高度统一、集成的飞机研制与制造数字化管理系统，实现飞机制造模式的重构；无独有偶，华为公

司（以下简称华为）几乎同期启动了集成产品开发（Integrated Product Development，IPD）变革，率先从发展路线和模式上进行了脱胎换骨的重组。IPD 变革给华为数字化转型奠定了坚实的基础。

华为的产品数字化变革如图 1-16 所示，总体目标始终唯一，即围绕着公司的高效运营、持续改进、产品竞争力提升而进行。

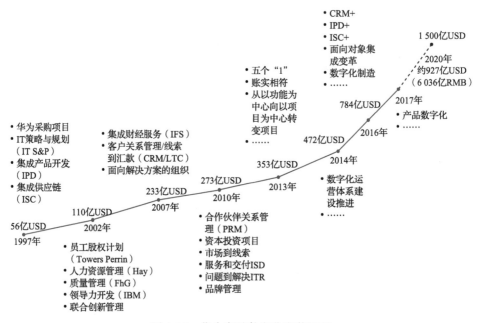

图 1-16　华为产品数字化变革历程

1997 年，华为启动 IPD 变革，2013 年确定的公司级数字化运营转型和数字化制造转型。

2015 年，华为产品数字化变革从制造领域扩展到大供应领域，成立集成供应链（Integrated Supply Chain，ISC）变革项目群，期望通过数字化转型实现主动型供应链体系。

2017 年，华为产品数字化变革项目通过立项，开始了产品数字化变革，实现了基于复杂工程模型打造集成数字化研发平台，用数据模型贯通产品全生命周期数据，使能作业和运营效率的提升。同年，华为变革指导委员会就未来公司的数字化转型蓝图达成共识，明确了公司的数字化转型战略与目标——"把数字世界带入华为每个人、每个组织，实现全连接的智能华为，成为行业标杆"，华为内部的变革全面围绕"数字化转型"展开，其数字化转型目标如图 1-17 所示。

图 1-17　华为数字化转型目标

2. 产品数字化

在华为的各个业务与功能领域变革中，产品数字化成为实现公司数字化转型的关键基础，是实现制造、供应、服务、销售等业务环节数字化的前提。产品数字化是华为最核心的资产，为其端到端系统竞争力提升提供基础能力和数据，如图 1-18 所示。

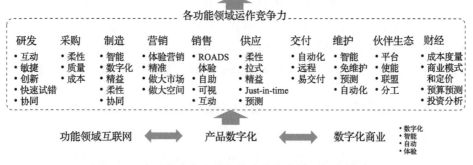

图 1-18　产品数字化变革是华为数字化转型的关键基础

华为将产品数字化变革定位为端到端数字化转型的基础性项目，使能公司各领域数字化转型项目，并提出了产品数字化项目"做好平台化、服务化设计，努力做到总体架构十年不过时"的目标。

华为产品数字化变革项目最初源于 IPD 领域的"813 规划（8 指战略规划说明书，13 指 2013 年）"所提出的"打造集成产品数字化研发平台，实现多场景下产品研发创新""产品对象数字化、全生命周期数据集成打通、数据服务化""产品数字化运营"三个战略愿景（见图 1-19），产品数字化的愿景与整体架构便在此基础上延展与建立。

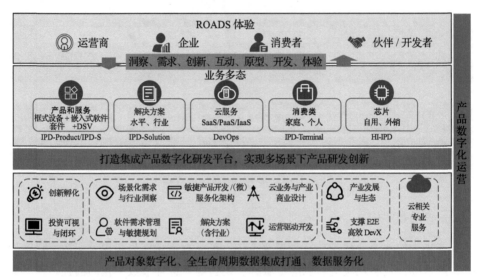

图 1-19　IPD 813 战略愿景

产品数字化变革项目组成立后，华为前期考察、拜访了业界主要标杆企业，深入各工业数字化展会了解业界的最新发展趋势，结合内部"研 – 营 – 销 – 制 – 供 – 服"对于产品数字化的诉求，经过组织公司各利益相关方的多轮研讨，项目组最终明确了如下项目愿景：构建 Digital IPD 产品数字化平台，构建产品数字化协同、产品数据服务化、产品数字化运营三大解决方案，打造"快速灵活，优质高效"的端到端系统竞争力，支撑研 – 营 – 销 – 制 – 供 – 服全流程作业及运营整体效率和 ROADS（real-time，online，autonomous，DIY，social）体验提升。

二、IPD 产品数字化平台，3X 架构（DevX/LinkX/GoX）赋能端到端

基于产品数字化项目的愿景明确了相关核心业务诉求，即产品可线上销售，所见即所得；产品可在线体验式销售，产品 GA（General Availability）即可入围测试；产品可虚拟仿真测试；产品供应商 /EMS/ 伙伴数字化协同；产品供应方案可仿真设计；站点可远程勘测和验收；产品可智能诊断和运维；客户需求全程可视可追溯；海量产品质量全程可视可拦截可追溯，可预测；战略投资可视可追溯等，提出了华为产品数字化解决方案总体框架，面向"研 – 营 – 销 – 制 – 供 –

服"全流程目标场景，实现 DevX/LinkX/GoX 3 大功能模块，打造产品数字化平台（Digital IPD），如图 1-20 所示。

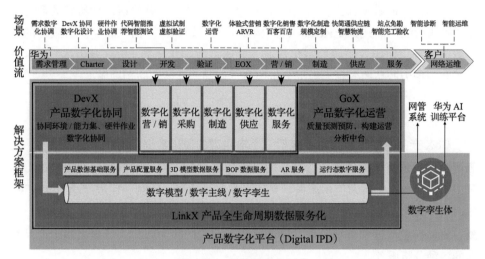

图 1-20　产品数字化平台

产品数字化平台包括 DevX 产品数字化协同、LinkX 产品全生命周期数据服务化、GoX 产品数字化运营三大功能模块，支撑公司各业务域的数字化能力如数字化营销、数字化采购、数字化制造、数字化供应、数字化服务，并共同实现从研发需求到产品服务的 E2E 价值流的支撑。

产品数字化解决方案一方面支撑华为内部"研 - 营 - 销 - 制 - 供 - 服"各环节的主价值流的各种场景化需求，建立与已销售给客户的产品的运行态数据连接，支撑客户网络的智能诊断与运维等场景。

1. DevX 产品数字化协同（Dev by everyone）

DevX 产品数字化协同最初的想法起源于 DevOps 及设计制造融合的诉求，项目组及关键利益相关方认为可以考虑将协同的范围扩大到整个 IPD 功能领域。这里的 Dev 指的是产品定义、设计、开发、测试、验证的开发过程，不是指狭义的产品开发阶段。DevX 重点解决产品作业过程数字化的问题，具体包括 DevX 业务模式和流程、基于 MBSE 方法的数字化系统设计能力构建、打造硬件作业数字化协同作业链、跨企业数字化协同、DevX 产品数字化协同环境构建等。

2. LinkX 产品全生命周期数据服务化（Link everything）

为了做好产品数据服务化，首要任务是确定产品端到端的全量数据模型、标准，将端到端数据集成打通，形成产品数字孪生体，这样才能更好地为全流程提供同源数据服务。LinkX重点解决业务对象数字化和集成服务的问题，具体包括设计端到端产品数据模型、打造数字主线平台、基于业务价值设计特定的数字产品（例如无线产品线的RRU等），并构建面向"研－营－销－制－供－服"的各种数据服务，使能各领域数字化作业，并通过数字化产品（数字孪生体）为客户提供基于华为产品的各种大数据分析服务，例如产品的预防预测服务。

3. GoX产品数字化运营（Go to everywhere）

GoX产品数字化运营主要包括一个增强型的通用数据分析技术使能平台，聚焦产品质量预防预测领域，按"正向过程预警预防"与"问题逆向回溯改进"两条主线构建数字化运营应用服务，支持产品质量预警、预测，促进产品主动改进。GoX重点解决产品运行态数字化的问题，是以数据驱动的方式，通过分析、预测，驱动作业改进和管理决策，以服务研发为主的华为内部人员提供基于产品数据的各种分析服务。

2020年，产品数字化变革项目工作基本完成，基本达成项目立项时产品数字化变革的目标，即构建产品全生命周期主题数据、业务单元数字化运营应用和数据/配置服务，支撑"研－营－销－制－供－服"全流程作业和运营管理效率及提升ROADS体验。产品全生命周期数据服务化平台LinkX已经具备大规模数据聚合、关联和追溯的能力；产品配置服务和研发知识服务已规模应用；产品数字化运营中台GoX已实现多租户能力并规模应用，为全流程的业务改进及运营决策提供数据通用分析能力。

2020年9月，根据产品数字化"3年建设＋2年运营"的节奏，华为明确了后续持续运营的目标。其中LinkX、GoX下沉提供公共服务，增强各领域从研发阶段早期就可以获得产品结构化数据，支撑各领域业务连续性工作，尤其是支撑供应链连续性场景。LinkX已完成IPD及各业务领域650多项数据模型，800多亿实例数据连接。GoX融入公司平台，领域租户数量不断增加。

三、数据模型驱动引擎，实现产品数据乱而后治到不治而顺

华为的数字主线战略，并非是公司在变革伊始就预先制定的战略定位，而是在产品数字化变革中成形，在业务连续性管理（BCM）和软件工程端到端变革中成熟和在IT连续性管理（ITCM）中完善等多因素驱动下，形成的战略定位和技术势能。

华为产品非常多样化（消费者电子产品、存储服务器及通信基站等），并且

不同产品之间有大量的关联，华为的产品数据管理可以说是业界最复杂的，因此2017 年华为产品数字化变革项目中把数据管理及治理作为最重要也最难解决的问题，成立数字主线和数字孪生产品组。数字主线和数字孪生技术是数字化转型中最核心、最具商业潜力的技术。华为经过产品数字化变革项目的长期探索与论证，明确将数字主线确定为产品数字化变革整体框架的核心战略。

　　企业历史数据常常是最难处理又无法放弃的资产。历史数据之所以难处理，主要原因是历史 IT 系统 / 工具产生的数据格式和数据模型五花八门，集成打通非常困难。对异构数据的关联，行业里也有一种方法是基于数据湖来建数据仓库，从数据贴元层→数据主题层→数据消费层（DWI → DWR → DM）逐层往上垒。这种方法有个先天缺陷，就是响应业务需求会滞后，不灵活。在很多业务场景下，业务需求提出后，分析出来某个数据可能原来的数据主题或消费层里没有，这时候就需要到源数据系统去对接，从清洗到接入到形成新的主题表 / 消费层，但专业度高、沟通成本高、时间长，通常需要给 IT 专业数据仓库建设团队提开发需求，平均时长在 30 天左右。华为把这种数据管理称为"乱而后治"的过程。即面向结果 / 面向过程先分段后打通的数据管理模式，如图 1-21 所示。

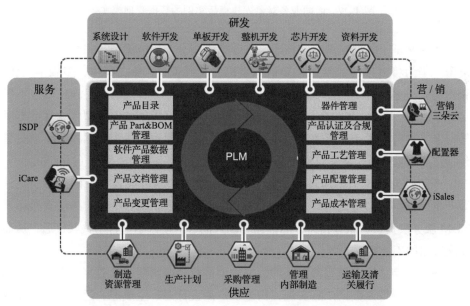

图 1-21　面向结果 / 面向过程先分段后打通的数据管理模式

　　华为以数据模型作为数据管理壳，提出数据模型驱动概念，支持产品、实体、关系、属性、事件、消息、服务、订阅能力等，通过数据模型对任何产品数据进行描述和连接，形成华为产品数字主线，通过数字主线完成产品数据先建模后实例，形成"不治而顺"的过程，即面向业务对象先建模后实例的数据管理模式，如图 1-22 所示。

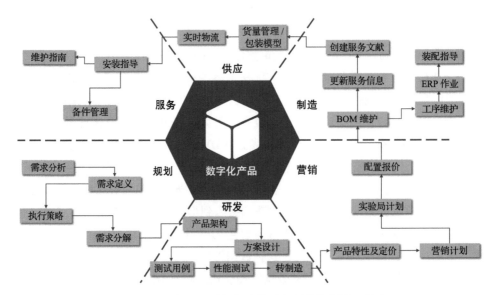

图 1-22　面向业务对象先建模后实例的数据管理模式

华为又基于数据模型驱动概念，将数据模型分为实体模型、关系模型、功能模型。华为将多年的数据管理知识积累出两类元模型（独立实体、多版本实体）和六类元关系（1：N 主外键关系，1：N 主从关系，树形关系，N：xM 单边不确定关系，M：N 多对多关系，UsageLink 关系）的数据模型，该模型作为元数据对任何事物进行描述；从而做到一切皆数据，万物皆模型。华为数据模型驱动引擎包括产品数据建模引擎（XDM Foundation）和产品数字主线图模型（LinkX）。

产品数据建模引擎通过数据模型驱动，支持功能可配置、一键发布、设计即开发的数据管理应用构建平台，通过 XDM 技术来驱动。中台业务层直接调用 XDM 服务层提供的服务接口，源数据自动入湖、自动入图、自动关联打通，从而实现数据的不治而顺。

华为数字主线图模型将产品的数据模型进行聚合组装，从数字产品元模型到数字产品模型再到数据产品实例，构建从产品设计态、生成态、运行态的产品数据开发及治理，并形成数字产品结合虚拟现实及增强现实构建数字孪生能力。通过数字主线图模型实现由"异构"模型到"同构"模型，把已经是异构的源数据通过逆向梳理 / 接入 / 聚合，为中台提供数据服务。

不同数据管理模式的比较如图 1-23 所示。

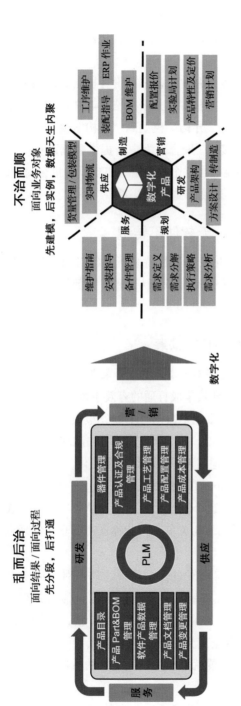

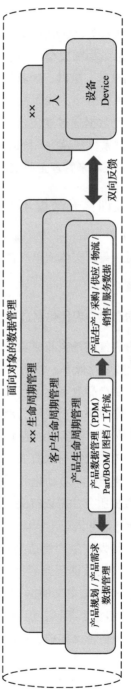

图 1-23　不同数据管理模式的比较

对于产品数据建模引擎，我们建议直接按新的数据治理架构来开发，通过XDM 技术来驱动。中台业务层直接调用 XDM 服务层提供的服务接口，源数据自动入湖、自动入图、自动关联打通。

对于产品数据图模型，对于大多数企业来说，很少有机会大范围地把原来的IT 体系推倒重来，所以，新老并存、异构并存是普遍情况。在这种情形下，我们建议可以先通过数字主线图模型实现"异构"模型到"同构"模型的转变，把已经是异构的源数据通过逆向梳理 / 接入 / 聚合，为中台提供数据服务，一定程度上弥补源数据系统是异构系统的不足。在这个过程中，出现重构机会窗口的系统，再采用 XDM 技术来管理企业数据，过渡门槛就低很多。

四、经验教训：无数据不升级，无软件不转型

从 2017 年开始，华为产品数字化变革项目持续了三年时间。2019 年，华为经历了被列入美国实体清单事件。从中我们深刻认识到：无数据不升级，无软件不转型。

1. 数据已成为现代化制造企业新的生产要素

数据集成打通是企业成功升级的基本要求，是企业转型升级的巨大挑战，高度影响企业数字化效率。数据统一标准是集成打通的有效手段。

华为开展产品数字化运营的最大难题是数据打不通、集成投入成本很高。数据不支持，作战手段就无法升级。例如，华为的集成供应链 ISC+ 数字化转型项目，实施过程中发现虽然制造运营管理实现了智能化与自动化，但产品 BoP（Bill of Process）工艺数据与制造工厂的 BoP 工艺数据没有打通，还是靠手工转换，严重拖了制造智能化与自动化的后腿，这个问题后来通过产品数字化项目在研发侧提供 BoP 数据服务才得以解决。对此，相关负责人戏称：产品真正实现数字化变革前，智能制造 = 人工 + 智能。

产品从研发、生产制造到销售需要经过多个环节，如果对于同一个产品定义不同，会产生数据不兼容问题，比如定义一个单板的位置信息，有的定义了Frame/slot，有的是中文的框 / 槽；有的前面加了机架 / 框 / 槽，有的采用缩略语F/S。这些虽然意思相同，但对于数据定义不同，这就造成了不同部门之间数据不兼容需要转换，比如销售界面的配置就不能用研发定义的数据，效率低且不能增值。

此外，要实现企业转型极致快，除了打通企业内的数据，还要打通产业链上游的数据，进一步提升企业竞争力。华为在构建 3D 模型打通"研 – 营 – 销 –

制 – 供 – 服"产品全生命周期数据时，发现大量供应商提供的部件相互之间还是手工传递信息，高效协同的链条又出现了新的断点。作为龙头企业华为必须推动供应商协同的数字化，让供应商在提供部件产品的同时能够提供数字化模型，并通过数字化协同平台实现数据的高效对接。

为了解决这些问题，华为在产品数字化变革项目中明确提出了构建统一模型和标准的任务，建立了 3 个核心标准：应用于产品数据管理及治理领域的《产品数据架构与数据标准》、应用于 MBSE（基于模型的系统工程）领域的《产品系统级建模标准与规范》、应用于 MBD（基于模型的设计）领域的《产品 3D 模型建模标准与规范》，这些标准与规范适用于华为内部及供应商。这些标准规范的制定与应用大幅提升了相关领域作业的拉通效率，并通过相应的数字化系统进行承载和固化，如图 1-24 所示。

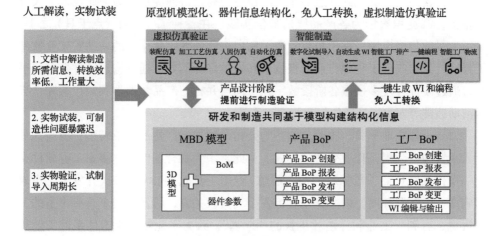

图 1-24 华为设计与制造协同

2. 工业软件是制造企业数字化转型的基础生产工具与管理抓手

工业软件是华为设计、制造工程师的基本生产作业工具，也是企业日常经营管理、保障业务连续高效正常运转的基础。集成的工业软件平台与工具链是提升企业作业效率的差异化竞争关键。

华为被"卡脖子"之前，华为开发工业软件采用的是用"欧美砖"筑"中国长城"的策略，在优选最佳工业软件基础上根据业务需求开发各种应用和解决方案，实现员工体验与效率的不断提升。例如，产品数字化项目引进了 MagicDraw 软件作为 MBSE 方法的配套软件工具，并在无线试点业务探索中取得了不错的效果。

华为被"卡脖子"之后，大量的工具软件无法使用，以往利用"欧美砖"形成的业务支撑优势，此时变成了可能影响业务连续性的劣势，极大地影响了研发效率。为此华为调整策略，聚焦解决研发体系 IT 系统和工具的业务连续性问题，启动了业务连续性的多项变革，通过重新采购与研发自主可控的工业平台、软件和工具，以彻底解决潜在的业务连续性问题。经过几年的艰苦努力，逐步完成了艰苦的重构，大幅缓解了业务连续性的问题。与此同时，华为也化"危"为"机"，顺势打造了可以为千行百业数字化转型赋能的工业软件平台。

产品数字化之前，华为已经具有了比较高的信息化水平。围绕如何进一步提升效率，项目组一方面探索和引进新的工程方法，另一方面则围绕作业流程识别断点和用户体验设计优化作业过程。现代企业的典型特征之一就是极致的专业化分工与大规模的协同效应，工厂的流水线模式就是典型代表。如何才能实现工程师从设计、仿真、测试到制造的流水线作业与高效协同呢？华为为此投入了大量的精力，沉淀积累华为各产品线的最佳实践，在各种工业软件（点工具）之上，做了大量的集成定制，基于角色打造了面向工程师数字化作业的一站式工业软件工具链，力求实现工程师作业的极致快和极致好。例如，通过构建硬件数字化平台，通过硬件开发多领域各阶段数字化协同与并行，产品数据端到端拉通和全流程活动编排等方式提升硬件作业效率和质量。

对于一般企业而言，很难复制华为公司这种通过巨量的变革转型资源与人员投入来实现极致提升作业效率的模式。为此，华为联合国内 180 多家工业软件企业、操作系统厂商、数据库厂商、通用 / 专用工具软件 ISV、二次开发者、集成实施商、咨询服务商、内容开发者等各个利益攸关方，研发了一个具有丰富的工业资源、有利于工业软件茁壮生长的"地基"，致力于让整个生态体系的工业软件研发能力都能"生长"在这个丰沃的"地基"上，通过以云计算为核心，基于模型、数据驱动、AI 驱动，定义全栈自主可控的工业软件新体系，实现"出生即先进"。

3. 勇于创新，多头并举，业务价值是检验变革成功的核心标准

产品数字化变革结合业务诉求，对基于模型的产品对象数字化、产品作业过程数字化、产品运行态数字化进行了许多探索与尝试，既有成功实践也有失败案例。华为通过愿景驱动、业务驱动、数据驱动、技术驱动、快速试错，不断总结沉淀经过价值验证的数字化场景，进而推广应用到全公司，产生源源不断的内生动力。例如，华为在探索 MBSE 数字化系统设计时，选取了 IT 和无线两个产品线进行探索，结果发现无线产品线的设计复杂度较高，利用 MBSE 构建领域模型

可支撑变体设计快速实现与历史资产复用，取得了较好的业务效果；IT 产品线服务器设计模块相对简单，使用 MBSE 取得的价值相对有限。这说明 MBSE 更容易在复杂系统设计中获得回报，进而在智能汽车部件推广 MBSE 落地取得了良好的效果。

第四节　工业数字化转型对工业软件提出了新的诉求

一、制造业的变迁对工业软件提出了新的要求

以新能源汽车为例，自动驾驶、电动汽车、驾乘分享的兴起，不仅改变了整个交通运输产业，也对汽车制造业带来了革命性的改变。

电动汽车核心部件包括大功率 IGBT、电池、汽车电动机转子、自动变速器、轮毂轴承、悬架等基础零部件，控制类、驱动类等车规级芯片，线控底盘系统、智能驾驶系统、车身控制系统、智能座舱系统等车载系统。新能源汽车的出现，对于内燃机车辆及其配套部件的制造商而言，这是一个转折点，并且随着时间的推移，不仅发动机，连起动机、涡轮增压器、燃油喷射、变速箱等也都终将被淘汰。

汽车行业的结构性转变对于汽车制造商来说，必须更快地向净零道路转变。根据预测，十年后，每出售两辆轻型汽车中就有一辆汽车将由电池驱动；对于大多数汽车主机厂来说，这仅仅是两个产品研发周期的时间。这种百年一遇的转变远远不止是将动力系统从燃油动力转向电池动力，对于汽车制造商而言，这将要求他们的商业模式发生根本性的转变。今天，新时代的电动汽车企业不仅要提供强大的产品，还要在完全不同的经济模式下运营。简化的电气和电子架构以及软件驱动的方法大大降低了成本，同时使车企能够获得溢价。汽车销售和服务模式也采取了不同的模式，依靠网上直销而不是传统的经销商网络。此外，许多电动汽车主机厂已经准备好利用代工制造商将产品与生产分离开来。随着电池价格的进一步下跌，电动汽车的生产模式可能更像手机，而不是传统的皮卡车。除了从燃油动力系统转向零排放动力系统外，传统汽车厂商还需要改变电气系统、连接和软件，并开发新的营销方式来吸引客户。这一意义深远的转型，是一种更类似于消费科技公司而非汽车制造商的运营模式和工作方式。

新能源汽车行业发展的重点方向有：

- 智能汽车，即软件定义汽车，新的车辆产品将自动驾驶系统与车联网娱乐系统无缝集成；自动驾驶将形成生态合作；雷达、传感器、机器视觉、AI

增强界面、移动边缘计算、AI 与 IOT 集成等关键技术在 2025 年前成熟，L4&L5 自动驾驶将实现规模化商用。

- 数字化研发，面向个性化和提高客户体验，基于车辆全生命周期的数字孪生的全流程闭环创新，数字化仿真，数字测试等集成，面向数据的实时设计能力将在代工厂（OEM）广泛使用。

- 智能制造，即 C2M 大规模定制的柔性制造，边缘设备将更智能、灵敏，大量数据将在边缘设备进行创建和处理。根据客户订单全流程的透明化软件驱动型"数字创新工厂"的运营模式将成为企业持续保持竞争力的核心。

- 数字化营销，通过 AR/VR/MR、AI、沉浸式会话、机器视觉识别等技术在各种场景中（如体验店、车内的智能功能等）给予用户前所未有多重感官体验。

- 数字化市场，商用车将尝试车辆即服务的商业模式，车联网、大数据、5G、高精地图、传感器等赋予车企商业服务转型能力。电动车将开展换电等商业模式探索。

- 数字化管理，产品从研发、生产和销售，数字化贯穿始终。远程协作、AI、RPA、数据分析等数字化技术赋能员工，形成以数据和客户为中心的工作文化。

- 数据服务，API 生态地位增强，未来 90% 的新数据服务将使用公有云和内部 API 提供的服务构建复合型应用程序，且大多数应用程序将针对行业特定数字化转型应用场景。

- 数字化协同创新，企业平台和客户之间的互动体验将推动生态圈系统下的协作，合作伙伴之间的协同创新将推动客户生命周期价值共同增长。整个行业的收益也随之提升，商业机会随之增加。

- 智慧城市，实用型区块链技术应用更加广泛，并将为城市圈中商品和服务提供流动和跟踪支持，不可篡改、可追踪 / 可审核；共享、分布式、加密、溯源、身份验证等的数字化将进一步推动整个智慧城市进一步发展。

- 智慧出行，蜂窝车用通信技术（C—V2X）和专用短距离通信（DSRC）的成本、技术和生态系统将逐步成熟，驱动 OEM 工厂广泛使用车用通信技术（V2X）。AI 应用将逐步成熟，且无处不在，使智慧出行应用更智能。

在数据、算法和算力上，云连接成主流。为了在数字经济中获取竞争优势，数字化服务必须能够随时随地运行，这需要将应用程序、数据和管理更好地集成在云端。多数企业将通过部署统一的混合云 / 多云管理技术、工具和流程来集成其公有云和私有云。另外，在边缘部署 IT 服务的原因正在迅速发生变化，从满足客户期望和追求便利转变为支持关键边缘活动。更多的新建企业基础设施将部署在边缘，而不是公司数据中心，边缘应用程序的数量将快速增长。

汽车产业价值链正在发生颠覆性改变，互联与数据成为未来竞争的核心要素。由图 1-25 所示的汽车产业利润微笑曲线可以看出：相较于传统汽车，智能网联汽车的价值链将呈现出总量上扬、后端延展的特点。一方面，在设计研发、采购物流、生产组装、产品销售和后市场服务等各个环节上都会有价值提升；另一方面，价值链还将在使用端及服务端深度拓展。

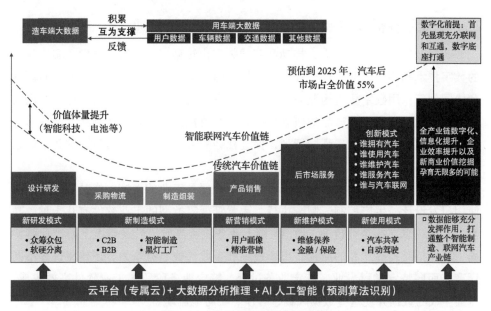

图 1-25　汽车产业利润微笑曲线

汽车已不再是传统的交通工具，而更像是一个行走的超级终端，对工业软件也提出了新的要求，"智能化、电动化、网联化、共享化"驱动整车厂由 OEM 为主向更多自主创新技术的"CarTech"转型。整车厂竞争由性能竞争向软件竞争转变，如 EEA 架构软硬件解耦、软件定义汽车，研发附件的价值大幅提升。

在技术层面，设计仿真制造一体化趋势推动软件集成化；系统级多学科、多工具融合推动软件平台化发展。例如，基于数字孪生技术，将风洞测试及时与计算流体动力学 CFD 技术结合，通过软件重现风洞试验流程细节。汽车行业已展开探索，通过数字孪生风洞，不断提高测量、分析能力，以取代部分实物风洞试验。

在开发模式层面，多产品互联互通、多主体协作推动工业软件标准化、开源与开放使能生态，云化服务化。例如，多家车企将 MBSE 应用于整车（含系统、子系统）的正向概念设计与验证，以应对系统复杂性提升所带来的挑战。某车企启动 BigLoop 计划，将运行态数据采集到云端，再进行数据分析以指导车载软件开发新的功能特性并及时通过空中下载（OTA）技术提供给用户，以实现"设计 - 制造 - 运行"大循环。

在市场应用层面，走向工程化、大型化、复杂化。例如，某车企构建用户数据运营体系，连通全生命周期数据，利用数据分析驱动业务运营。该车企的客户目标定位和业务场景的背后融合了线上 / 线下业务与数据之间的闭环，使数据真正成为资产，持续发挥价值。

二、工业软件需要在多个层面实现集成和数据打通

我国政府和企业正在大力推动和开展数字化转型工作，组织开发、实施先进的数字技术和国产工业软件，释放数字技术的巨大潜能，赋能企业开展正向研发和协同创新；用数字化重构业务和组织，促进产品数字化和产品研制全生命周期过程数字化，提高工业产品的研制生产效率和效益，支撑我国从制造大国高质量高安全地发展进入到制造强国行列，促进社会的繁荣与稳定，为我国的和平崛起构筑起国家安全的战略力量和防御体系。

工业软件是工业的大脑和赋能器，工业数据是工业的血液。成熟的工业企业使用研发设计、生产控制、制造执行、运营管理等类型的工业软件有几十种，甚至上百种，以支撑企业价值（增值）链上业务流程高效流转及与上下游产业链协同，从而持续提高产品的质量、市场地位和企业的核心竞争力。还要将这些不同厂商、面向特定学科专业、特定业务过程、特定业务阶段的工业软件高效集成，打通生成的数据并使这些数据顺畅、有序、实时地流动。

数字经济方兴未艾，数据成为关键的生产要素。我国工业企业积累了丰富的不同应用场景下的工业数据，急需通过数据治理等，挖掘这些数据的价值，构建从数据采集、计算加工、数据服务到数据应用的全链路处理能力和服务能力，提供多源异构数据的快速、灵活、无侵入式的数据集成；还需要面向供应链上下游企业、配套单位和外部供应商提供面向分析的数据模型、面向场景应用的算法模型以及符合业务场景要求的专业数据服务。

1. 工业软件的数字化发展趋势与需求

我国以航天航空为代表的军工行业，研制生产的复杂高端装备不仅仅要满足国防的需要，更要在研判国际复杂的安全形势、未来战争的形态和技术发展趋势的基础上，研制能在瞬息万变、复杂的战争环境中克敌制胜所需要的新一代武器

装备数字化产品，能将这些多空域、多时域、多环境应用的多功能产品快速、安全、可靠地组合成人机结合、机智一体、软硬集成的作战体系，确保国家的主权和领土完整。

高端装备制造企业正在积极推动以"产品数字化、过程数字化和环境数字化"为特征的企业数字化转型，建立融合产品全生命周期和企业产供销等经营管理的企业级的可信数据源；在交付物理装备基础上，关注产品的数字化研制和交付需求，围绕技术研制流程和企业经营管理流程，实现企业技术与管理活动的数字化；围绕设计、仿真等算力应用，提高基础设施的动态、可伸缩配置能力以及设施的运行效率和可靠性。

我国大量中小企业随着行业的发展，以及用户和上游企业的数字化拉动，在快捷获得和使用数字化工具与软件的基础上，建立需求到交付的端到端集成，以便快速响应市场，形成产品需求到产品交付的端到端能力，提供有竞争力的产品和服务。

2. 工业软件的集成和打通的业务需求

工业软件的研发是一个系统工程，应使用系统工程的方法进行落地，尤其是需要从客户的业务流程开始，一直到满足和实现客户业务需要的软件和工具，因此工业软件集成和打通必须满足业务的需求，如图 1-26 所示。

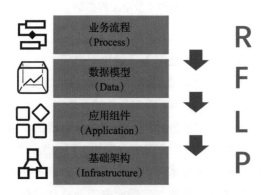

图 1-26　工业软件集成和打通的业务需求

R（Requirement）需求，指业务流程中的需求。没有业务需求，没有业务流程，就没有数据模型，企业的数字化就无法实现。

F（Function）功能，指基于数据模型。实现对业务流程的梳理。

L（Logical）逻辑，描述了工业软件的应用组件，以及它们的交互。

P（Physical）物理，指工业软件组件在硬件上的分布，形成基础架构。

3. 工业软件的集成和打通面向数字工程框架

数字工程框架（见图 1-27）用两个 V 模型高度凝练了物理产品和数字孪生产品研制的全阶段和全要素及其相互关系。图 1-27 中下方的 V 模型的核心是物理产品的构型管理（XBOM），即 PBS 在各阶段的视图。图 1-27 中上方的 V 模型的本质是将建模、仿真技术和工具的数字模型及数据等成果以 PBS 为核心进行构建，并与 XBOM 相对应。

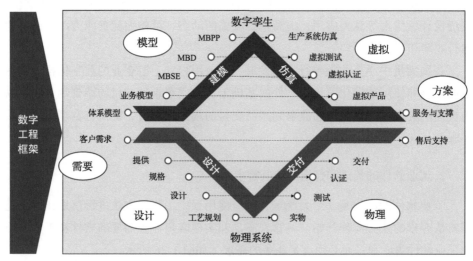

图 1-27　数字工程框架

（1）应用集成

围绕工业企业内部研发价值链与上下游协同过程，企业需要研发设计类、生产、制造类、运维服务类、经营管理类等工业软件，以支撑业务流程高效流转，提高企业研发、制造、管理水平和工业装备性能及质量。

面向特定学科专业、特定业务过程、特定业务阶段的工业软件高效协作、集成融合，结合国外领先工业软件企业解决方案与工程实践，"平台化"已成为解决工业软件融合协同问题的关键技术手段。依托平台提供的面向异构应用系统和工具软件提供的多层级集成接入规范，实现面向工业软件的应用封装、应用集成与数据集成。

在应用集成方面，依托平台提供的外部应用托管能力，实现外部应用的注册、发布、审核上架、授权控制和管理，将外部应用的运行宿主环境统一交由平台托管；在完成平台托管之后，借助于平台面向外部应用提供的一系列运行时公共基础 PaaS 服务，实现组织用户、认证体系、资源授权控制、数据存储、数据搜索、工作流、数据交换共享、日志管理等基础服务与基础数据的统一，并将不同应用、跨业务域的流程串接起来，打通端到端业务流程，实现对全局流程数据及业务数据的收集和监控。

通过平台级应用集成，将工业软件的专业计算能力、业务处理能力、数据加工能力进行封装并以 App 形式实现 SaaS 化，构建平台 +App 的运行形态与应用模式，实现统一的基础设施与基础服务、一体化业务服务与用户体验、统一的安全管控与运营管理体系。

（2）数据集成

在数据集成层面，依托平台构建支持跨业务域的统一业务对象建模服务，面向工业产品研制过程中的方案、设计、工艺、试验、制造、维保等阶段涉及的需求模型、功能模型、逻辑模型、多领域物理模型、3D 模型、工艺模型等多种模型，提供统一的数据建模体系，实现基于统一底层建模机制的多类型数据模型，为不同类型的数据模型跨领域连续传递提供技术基础。在提供统一业务对象建模服务之外，依托平台构建数据转化与数据同步服务，打通不同应用的业务数据，实现数据离线或实时流动，提供多源异构数据的快速、灵活、无侵入式的数据集成，实现实时数据订阅和定时增量数据迁移。在技术上进一步构建从数据采集、计算加工、数据服务到数据应用的全链路处理能力，形成满足工业产品的需求、研发设计、仿真分析、试验验证、生产加工、运维服务在内的全生命周期业务数据服务能力，并面向供应链上下游企业、配套单位和外部供应商提供面向分析的数据模型、面向场景应用的算法模型以及符合业务场景要求的专业数据服务。

4. 工业软件的集成和打通的解决方案

工业软件的集成和打通是为了使产品的研制流程顺畅且高效地运转，构建以 PBS（Product Breakdown Structure，产品分解结构）为核心的 XBOM（any Bill of Materials，多种物料清单）数字化模型真实全面记录和表达产品在生命周期演进过程中形成的业务知识、业务结果等，形成权威的真相源，为知识的复用、质量问题追溯、产品质量的提升提供真实可靠的依据（单一数据源）。工业软件的集成和打通的解决方案就需要根据企业不同的性质、不同的发展的历史和阶段、不同的应用场景、不同的用户画像等要素来制定，利用纵向集成、端到端集成和横向集成对业务对象、数据对象、流程对象等建模，再通过实例化对象和参数的配置的方式来形成针对性强、高度定制和适配的多软件系统集成方案。

例如，华为工业数字模型驱动引擎（iDME）解决方案能够实现前后、左右、上下的软件集成和打通，其中前后指的是历史数据和现有数据的兼容；左右指的是所有流程的上一环节和下一环节之间能够打通；上下指的是工具软件层和数据层能够自由对接。工业数字模型驱动引擎（iDME）给彻底解决数据集成和打通的难题提供了技术支撑。

信息化、数字化技术几十年的发展历程，一直在解决一个核心问题，即软件集成和数据打通问题。

PBS 在产品全生命周期各阶段的视图是我们熟知的 XBOM。同时 PBS 也是 WBS 的主干，是 XBS 的基础。XBOM 和 XBS 以 PBS 为核心创建和管理了产品全生命周期过程的产品要素、管理要素及所映射的数字模型，不同类型的数据在这些数字模型之间得以跨阶段、跨领域连续传递。

工业数字化转型已进入到广泛互联、全生命周期数字化、智能化的阶段，需要更有效的手段解决企业的应用集成、数据集成、流程集成和界面集成等不同层面的软件集成和数据打通问题，这就需要基于企业内在的产品逻辑贯通，BOM（物料清单）作为企业数据组织的核心模式之一，之能够表达产品数据在其生命周期的演进过程，基于 BOM 的数据组织能够表达上下游数据之间的逻辑联系，实现产品数据的传递，方便产品数据的正反向追溯。

BOM 是工业产品数据的核心载体，同时也是贯穿工业产品全生命周期过程的数据主线。通过构建 XBOM 管理引擎，实现以 BOM 为主线创建数字化系统集成环境，解决各业务阶段之间数据不连续问题，突破主线业务关键数据交互的瓶颈，将各业务阶段、业务流程及产品数据整合成统一的数据管理模式，并在全生命周期数据管理平台上实现产品需求、方案、研发设计、试验、生产制造主流程的数据互通、共享。更具体地，需要重点建设以下内容：

（1）研发通用 XBOM 管理引擎

针对工业产品研制对需求、方案、设计、工艺、制造、维保的应用要求，提供基于 XBOM 管理引擎的 BOM 定义、BOM 创建、BOM 转换、BOM 变更、BOM 输出等关键技术，以完成跨 BOM 数据关联。XBOM 管理引擎主要根据 BOM 建模约束条件，完成 BOM 实例的管理和控制。根据模型定义，检查 BOM 实例的属性、关系是否满足建模约束条件。管理 BOM 实例包括模型的属性值、关系值、演化过程、状态和规则实例的管理。

（2）基于统一数据源的多 BOM 管理

基于前文所述底层平台，为产品设计数据、工艺数据乃至后期的制造数据构建统一的数据存储模型。采用多视图管理技术，面向产品研制全过程中不同的业务应用需求，提供相应的业务 BOM 数据管理与服务。通过定义产品研制过程中产品结构在不同业务视图中的描述信息，以及不同业务视图中数据间的内在联系，满足需求、方案、设计、试验、工艺、生产装配等环节 BOM 一致性的管理需求。

同时，面向不同业务应用提供不同业务 BOM 与各类专业化工具应用的集成支持，构建集成化的应用环境。

（3）基于规则的 BOM 转化管理

对 BOM 的转换规则进行整理和提炼，通过不同类型 BOM 数据之间的关联关系，自动或者手工进行数据的传递及转换。依托 XBOM 引擎定义 BOM 视图结构转换流程及转换规则，包括 BOM 转化过程中引用、借用、通用等的规则，产品中标准件、外协件、外购件等节点的转化类型及转换规则，使系统可按不同的规则完成各类业务 BOM 间的自动转化。再辅助人工处理，实现产品全生命周期不同 BOM 视图的转化。

（4）跨业务的闭环更改管理

BOM 的闭环变更管理是基于单一数据源的管理，不管是哪一种类型的 BOM 发生更改，都在统一的 BOM 数据源上进行更改，那么其他类型的 BOM 自然也会同步更改。XBOM 引擎能够根据它们之间的一致性关系自动将一种 BOM 的修改传递到其他 BOM 中，并提供技术手段随时提醒，或者在产品数据上随时体现出源头 / 上游 BOM 是不是发生了改动。一旦基础视图比如设计视图发生变化时，系统可以自动提醒工艺、试验、制造、测试等部门那些已经和基础视图不同步的条目，使这些部门可以及时决定是否进行同步处理，从而使各个职能部门应用的 BOM 具有一致性。

（5）基于统一 BOM 的业务系统集成

通过与相关业务系统无缝集成，基于产品研制业务需求，实现 EBOM、PBOM、MBOM、SBOM 的转化，以及各业务系统间相关数据信息的交互。通过建设 BOM 管理体系，构建以 BOM 为主线的产品数据管理平台，将工业产品相关的数据、过程信息组织起来，将产品生命周期中不同的阶段和过程进行连接，并实现应用、流程、数据的集成。实现基于不同 BOM 数据的传输、转化与重用，满足数据的一致与共享要求。

数据的使用场景，在软件中不外乎是接口对接口、数字孪生对数字孪生、总线对子线、主线对支线、软件对硬件、硬件对软件等这几种情况的复杂组合，构成了极其复杂的数据格式、数据通道、链路和流向。今天的工业软件，要求实现软件集成和数据打通，这是 30 多年的业界未解难题和殷殷期待。

三、企业数字化转型需要工业软件提供面向角色的超融合功能

近年来，越来越多的企业接受了超融合的概念，并不断实践和发展。所谓超融合，一般是指超融合架构（Hyper Converged Infrastructure，HCI），即将虚拟化计

算和存储整合到同一个系统平台。简单地说，就是在物理服务器上运行虚拟化软件（Hypervisor），再将在虚拟化软件上运行的分布式存储服务提供给虚拟机使用。分布式存储可以运行在虚拟化软件上的虚拟机里也可以是与虚拟化软件整合的模块。

广义上，除了虚拟化计算和存储，超融合架构还可以整合网络以及其他更多的平台和服务。它不仅仅具备计算、网络、存储和服务器虚拟化等资源和技术，而且还包括备份软件、快照技术、重复数据删除、在线数据压缩等元素，而多套单元设备可以通过网络聚合起来，实现模块化的无缝横向扩展（scale-out），形成统一的资源池。

当前业界普遍的共识是，软件定义的分布式存储层和虚拟化计算是超融合架构的最小集。软件定义分布式存储是超融合的核心。这样的架构相比于传统的 IT 架构，能够给用户带来明显的体验提升和诸如降低成本、加速部署、提升运营效率、提升延展性等收益，当然也就成为了 IT 建设发展的热点。

在工业数字化转型中，同样也需要工业软件具有超融合功能。除了外部需求牵引外，工业软件的超融合化源于以下两大驱动：

一是超融合技术的驱动。算力和存储越来越依赖于软件定义，比如，部分硬件故障时，服务能够迁移到分布式的其他资源上，以保证系统功能甚至性能的无损。这样，对于提供服务的工业软件就有在技术上支持 HCI 服务迁移到其他资源的要求，这不仅仅是对软件云化、云原生的需求，更是在应用软件层面需要提供对超融合技术的支持。

二是工业软件自身实现超融合的驱动。这里为了区别于业界公认的 HCI，我们暂且把工业软件的超融合称为 SHCI（Software Hyper Converged Infrastructure）。在 SHCI 中，特别是应对工业数字化转型要求的拉通流程，即实现单一真相源驱动的连续性、一致性要求，对于各种工业软件的 SHCI 就有了区别于传统 IT 架构的特征和内涵。

我们以在工业软件最典型的应用领域即设计研发领域为例，可以将工业软件的 SHCI 大致分为以下三个阶段，也可以看作是融合的三个层次。

1. 低度融合：接口打通，模型复用，流程拉通

在这个阶段主要是集成和协同的工作。典型的融合场景有三种：一是通过数据接口，建立工业软件之间的协同，实现不同专业软件之间的分布式建模、协同仿真等功能；二是通过满足标准定义的模型来实现基于模型的集成和协同，在模型的复用和重用上实现跨软件、跨专业的融合；三是基于特殊的插件工具来达到上下游工具之间的信息传递和继承，目标是拉通设计研发流程，乃至于延伸到运维保障服务。

这个阶段要满足的用户核心诉求是产品设计研发信息的连续性传递，特别是

基于模型的传递即贯通需求→功能→逻辑→物理层，在基于模型的设计、基于模型的仿真、基于模型的测试验证三大阶段保持连续和一致。

以电子产品设计为例，在当前激烈的市场竞争环境下，要求缩短研发周期，提高产品的可靠性，快速上架并销售，特别是在快节奏的消费电子产品。在产品复杂性增加的同时，研发周期大大缩短，一个行之有效的趋势就是 EDA 软件、CAD 软件和 CAE 软件的超融合。一个完整的电子产品设计，需要从初始的概念规划、电路评估规划、结构设计评估规划，再到具体的电路设计及仿真、结构设计及结构可靠性仿真、系统热仿真，以及电热联合仿真，最终确定产品设计后进入生产验证环节。传统上，工程师分别使用流体、热、结构或电子分析工具来设计产品的特定方面。然而不同物理场的隔离、断开，工程师们无法考虑到产品所有的设计可能会对其他学科或整个系统造成的影响；同时，EDA/CAD 软件与 CAE 软件之间的数据传递需要不断导入导出及检查确认，增加了设计时间。基于这样的需求，需要有效融合 EDA/CAD 软件和 CAE 软件，使工程师能够深入了解特定的多物理现象以及它们之间的相互关系，还可以将结构求解器、热求解器、流体求解器和电磁场求解器结合在一起以实现真正的多物理模拟，从而在这些求解器之间自动共享几何结构设计及版图设计；同时，仿真优化后的电路及结构可以快速同步到设计当中。

在设计应用层面上，EDA 软件与 CAD 软件深度融合可加速版图的设计过程以及设计的快速迭代确认，同时，将 CAE 软件与 CAD/EDA 软件深度融合，整体上建立统一的设计流程平台。使用共享的几何结构设计/版图设计，平台可以建立不同的物理场仿真，工程师可以为他们的特定需求进行单一物理模拟，在平台上拖动场与场之间的数据链，可以实现对多个物理场之间的系统级耦合分析。这种协作设计模式意味着所有的专业领域都可以在模拟的初始阶段进行处理，而不是在昂贵的原型制造阶段或最终生产阶段再进行测试实验。

再以某电源模块产品设计为例，在其设计过程中必须考虑多物理场的影响，必须符合各国强制性产品认证规定的有关电磁辐射的相关法规、公共办公环境中的噪声标准以及产品可靠性标准。设计上，需要进行必要的瞬态电路仿真，将结果传递到版图设计及三维有限元电磁场求解器，三维有限元电磁场求解器模拟电磁场辐射测试，以确定设计是否通过相关标准的电磁干扰（EMI）测试。在这种情况下，利用三维有限元电磁场可以得知将通风配置为较大的槽和更改为较小的圆孔对 EMI 的影响。虽然较小的孔有助于控制 EMI，但如果通风口狭小，限制了冷却所需的空气流量，则可能会导致设备过热。这时，利用三维有限元热仿真工具进行热分析可以建立多种设计变化的模型，以验证热可靠性的需要，利用 CFD 技术计算热流分布，使工程师能够在冷却风扇运行的同时预测设备的内部温度；改变通风配置可能需要增加风扇速度，以防止过热。例如，设备在 6W 的功耗下运行，原始的风扇配置必须保持 3500rpm 的工况，产品最高目标温度是 110℃。而对于较小的通风口，风扇转速则必须增加到 4600rpm，以保持在相同的目标温度以下。热工程师可以和 EMI 工程师一起找到最佳解决方案。如果不能选择提高风扇转速，EMI 工程师可以尝试不同的通风形状，甚至采用优化方法来解决热和 EMI 的问题。一旦考虑到电磁效应和传热，就必须考虑气动声学。改进通风口设计，提高风机转速，解决电磁干扰和散热问题，但是这些变化可能会影响到设备在运行过程中发出的噪声，消费者不会接受在家里或工作空间中有较大的风扇噪声，因此热管理必须让风机保持在低噪声水平上运行。此时，可以通过 CFD 软件分析，模拟得到噪声的分布。人类可听到噪声源振幅来自压力，如果原始设计的可听频率是小于 50 分贝（dB）的噪声，其足够低，可以混合到背景噪声中，但调整后噪声过大，这时候需要再调整优化，进行多物理场的仿真验证。如果采用独立的工具，这个过程会花费更多的时间，而采用统一集成融合平台（见图 1-28），将极大地加速这一优化迭代过程。

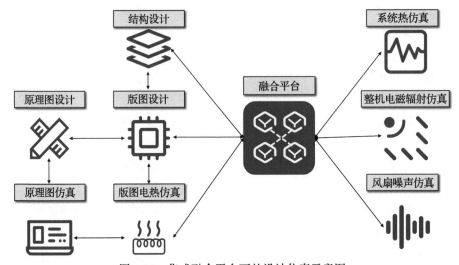

图 1-28　集成融合平台下的设计仿真示意图

在生产制造层面，生产制造工业软件（CAM）也需要与设计应用层面工业软件（EDA/CAD）相融合，打通设计与制造环节的数据传递，采用统一标准的数据接口及平台，快速确认制造问题，设计良率分析，加速生产过程。

2. 中度融合：深耕专业，资源内置

一些工业软件厂商针对用户的需求，在解决软件自身能力增长上，将大量的算法形成的算法池、各种行业 / 专业库构成的库群、专业的工业领域模板库等资源内置，将算力（一般是指编译器、求解器）与资源（一般指各种池、库、模板）融为一体，从广度上拓展软件功能和应用场景。在工业软件家族中，采用通用底座，打通不同研发阶段的工具间的信息壁垒，将不同的软件整合成一条条工具链，在航空航天、汽车等工业领域形成高度工具依赖，构筑起强大的技术壁垒。

关于资源内置，一个典型的例子就是 MATLAB/Simulink 体系。我们知道在 MATLAB/Simulink 体系中，工业软件属性是体现在 Simulink 上的，而 MATLAB 则充当了提供底层算法资源的角色。MATLAB 包括了几乎所有数学运算工具，而 Simulink 则依靠其强大的生态发展出了 130 多个专业库，这样的一个体系让几乎所有用户都能够在其中找到支持自身业务的资源，尤其是在控制系统设计方面，形成的垄断局面至今无人可以挑战。在整合流程形成工具链方面，则有达索系统软件和西门子工业软件的例子。达索系统软件的 3D EXPERIENCE 环境已经不再是简单的工具集成，而是在其内部构建出了以航空航天、汽车业务为核心竞争力的数条工具链；西门子工业软件则在 Teamcenter 和 Simcenter 的加持下，实现了不同工具软件的向心聚合，为不同专业领域的用户提供丰富资源。这些大厂商均已经形成高度专业的资源集群的软件厂商，相对于单点工具的软件厂商具有系统级的优势。

3. 深度融合：普适应用，云底座赋能，高内聚低耦合

在解决了中度融合后，SHCI 就不可避免地面临工业软件的内部耦合问题。各个不同的专业其构建的融合后的工具链也好平台也好，都是基于不可分割、不可修改的各种工业软件，具有高度的定制化色彩。在数字化转型建设中动辄就会出现长周期的某定制项目实施，则与此特点是有直接关系的。那么能否在 SHIC 上探索出一套不同的解决方案呢？首先，这个层次的 SHCI 必须是支持普适应用的，也就是说可以通过灵活配置，支持各种应用场景，不能出现难以变动的"硬"方案。其次，具有高内聚低耦合特征，要支持将不同的工业软件内核的功能解耦，允许拆分成不同的应用模块，再进行跨软件的融合，构成灵活且满足不同需求的工具，并允许用户将这些功能模块分散配置到其工作流程的不同场景、不同阶段，通过 SHCI 支持融合各工业软件功能的重构。可以看出，在深度融合中，云底座赋能至关重要，一个允许自由搭载和配置微服务的云平台会为用户的 SaaS 体验提供基座。

从上面的介绍和分析可以看出，SHCI 既符合技术发展自身的逻辑，也满足用户数字化转型对工业软件的需求。SHCI 的价值和意义，将随着工业实践在未来得到验证和体现。整体上，工业软件领域呈现出超融合趋势。完整的产品系统设计流程中，不管是低度融合中工具集成、流程拉通，建立统一设计流程平台，形

成无缝数据传递及交互能力；还是中度融合中的资源内置、深耕专业，构建不同用途的工具链条；再者深度融合强调的高内聚低耦合、跨软件组件和功能重构、基于云底座提供完整端到端能力，都体现了工业软件发展的趋势。这种趋势将大大提升开发效率，避免不必要的环节，节省研发成本，缩短产品上市时间。

今天的工业软件，要求以超融合方式，在物理服务器上运行虚拟化软件而形成分布式存储服务，整合网络以及其他更多的平台上的各种资源和服务，形成统一的资源池，以供虚拟机使用。因为无论是低度、中度还是深度的超融合，都可以有效提升平台使用者的软件开发效率。

四、必须让工业现场的工业软件运行速度飞起来

随着制造业从传统制造向数字化转型发展，工业软件作为促进数字化转型的润滑剂，在数字化转型中扮演着越来越重要的角色。在数字经济大潮下，利用信息化技术促进产业变革，促进制造业数字化中信息技术与自动化的融合至关重要，实现这个目标不仅需要新的软件和信息模型，还需要更多智能和生产系统更灵活的硬件。不同的工业场景、不同的工业流程，需要不同的工业软件。

前面章节里我们已经介绍了面向研发设计环节的工业软件，下面介绍面向工业现场的工业软件。

1. 面向工业现场的工业软件

工业控制是制约我国装备行业乃至产品升级的瓶颈。装备制造业是工业的核心和基础，决定了国家工业和科技的水平。对于机床一类的工业母机，目前国内的制造商需要西门子等国外公司提供整体的运动控制解决方案。运动控制产品和系统进行精确运动控制的核心部件或者应用解决方案大多由国外公司整体提供。这是我国在制造业方面的差距和追赶的方向。

一种新的可编程逻辑控制器结构——"可编程逻辑控制器4.0"已经推出，它提供了一个平台，该平台支持与公有云系统的连接，提供了一个抽象层，提高了PLC的灵活性，提高了通信服务质量和可扩展性。

（1）新一代PLC

PLC是以微处理器为核心，综合计算机技术、自动控制技术和通信技术而成的一种通用的工业自动控制装置。PLC由操作系统、运行时（Runtime）、编辑器和HMI构建器四部分组成，其中HMI构建器用于创建人机交互界面，通过OPC UA与Runtime通信。

随着新兴技术的迭代演进，工业现场对机器的运行速度和质量的要求越来

高，因此新一代 PLC 需要具备计算能力强、通信速度快、协议连接广泛、高精度的输入 / 输出、毫秒级实时计算、可靠性和稳定性强、运动控制功能多、更好的能源效率和环保性能、更安全的防护选项，以满足工业现场日益提高的速度和质量要求。

新一代 PLC 的演进有以下三个特征。

一是基于 IDE 开发环境的开发研制，从符合国际电工委员会单一的 IEC 61131-3 标准到与 IEC 61499 标准的融合应用，配备逻辑控制、顺序控制、过程控制、机械安全控制、多轴协调的运动控制、视觉检测和控制、现场总线和工业以太网通信等，与 IT 系统的管理数据进行融合应用。

二是基于 PLC、HMI、SCADA、IOT、数字孪生、AAS 资产管理壳、人工智能、工业控制领域的支柱软件进行新型工业自动化平台的开发研制，将机器数据库引入 PLC 系统，机器的运行数据能够以规定的数据格式实时输入到时序数据库，为人机交互、过程监视、机器实时仿真、知识图谱、人工智能、视觉等算法应用提供服务创新。

三是改变了 PLC 基于传统指令集进口芯片的全封闭结构，在我国工控市场中占据主流的态势。国内许多企业、高校和研究单位解决了新一代 PLC 通信速度快和连接广、输入 / 输出模块容量大、运动控制功能多、安全防护和防入侵能力强的技术难题，实现了对高性能 PLC 的独立开发和设计，走出了 PLC 工控系统独立发展的新路径。

（2）制造运营管理软件

制造运营管理（Manufacturing Operation Management，MOM）涵盖了生产计划与调度、生产执行、质量管理、物流管理、设备管理等业务领域，通过实时数据采集、分析和处理，帮助企业实现生产过程的可视化、优化和控制，是综合性的制造运营管理系统。传统的软件系统通常是孤立的，包括 MES（制造执行系统）、QMS（质量管理系统）、WMS（仓库管理系统）等多个子系统，随着业务领域之间的相互配合协同的诉求越来越强，业务工作流通常需要跨多个业务部门之间流转，各个业务子系统相互集成已不能满足此需求，将各个子业务领域的子系统整合到一套平台（如 MOM 平台）是行业的发展趋势；另一方面，MOM 领域在不同细分行业有很多差异，就需要细分行业包与 MOM 平台相互配合。MOM 平台提供统一的标准数据模型与业务组件，行业包基于平台提供行业差异化特色功能包。

（3）工业运维软件

随着工业自动化、智能化水平不断提升，基于资产管理壳（AAS）和知识图谱的工业设备的状态监测、故障诊断并进行现代化运维管理已经成为工业数字化转型必不可少的组成部分。在工业现场，基于故障预测与健康管理软件（PHM）

和运维综合保障管理（MRO）的工业维护软件是智能制造发展方向之一。这种基于机器服务知识的模型，能够对设备状态进行评估，准确预警，从而帮助优化设备检测、维修计划安排和人力资源分配，大大提高了设备的运行效率与可靠度。

2. 工业软件与数字孪生

工业数字化转型涵盖了制造理念、组织方式和商业模式的变革。一个设备或产品，从设计开始，经历了制造、使用和报废，呈现出一个完整的生命周期。如果可记录这一个设备或产品各阶段生命周期相关的数据，各种健康状况和风险都会一目了然，然而事实却并非如此。对于制造商而言，各阶段的数据通常呈现孤立、分散的特征，数据失去了流动性，大大约束了人们的洞察力。

可视化管理是工业数字化转型的必经阶段，而数字孪生则更胜一筹。数字孪生是充分利用物理模型、传感器更新、运行历史等数据，集成多学科、多物理量、多尺度、多概率的仿真过程，在虚拟空间中完成相应实体装备的映射的全生命周期过程。数字孪生可以被视为一个或多个重要的、彼此依赖的装备系统的数字映射系统，不仅仅让使用者对设备有形象具体的图形理解，对设备现实的状况及所有参数数据等信息也一目了然，并且以体系化的方式，引导用户轻松使用机器。

设备数字孪生可以将一台设备的控制器、元器件、油路、气路、电路等进行等比例建模，携带各种属性信息，以多元化的计算机辅助技术集成 CAX 工具软件形成 3D 模型，展示设备整机、部套、零件之间的层次关系。用户可以借助于导航树，在设备的不同零部件之间进行自由切换，对不同部件进行深度了解。数字孪生会呈现出拆分动画，逐级递进，用户可以直接与场景中的 3D 模型对象进行交互，用层层"爆炸图"的方式，查看零件、子部件的详细信息。设备数字孪生，就像为操作者提供了一台 CT 机，可以看到机器的各种结构和属性。

基于数字孪生技术的三维在线控制系统，可以实现 PLC 控制指令毫秒级的实时驱动与三维仿真的统一，它突破了从"虚拟仿真"到"实时驱动仿真"的传统模式的限制，实现了从工业控制软件到工业管理软件的实时交互。各种不同的控制模型、数据模型、交互模型、操作模型、设计模型、运维模型和机理模型等通过数字孪生统一集成到一个界面上，通过声、光、影、视传递到网络空间。知识作为指导人和机器学习及做事的指令集合和规则体系，为高保真、实时互动的数字孪生提供了核心支撑，知识图谱丰富了机器的设计、制造、运行、维修过程，从图纸到零件、从制造商到最终客户、从决策者到管理者再到操作者，数字孪生的应用贯穿在整个设备的全生命周期之中。

通过数字孪生技术，实现工业知识模型化、模型软件化、软件云端协同化，推动业务流程与机器效率的提升，真正实现了工业软件知识自动化。今天的工业软件，要求 PLC 以毫秒级控制指令实时驱动物理实体机器与数字孪生机器仿真的统一，要求突破从"虚拟仿真"到"实时驱动仿真"的传统模式的限制，让机器实现从工业控制软件到工业管理软件的数字孪生实时交互。

五、工业软件需提供即申请即用以及满足客户的开发大协同

传统的开发模式采用串行的瀑布式开发（需求→设计→开发→测试→制造），开发时间长，通常一个大版本都需要 1 年左右的时间，适合需求比较多且变化较慢的基础版本。对于需求变化比较频繁，需要快速提供版本的产品用瀑布式开发模式就不合适了，需要采用敏捷开发模式。另外，企业对于工业软件的需求不断变化，通常需要工业软件企业能够快速响应变化，也需要基于敏捷的开发方法，以快速迭代，满足客户诉求。

目前基于云时代数字化转型，需要基于敏捷的快速开发迭代、多态部署、灰度发布，以提供不间断的业务升级。这些特征之下生长出不同以往的技术模式、商业模式和工业模式，数字化转型模式也会随之发生变化，利用好这些特征和模式，是云时代数字化转型的重要课题。

云时代的工业有一大特征——产品经济转型为服务经济。服务经济有两大特征，一个是技术服务化，另一个是服务开放化。这两大特征映射在工业软件产业，便催生了工业软件服务化（SaaS）和服务开放化（见图 1-29），最终形成工业软件云生态。

1. 工业软件的产品服务化

传统上的工业软件和硬件需要通过购买来获得，购买软件可以获得终身使用授权或者阶段使用授权。工业软件服务化（SaaS）下，工业软件通过云平台来提供，是服务的载体，而且工业 SaaS 平台具有强大的自服务能力。

工业软件 SaaS 平台具有高度弹性的特点，可以降低软件使用的经济门槛和技术门槛，有利于中小企业应用工业软件技术。

- 软件的弹性租赁。在此模式下，软件使用的时候付费，退出来之后不再付费。只为服役付费，不因闲置浪费，不需要为拥有它而付出更多的显性和隐性成本，也不用担心它在需要的时候年久失修而不能使用（这在商品模式之下反倒是经常发生的），因为云计算运营公司始终保持软件达到最佳状态。工业软件云运维这样的专业性强但为用户不产生增值的工作，请专业人士来做，性价比是最好的。

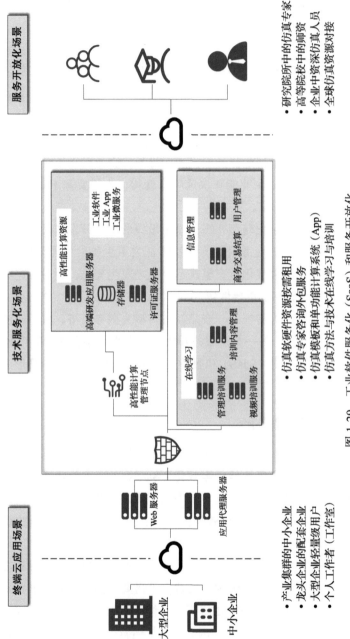

图 1-29   工业软件服务化（SaaS）和服务开放化

- 硬件的弹性租赁。和软件一样，硬件也不再需要购买，只是在使用的时候付费，不因闲置浪费。传统产品模式下，硬件因其不可移动性而闲置。弹性租赁的硬件同样不用担心它的可用性，不用操心维修、机房、电费、折旧等。硬件一般是因为软件调用而被使用，所以，在使用云上软件的时候硬件就直接被调用了，软件退出的时候，硬件也自动释放。因此，硬件的弹性租赁更加方便直接，甚至费用的支付都可以由云软件运营者来代劳。

2. 工业软件的服务开放化

过去，工业软件的服务是由开发商提供的，后来代理机制的出现使得这种服务由代理来提供。代理具有就近特征，可以快速且低成本地赶到现场提供服务，使得服务的性价比较高，是软件开发商、用户和代理商共赢的模式。但这种模式在非云时代才有优势，那时候软件在线下交易、线下使用和线下服务。

在云时代，工业软件服务模式为"服务开放化"，也就是说，工业软件服务可以由社会上任何人来提供。

总体来说，工业软件的服务开放化降低了软件使用的技术门槛和人才门槛，有利于中小企业应用工业软件技术。服务开放化的优点具体表现在以下两方面。

- 无瓶颈。在云时代，人们可以通过互联网进行无成本、无时差、无空间限制的交流，只要平台上服务人员足够多，这种服务就没瓶颈。人人都可以是工业软件服务提供者，那人人也都是工业软件服务的受益者。
- 更经济。与线下服务的高成本相比，线上服务的刚性成本几乎为零，无差旅、无额外时间、自组织（无管理成本）。无瓶颈的服务模式下人员数量的大增，使得人员价格必然回归合理。

工业软件服务开放化后，软件的服务外包、用户的服务小队、特定技术咨询的社会化供应、技术知识与经验的有偿交流、工业 App 的开发等将会成为常态。只要社会服务力量能获得相应的回报，特别是经济回报，工业软件服务开放化就可以发生。所以，工业软件云平台除了提供人与人社交的互联网平台外，各方角色的盈利和激励模式的设计是重中之重。

3. 促进中小企业数字化转型

云计算模式为中小企业便捷、低成本使用工业软件提供了可能。过去，中小企业在采用工业软件存在以下困难：

- 经费门槛高。中小企业的销售收入较少和研发投入比重低，造成研发经费较少，无法购置先进的软硬件设备用于新产品的研发。工业软件这样一个成本大鳄，当然是在排除之列。

- 人才门槛高。中小企业中科技人员的数量和人员比例明显低于大企业，工业软件即使做也只能蜻蜓点水。

- 技术门槛高。中小企业技术人员的技术积累和工业软件经验相对较少，对工业软件这样经验和积累要求较高的工作，工程师常常无法独立完成。

工业软件云在解决中小企业经费、人员和技术方面具有独特优势。云计算的服务化特征，中小企业订阅工业软件的资金门槛基本消失。其实，中小企业使用工业软件的终极门槛还是资金。终极解决中小企业的资金困局反倒不是从资金入手，而是从技术革新入手，因为技术的边际成本是零。技术服务化之后，也带来了服务开放化的好处，形成生态化特征，从而解决了中小企业使用工业软件的终极门槛。

4. 工业软件云生态的价值

工业软件的生态化就意味着工业软件上云不再是技术问题或应用问题，并不是简单把技术和软件放到云上，只期望中小企业上云来用，而是全社会分工协作，进行价值交易，最终形成一个具有多边正向协同效应的工业软件云生态，如图 1-30 所示。

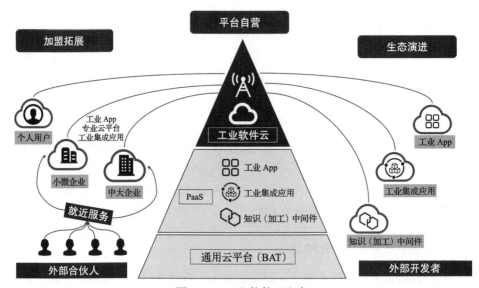

图 1-30   工业软件云生态

工业软件云生态的本质是将工业软件相关的所有资源聚集在一起，形成聚合效应，打造一个工业软件价值共同体，所有与工业软件有关的资源都能以高性价比获得最大的收益。工业软件云生态的特征和价值可以总结为以下几点：

- 知识和应用的自生长。云生态初期，知识和应用可能很少，提供局部服务，更多的角色加入之后知识和应用会自然增加。
- 全社会服务资源对接。不只是供应商的工程师去服务客户，是全社会的服务资源都可以服务客户。
- 随时随地，软硬兼备。一家企业或者个人不再需要配置软件或硬件，只需要用浏览器就可以使用云上的软硬兼备的大型资源。
- 高性能计算资源无限。过去，一家企业想要使用高性能计算机并不容易，个人更是一种奢望。但是基于云则不同，可以在瞬间调动无限多云上资源。
- 软硬件资源精益化使用。这么多的资源被调用，但却能精益化使用。这看似是悖论，那么多资源还能精益化使用吗？这其实恰恰就是云带来的好处，再多的资源短时间使用成本都不高。实际上只要真正有需求就可瞬间调用，用完瞬间归还，不浪费资源和经费，即精益化。
- 知识通过软件化积淀。过去，知识都保存在个人大脑里、书本上、零散文件中等。如果不经过系统化沉淀，知识会随着人的流失、企业的变迁而消失。知识通过软件化沉淀下来，就会变成企业资产并可长久保存。
- 应用资产的持续积累。软件使用时产生的数据是高价值应用资产。个体使用应用软件时，这些数据资产极易流失，而在云上使用软件时，这些数据资产则会持续积累。

今天的工业软件，要求具备适应工业云的产品服务化和服务开放化模式，最终形成工业软件云生态，即把工业软件相关的所有资源聚集在云端，形成聚合效应，打造一个工业软件价值共同体，消除中小企业使用传统架构工业软件的高门槛。

随着工业软件不断涌现的新需求，每过 5 ～ 10 年工业领域和制造现场就会产生原有工业软件无法解决的新问题，这对工业软件的既有功能和体系提出严峻挑战。孤军奋战、零敲碎打的软件开发模式已经无法适应今天工业软件需求的快速增长与变化。下一章将分析工业软件的现状和既有问题、突围崛起的新路径，以及阐述如何用新技术、新方案来加速工业软件的变革与重构。

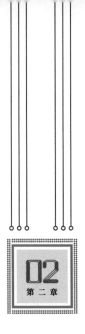

02
第二章

大机遇：计算框架变革和企业数字化变革同频共振

工业软件不仅仅是软件，更是工业知识精髓和工业属性在数字空间的凝聚与映射。工业软件向何处去，决定了工业向何处去。今天的计算框架，已经发生了根本性变革，软件生存与发展的土壤已经从"地面"延伸到"天空"，从单机和局域网升级到了"云端"；超融合的过程让数据按照软件制定的规则自动流动，坚实的"数字底座"让数据、信息、知识无处不在；工业发展的范式已经发生了转换。优化工业软件，决战数字空间，是百年难遇的机会窗口。

第一节　国外工业软件厂家已全面推进云化 SaaS 战略

在展开自主工业软件发展策略的讨论之前，通过解读业界优秀的工业软件的特点，有助于认识我国工业软件产业现状和理解应采取的发展策略。因此本书选择了具有代表性的西门子、达索及 PTC 公司进行分析。

一、西门子工业软件实践解读

Siemens AG（西门子集团）是研发工业基础设施及工业解决方案的先驱，也是工业 4.0 的核心发起单位和全球数字化转型的领跑者。Siemens Digital Industries Software（西门子数字化工业软件公司）负责其在全球的工业软件及数字化业务。2007 年，Siemens AG 收购 UGS 公司的 PLM 软件业务（核心产品为 Teamcenter 和 NX），在此基础上初步发展出了全球最完整的工业软件业务体系。当前，西门子数字化工业软件产品和服务的"篮子"品牌名为 Xcelerator，其中包括三大核心平台——开放式生态系统工业物联网平台 MindSphere、云原生低代码应用开发平台 Mendix 和产品全生命周期管理平台 Teamcenter。

从大型机时代开始，西门子数字化工业软件（包括其前身 UG，McAuto，EDS，UGS）经历了小型机、图形工作站、个人台式机、网络化等计算架构的变革。在云计算时代，相对其主要竞争友商 Autodesk、达索和 PTC 而言，"船大难掉头"，西门子总体采取比较谨慎稳妥的策略。但谨慎不等于无所作为，过去十余年，西门子在拥抱 SaaS 之前主要和 AWS 合作，提供传统软件的云托管服务（Cloud Managed Services），但市场反应未达到预期。随后西门子重构了一系列 SaaS，例如电气设计 Capital Electra X、协同设计平台 Teamcenter X 等，还并购了 SaaS 化的低代码开发平台 mendix 和云原生资源库 supplyframe，投资开发了基于云的物联网操作系统 MindSphere，于 2021 年底推出 Xcelerator as a Service，明确了全面向 SaaS 化转型的目标，Xcelerator 是西门子数字化工业软件提供所有的产品和服务的"篮子"品牌。

对西门子而言，SaaS 不再仅是个人从互联网浏览器访问软件的一种方式，而是一个从根本上重新思考技术为客户创造价值的基于订阅的商业模式。它可利用云计算使得产品和方案更容易获得、更灵活、更容易扩展，而不是简单地在原有工具上增加一个新的用户界面，或者只是在云端共享基本文件，或者只是把有限的 CAD 功能迁移到云端。用户使用云服务时不再需要 HPC 或内部 IT 基础设施专家，允许任何人都可以通过浏览器执行计算密集型任务——高级多物理场仿真或者 AI 驱动的创成式设计。SaaS 还允许用户从任何设备随时访问和任意需要的时候按需访问工具、特征和计算资源，这种灵活和个性化解决方案提高了生产力，在确保 IP 安全的同时也促进了更大的协作。

西门子 SaaS 支持"云乌托邦"场景。例如，客户与深圳的供应商合作，需要调整 CAD 文件和模具。加工首批次零件时，客户可启动浏览器，登录 XaaS，与同行协作并在托管环境中进行相应编辑。客户将原型装置放在现场，利用全面的数字孪生工具集处理来自内置传感器的数据流，获取数据后以真实结果驱动模拟仿真。

西门子 Xcelerator as a Services 采取分步实施的策略，2021 年底支持的云服务有 Siemens Teamcenter Cloud PLM、NX CAD/CAM Cloud Connected（免费试用）、三维 CAD Solid Edge（30 天 SaaS 试用）、CFD-Fluid Simulation SaaS。

下面以 Teamcenter 为例，解读西门子在 SaaS 领域的逐步演进策略。

Teamcenter 具有完整的 PDM 解决方案，可以覆盖从需求、产品规划、设计、仿真验证、制造、供应链、维修维护等产品全生命周期的管理；Teamcenter 产品的发展一直在不断演进：首先采用 SOA 架构，实现了 PDM 系统的完全 SOA 化，包括 PDM 系统应使用的 SOA 组件，PDM 系统应提供的服务等。在移动互联网时代又采用 Web 框架开发了轻量化的 Teamcenter Active Workspace（AWC）应用环境以提升用户体验；进入云计算时代，通过深度改造 Teamcenter AWC 之后，推出了可容器化部署上云的 Teamcenter X。

1. 应用功能

Teamcenter 提供产品全生命周期管理的完整功能，包括企业知识管理平台、产品结构与配置管理、文档管理、零部件分类管理、工作流程管理、更改管理、项目管理、需求管理、仿真分析管理、报表与分析管理、供应商与采购管理、制造过程管理、系统集成扩展等。它的功能模块如图 2-1 所示。

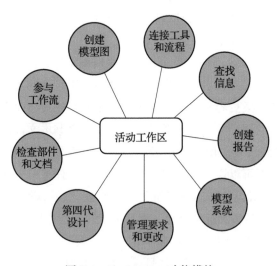

图 2-1　Teamcenter 功能模块

在传统 Teamcenter 支撑全功能模块的 C/S 客户端（Rich Client）应用模式之外，西门子基于传统 Teamcenter 的能力拓展推出了轻量化的 Active Workspace

（AWC），采用基于 HTML5 全面开放的架构以提供更简洁、高效的交互体验。Teamcenter AWC 的功能丰富程度不如 Teamcenter Rich Client，但西门子一直在持续更新 AWC 的功能并以此为基础构建了基于云的 Teamcenter X。

2. 参考架构

（1）传统 Teamcenter 架构

传统 Teamcenter 架构是基于 SOA 体系的 4 层架构，如图 2-2 所示。

①客户端层（Client Tier）。客户端层为用户提供了多种访问和应用 Teamcenter 的方式和界面，企业可以根据业务和用户情况选择最适合的客户端。

②网络层（Web Tier）。网络层运行在 Web 应用服务上，负责 Client Tier 和 Enterprise Tier 之间的通信；同时也包括 PDM 的私有服务，如 DIS，AIWS 等。Web 层发布 Teamcenter 的 SOA 服务对象，为客户端提供 PDM 业务逻辑服务。

③企业层（Enterprise Tier）。企业层用来管理 Teamcenter 的业务逻辑服务器和服务器端组件，负责从数据库检索数据并存入数据库。

④资源层（Resource Tier）。资源层用来管理 Teamcenter 系统使用的数据库和文件系统，包含数据库服务器、数据库、卷和文件服务。文件系统从客户端上传、下载文件数据，包含文件存储、缓存、分发和访问系统。

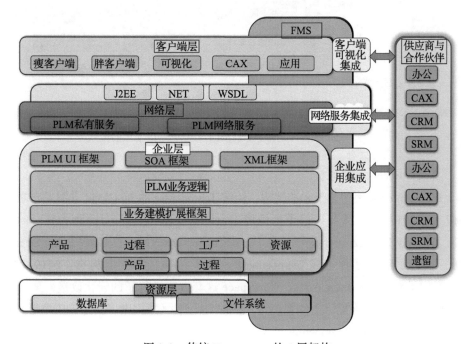

图 2-2 传统 Teamcenter 的 4 层架构

（2）Teamcenter Active Workspace 架构

Teamcenter Active Workspace 是在 Teamcenter 传统 4 层架构上进行改进的，随
着版本的发展逐步增加微服务（见图 2-3）的支持并强调 Gateway 的应用。从 Active
Workspace 4.3（2019 年）开始，Teamcenter AWC 的客户端不再部署在 WAR 文
件或 .NET 框架中，而是采用文件库的微服务管理，借助 Node.JS 技术通过 Active
Workspace Gateway 访问。Active Workspace Gateway 用作 Active Workspace 浏览器
界面的 Web 服务器。Gateway 还与微服务、Teamcenter 服务器、文件存储库等通
信，Active Workspace Gateway 在 Node.js 中实现，并将静态或动态内容的 HTTP
请求通过路由连接到处理这些请求的相应服务。

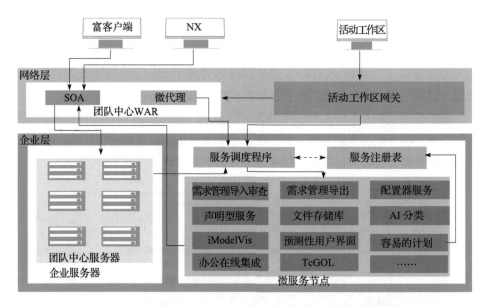

图 2-3   Teamcenter Active Workspace 架构中逐步增加的微服务

（3）Teamcenter X 架构

Teamcenter X 使用基于云的架构。传统 Teamcenter 的 on Cloud 方案发布是在
2012 年，2017 ～ 2018 年西门子已经将 Teamcenter Active Workspace 为核心的部
署方案在 AWS 和 Azure 上进行了推广，配合 Siemens NX 工具和 AWS AppStream
2.0 的结合，实现了平台（Teamcenter）+ 工具（NX）的云上组合。2019 年之
后，西门子对 Teamcenter Active Workspace 这套方案进行了的云化改造，融合了
Mendix 组件（认证管理、文件管理等）和 AWS 组件（数据库、安全、监控等）的
能力，推出了最新的 Teamcenter X 架构。

二、达索工业软件实践解读[⊖]

1.达索工业软件演进史

达索公司创立于 1981 年，是世界领先的 3D 体验供应商，为全球范围内的企业和个人提供 3D 设计软件、3D 数字化实体模型以及旨在改善产品设计、生产和服务方式的产品生命周期管理解决方案。达索公司被美国《商业周刊》杂志评为"十家不为人熟知，但却正在改变世界的欧洲公司"之一。

达索公司的整个成长过程大致可以分为以下三个阶段：

- 第一阶段：三维数字化设计（3D Design）。从 1981 ～ 1997 年（收购 SOL-IDWORKS），达索公司聚焦基于三维的数字化设计，服务中高端和低端用户市场，适应大型机到个人 PC 的广泛用户群体。

- 第二阶段：三维数字样机 / 产品全生命周期管理（3D DMU/PLM）。1998 年达索公司收购 IBM PDM 创建 ENOVIA 品牌，到 2000 年创建 DELMIA 品牌，2005 年收购 Abaqus 创建 SIMULIA 品牌，2006 年收购 MatrixOne，2011 年收购 IBM 整个 PLM 营销渠道，实现了三维设计结合三维数字化仿真验证、产线及工厂验证、装配验证、全周期数据管理等，将业务从三维设计扩展到了产品的全生命周期价值链。

- 第三阶段：三维体验（3D EXPERIENCE）。2012 年达索公司正式发布三维体验平台战略，2014 年正式推出基于全新统一平台、统一架构、统一数据、颠覆式重构重写，并聚合几乎所有产品线技术的商业化 3D EXPERIENCE R2014x 版本。

图 2-4 为达索工业软件演进史。从图 2-4 可以看出，达索公司并不是成立初期就确定了 3D 战略，而是根据市场需求不断地调整战略以匹配市场需求。达索公司早期的主品牌是 CATIA 品牌，但当时在 3D 领域并不完善。后期它通过不断收购完善，根据高、中、低端细分市场的不同需求，以及需求、设计、仿真、制造、运营等不同领域及各行业的业务特点，不断创建新品牌。它通过支持高端设计需要的各种模型和复杂算法，实现了设计、仿真、制造一条龙服务。达索公司在恰当的时机确定 3D EXPERIENCE 战略（2012 年），并专注此战略的发展，2014 年推出 3D EXPERINECE R2014 平台，然后持续并购。它将新购产品持续基于 3D EXPERINECE 平台进行技术重构并融入平台。达索公司通过不断并购和完善，补齐工业软件拼图，成为 3D 领域出色的统一架构软件产品及软件品牌厂商之一。

⊖ 引自：周宝冰. 达索系统：中国企业在数字化转型方向上高度一致. 中国工业报，工业互联网周刊 A3 版，2019-06-19.

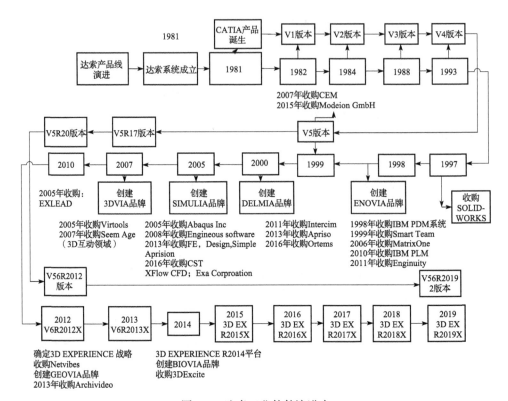

图 2-4   达索工业软件演进史

2. 达索工业软件产品线

图 2-5 所示的达索 3D EXPERINECE 平台集产品规划、辅助设计、工程分析、制造以及协同于一身，具有三维设计、结构设计、高级外观曲面、交互式二维图、运动模拟、有限元分析、逆向工程、数控加工、工厂产线模拟、高级排程等强大而广泛的功能，在航天航空、汽车、电子与电气等行业都得到了广泛的应用。在新兴细分市场上，达索公司也积极扩展创新，推出地质建模仿真、人体模拟仿真、生化与材料建模仿真、临床试验管理等产品及解决方案，达索产品触及了越来越多的行业。

迄今为止达索公司在其 3D EXPERIENCE 平台上融合了图 2-5 中的 12 大品牌，分为数字化建模应用系列、数字化协作与管理应用系列、智能制造与仿真验证应用系列和信息资产整合与智能应用系列。

达索公司的 3D EXPERIENCE 平台颠覆了传统工业软件模式以及架构，摒弃了基于文档或者是文件的管理模式，实现了所有应用数据在线管理。在这个平台中，所有的决策都是由数据驱动和实时的数据信息支持，并且支持在线实时的协同。该平台打通了所有信息系统的壁垒，将所有应用连通在同一个平台上，让所有利益相关者在同一个平台基于单一数据源工作，它的整体框架如图 2-6 所示。

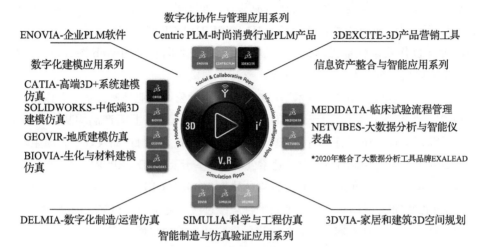

图 2-5 达索 3D EXPERIENCE 平台

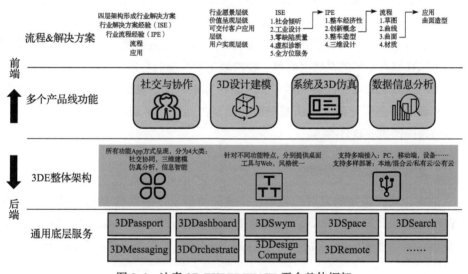

图 2-6 达索 3D EXPERIENCE 平台整体框架

从前端看，3D EXPERIENCE 平台实现了 CATIA、SIMULIA、ENOVIA、DELMIA、SOLIDWORKS 等不同产品、不同行业解决方案的整合，围绕三维建模、仿真、数据分析、营销、维护等业务流程，提供 500 多个应用软件，让客户各取所需、开箱即用。同时提供架构上的扩展性，使得 3D EXPERIENCE 平台可以不断积累行业最佳实践，扩展并适用于各个不同的行业和领域。

往后端看，3D EXPERIENCE 平台实现底层服务解耦，包括数据空间服务、认证服务、社交服务、配置化主页服务、检索服务、计算协调服务、三维加速服务和远程服务等。各类服务可独立本地部署，也支持公有云或私有云的容器化部署。基于数据空间服务等各类服务，3D EXPERIENCE 平台在前端分别开发了面向高度互操作及高性能需求的桌面端 App，以及面向管理的 Web 端 App。两类 App 统一风格，统一账号，统一体验，支持多端接入。

达索公司积极拥抱"云技术"。2011 年，达索公司与亚马逊云签署合作协议；2015 年，达索公司推出基于云的 3D EXPERIENCE 平台，且新产品均基于云端开发。目前，达索公司所有产品已实现云服务提供，部分主打产品实现了云原生。

2020 年是具有标志性的一年，达索公司完全基于云的 3D EXPERIENCE WORKS 在线产品群上市，中低端 3D 市场的领导品牌 SOLIDWORKS 产品实现全线云原生化。SOLIDWORK 战略从产品思维向平台思维过渡，逐步与 3D EXPERIENCE 平台战略相融合，帮助现有客户或者是未来的客户从目前的桌面应用迁移到云端。

3D EXPERIENCE 架构充分利用平台化、模块化、标准化的技术，实现全业务价值链的管理；整合了业务流程、企业组织和技术，在统一的集中平台下，实现数据的一致性、唯一性和可靠性；具备灵活的系统设计和系统的再开发空间，企业根据自身状态，可以阶段增加、移除或是修改相应模块，进行灵活的系统扩展，可以在原有系统的基础上简单、轻松地定制系统的功能与界面。

3D EXPERIENCE 平台兼顾了工业软件体系本身的复杂性，以及工业软件行业的广泛业态差异化需求，从基础服务面到产品面，再到解决方案面充分解耦，非常值得国产工业软件参考。

3. 达索工业软件战略动态

达索公司在多年的发展历程中，持续坚持创新战略。从 1981 年大型机上的 CATIA 三维设计软件，到 1997 年迅速适配 Windows PC 的 SOLIDWORKS，再到完全统一架构重构所有产品的 3D EXPERIENCE，达索勇于拥抱创新，引领行业方向。

从现状来看，达索 3D EXPERINCE 平台的多个拳头产品处于行业领先地位，提供高端 3D 设计，做到复杂任务与效率的完美统一及全流程服务，实现了 1+1>2 的平台化效果。达索通过自主研发 + 并购不断巩固细分领域工具的优势，打造高度集成的综合平台。通过并购补全自身的工具链同时将潜在挑战者扼制在萌芽状态。但在功能基本完善后，达索公司并购的速度变慢，以扩宽行业细分市场为主。

（1）积极拥抱云，持续进行云原生改造，加快产品 SaaS 化及平台 PaaS 化，实现云上 3D 体验

达索公司在 2011 年就与亚马逊云签署战略合作协议，2015 年推出云上 3D EXPERIENCE，2017 年后先后收购 OutScale、NuoDB 等云技术服务商及技术组件，收购 Centric PLM 云上 PLM 厂商，收购 Medidata 云上医疗行业解决方案提供商，并将这些方案与产品整合到 3D EXPERIENCE 云平台。面向中小企业，达索公司主推基于 Web 的 3DX Works 应用和服务；面向大企业，主推 3DX 云化解决方案和桌面大型应用工具。同时，3D EXPERIENCE 方案内嵌达索应用商店 Marketplace，提供认证的增值付费服务，如图 2-7 所示。

图 2-7 达索服务方案

（2）在相邻行业发展新赛道，进军新兴市场

达索公司将核心能力外溢，投资面向未来的成长型市场已扩展到以下 7 个行业，延伸优势，扩张解决方案。

- 3DVIA：3D 建模仿真能力→家居和建筑空间规划
- GEOVIA：3D 建模仿真能力→地质建模仿真
- BIOVIA：仿真能力→生化科学与材料仿真
- Centric PLM：PLM 能力→时尚消费行业
- NETVIBES：PDM 能力→大数据分析与智能仪表板
- Medidata：PLM 能力→临床试验流程管理
- 3DEXCITE：3D 产品建模仿真→ 3D CG 营销工具

从达索工业软件的实践可以看出，工业软件的发展要贴近客户的需求，在以主流应用厂家需求服务为基础的同时还需要紧密跟技术发展并更新技术架构（平

台采用云技术设计，SaaS 化，）以获得更好的性能和体验，再将基于新技术架构的工业软件应用到行业实践中，从而实现工业软件的螺旋式迭代上升，牢牢占据市场，促进企业的长期健康发展。

三、PTC 工业软件实践解读

PTC 总部在美国马萨诸塞州，前身为 Parametric Technology Corporation，2013 年改为 PTC。PTC 的服务行业有汽车、生命科学、能源、航空航天和国防、零售消费品、医疗设备、电子等。

PTC 和西门子、达索同属全球工业软件领导厂商。与前两者相比，PTC 缺乏工业基因和底蕴，但凭借着创新思维，走出了自己的道路。在早期发展阶段，PTC 凭借着独树一帜的参数设计从众多 CAD 厂商中脱颖而出，成为三分天下有其一的行业领先企业。2014 年，PTC 收购物联网应用程序提供商 Thingworx，构造了业内领先的工业物联网平台。2015 年 PTC 收购了高通旗下的增强现实平台 vuforia，推出了 AR 产品线。如今，PTC 构筑了工业软件版图和独树一帜的四大产品线 CAD、PLM、工业物联网和增强现实，如图 2-8 所示。

增强现实
- 为一线员工提供关键信息
- 加快专家知识的传授
- 通过实时专家指导提高效率
- 打造身临其境的产品演示与推广体验

工业物联网
- 连接机器、设备、员工、设施及整个系统
- 最大限度提高设备的正常运行时间并降低客户的服务成本
- 使团队能够实时查看、了解数据并采取相应行动
- 安全访问、监控、分析数据并采取相应行动

CAD
- 创建、分析、查看并在下游共享产品设计
- 了解设计在现实条件下的表现
- 优化设计以确保产品符合规范并在市场上获得成功
- 使工程师随时随地协同工作

PLM
- 在整个产品开发过程中连接企业系统
- 打破整个价值链中的组织数据孤岛
- 编排多系统数据以加快产品上市
- 工程、工厂和现场等以正确方式访问正确数据

图 2-8　PTC 四大产品线（源自：PTC 公司官网）

PTC 工业软件产品的定位是数字世界和物理世界的融合，以实现数字世界和物理世界之间的闭环。PTC 产品组合如图 2-9 所示。

在 CAD 领域，PTC 旗下软件 Creo 集成了 9 个可互操作的应用程序，功能覆盖整个产品开发领域，通过把 AI、AR、IoT 和 3D 打印技术引入 CAD，引领行业创新。

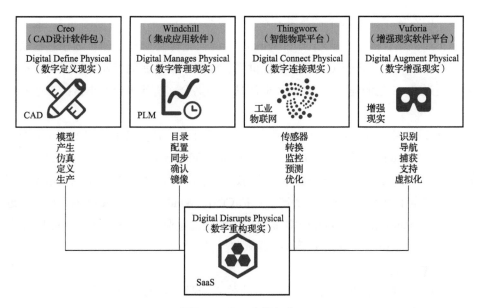

图 2-9　PTC 产品组合

在 PLM 领域，PTC 旗下的 PTC Windchill 与业内领先的工业物联网平台 Thing-Worx 集成，为智能、互联的企业管理产品生命周期的端到端流程、监控运行性能、提高产品质量提供了基础。

在工业物联网领域，PTC ThingWorx 建立了一个由以工业物联网为中心的解决方案合作伙伴组成的全球生态系统，提供全面的工业物联网平台。该平台具有针对制造环境而优化的灵活功能。其专业服务团队与其广泛的服务合作伙伴生态系统相结合，为客户提供资源。

在增强现实领域，PTC 通过 AR 技术平台与 ThingWorx 物联网平台、云解决方案、ColdLight 大数据分析平台协作，形成智能制造整体解决方案：通过传感器采集数据，利用大数据进行挖掘分析，通过 VR/AR 技术虚实融合，强化物联网环境下分析、仿真、可视化的能力，形成虚实融合、闭环的生命周期管理。

PTC 持续投入 SaaS，在整个产品组合中部署 SaaS 模式。近年来，PTC 除了通过积极收购在 SaaS 化领先的工业软件来构建自身的工业软件版图，也大力推进原有旧架构产品的云化改造，在 2019 年和 2020 年 PTC 分别收购了 Onshape 和 Arena Solutions。Onshape 用户可以通过浏览器在云端方便地完成 CAD 三维设计。该平台基于云原生技术，把 CAD 和数据管理结合在一起，是业内第一个 SaaS 产品开发平台的创造者。而 Arena 是国际领先的 SaaS 产品全生命周期（PLM）解决方案。PTC 除了用这两个产品补充中端产品竞争力不足外，更是看重其 SaaS 化技术，加快原有核心产品 Creo 和 Windchill 的云化转型。同时 PTC 还通过物联网平台优势，利用 Thingworx 链接物理世界，源源不断地获取工业数据。在虚拟世界，通过 SaaS 化的建模能力、AR 应用的不断磨合，构建平台上丰富的工业应用生态。

从 2020 年开始，PTC 将整体业务分为两个单元：Digital Thread Business Unit（Digital Thread BU）和 Velocity Business Unit（Velocity BU）。其中，Digital Thread BU 主要面向的受众和客户是全球大型制造企业，致力于采用数字主线技术支撑产品开发和全生命周期应用，主要产品包括 Creo、Windchill、ThingWorx，以及最近收购的 Codebeamer。Velocity BU 面向中大型制造企业，主要产品包括 Onshape 和 Arena。其中 Arena 主要聚焦于医疗器械和高科技行业，帮助企业用敏捷方法颠覆产品开发模式。

Windchill 是 Digital Thread BU 中的关键产品，它的产品生命周期管理体系架构如图 2-10 所示。PTC 通过 Windchill 的 SaaS 化 Windchill+，为企业提供更加全面的、全寿期的解决方案和能力支撑。随着完成了对 Arena Solutions 的收购，PTC 目标直指面向产品开发市场的纯 SaaS 解决方案的领先提供商。PTC 通过 Atlas SaaS 平台上的两个新产品扩展了其强大的 SaaS 功能。随着技术的进步，云端应用软件的性能已经足够好，甚至优于本地软件的性能，这是生产制造领域实现 SaaS 转型的绝好时机。

Windchill+ 版本是基于 Atlas 平台的 SaaS 版本，这对于 PLM 产品来说升级是非常重要的。当今大部分传统的 Windchill 需要 2 ～ 3 年升级一次，Windchill+ 意味着更加容易的升级或迁移，使用户可以一直保持最新版本。Windchill+ 提供更多的 Atlas SaaS，比如可以对产品研发可视化洞察，还可以与产品、运营结合起来深度整合。

Windchill+ 把各行业各领域的最佳实践呈现到服务或者 OOTB（Out of The Box，开箱即用）的功能中，帮助客户快速构建自身所需要的能力。通过配置的方式去实现 Windchill 的功能，将摒弃大量客制化的方式。这也是 Windchill 快速转成 SaaS 的核心因素和原因之一。虽然，Windchill 是非常复杂的解决方案，但基于 SaaS 应用可以减少管理和维护成本，而且安全性在云端，由专业团队进行保证，为客户带来更大的竞争优势，特别是那些规模和实力还无法配备太多的专业 IT 人员和网络安全专家的企业。PTC 简化配置和开放式架构，支持 Windchill 快速地将 PLM 能力和应用扩展延伸到其他业务领域，比如增加新的 App，或者从质量应用到新的制造相关业务板块，同时构建一个独立的应用数据管理空间。

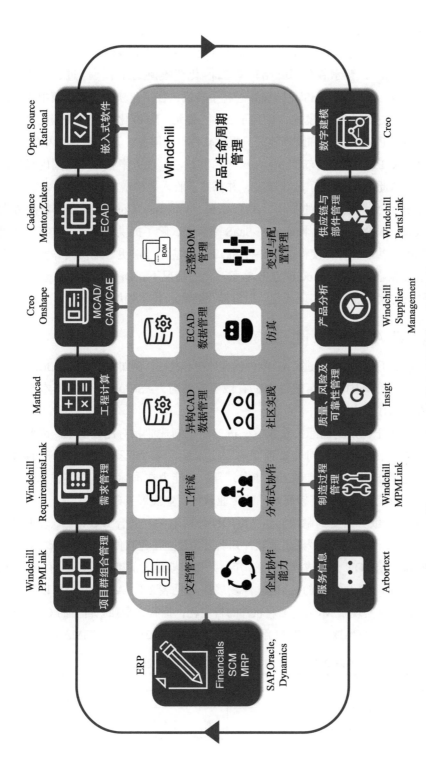

图 2-10 WindChill 产品生命周期管理体系架构

从商业模式上，PTC 更是先人一步。2014 年，PTC 就宣布开始向客户提供软件订阅服务，2015 年公司年报的收入统计口径首次将"License"改为"License and Subscription"，预示着公司开始转向 SaaS 化营收模式进军。经过 3 年的痛苦转型，2017 年，PTC 的 SaaS 化转型终于有了转机，在工业软件的营业额中软件订阅服务首次超过永久许可模式，达到了 2.8 亿美元，SaaS 化在 PTC 站稳了脚跟。2018 年开始，PTC 在北美和欧洲地区只提供软件订阅服务，不再提供永久许可。

2019 年，PTC 公司宣布 Thingworx 平台和核心解决方案在全球范围内只提供订阅许可，从此 PTC 完成了云化转型，并保持了收入平稳增长。

未来 PTC 会继续云化的步伐，将把 Creo、Vuforia、Codebeamer 等解决方案都基于 Atlas SaaS 基础平台构建。在 SaaS 平台上，除了提供软件解决方案，还提供更多基础的共享服务，使得前端各种 SaaS 化的应用能够更好地协同并实现数据支撑。这意味着，基于 Velocity 业务单元云化的情况下，Digital Thread 业务单元的全线解决方案也将逐步实现云化，以继续保持在云技术领域的优势。

四、俄罗斯 ASCON 公司实践解读

俄罗斯的工业软件是先进 CAD 软件的全球中心之一，例如在 CATIA，BricsCAD，Altium Designer 等国际知名软件中都有俄罗斯参与，ASCON 公司是其本土工业软件开发公司代表之一。

俄罗斯由于长期的国际关系影响，进口高端制造业相对比较困难。因此，在长期的发展中，形成了相对完整独立的工业体系，同时俄罗斯拥有良好的物理 / 化学等理论基础和航空航天等工程能力，且数学能力在国际上享誉盛誉，使得俄罗斯形成了较充分完整并有较高水平的工业软件行业发展基础。

2014 年，俄罗斯受到制裁，由 ASCON 公司牵头，联合 EREMEX、ADEM、APM、TESIS、IOSO 等俄罗斯工业软件知名公司建立工程软件"RazvITie"（发展）开发者联盟。ASCON 公司成立于 1989 年，是俄罗斯最大的工业软件厂商，也是俄罗斯 IT 公司前 100 强，它的 CAD 软件发展路径见表 2-1。ASCON 公司以自主研发为起点，逐步实现了 MCAD 工业软件的自主化，拥有完全独立自主的 CAD 内核 C3D，具有专业的 CAD/AEC/PLM 解决方案（KOMPAS-3D 和 LOTSMAN:PLM）。

表 2-1   ASCON 公司 CAD 软件的发展路径

年份				
2021	2022	2023	2024	2025
支持 MultiCAD。读取原生格式并且"修复"模型	G2 曲面光滑拼接（飞行器）	对于专业领域问题的运输管道和专业结构	扫面体积协同工作。点极曲面	根据空闲空间自动布线

（续）

年份				
2021	2022	2023	2024	2025
支持 IFC	《端到端拼接》系统	展示产品选项：形变的零件，工作状态	发展内容系统的工作	
线槽建模	发展直接建模	船舶理论（船舶）	船体装备（船舶）	
发展曲面建模和薄面物体的能力（飞行器）	支持 multiCAD。改善伴随有进口属性 /PMI（产品制造信息）的工作	船舶系统设计（船舶）	根据原理图运输管道系统的设计	
支持参数建模	设计船舶主体结构	船舶电气模块设计（船舶）		
隔离船体结构（船舶）	通风系统建模	层压塑料零件建模		
	磨铣零件建模			
	复杂曲面建模（船舶、飞行器）			
	特殊物体和 OCT 库			
	Linux 支持			
KOMPAAS-3D Prototype		KOMPAAS-3D	KOMPAAS-3D Application	

ASCON 公司的自主 CAD 工业软件及业务发展具有以下特点：

1. 自主研发核心组件

1995 年，ASCON 公司开始自主研发 CAD 几何内核 C3D（Modeler），2012 年 C3D Labs 在 ASCON 数学部门的基础上成立。俄罗斯 CAD 软件 KOMPASS-3D 的核心组件 C3D，是近 30 年的持续技术积累和自主研发的，目前 C3D 内核的性能和功能已经接近主流商业 CAD 内核（ACIS 和 PARASOLID）。其中 C3D Toolkit 是市场上唯一包含了几何内核、参数求解器、可视化引擎、模型转换引擎和数据转换引擎，并适用于 CAD/CAM/CAE/BIM 开发和 3D 应用的解决方案，不仅如此，C3D Toolkit 还是一个跨平台的解决方案，适用于 Android、FreeBSD、iOS、macOS X、Linux 和 Windows 等现代操作系统。

2. 准确定位，以用户为中心开发功能

ASCON 公司保持高效的 CAD 工业软件研发，根据用户需求开发新功能，如 2022 年开发的中位面功能。

KOMPASS-3D 支持从绘制 2D 草图对象开始，也支持曲面建模创建由各种曲线、空间线和点组成的 2D 和 3D 轮廓开始，再使用约束固定、按指定距离拉伸和绕其轴旋转等功能将其转换为 3D 零件。它还支持工业生产领域的钣金建模和对象建模，使得用户可以添加预绘制对象和零件，以快速设计各种钣金零件。

KOMPASS-3D 不仅打通了二维和三维设计能力，而且曲线和曲面造型也是强项，更是集成了预绘制对象和钣金功能，操作界面简单好用。

3. 技术规划符合业界趋势，注重生态化发展

C3D 还是一款可对外授权的跨平台产品，有良好的兼容性，不仅是 KOMPASS-3D 的 "心脏"，也是其他许多 CAD 系统的 "心脏"。C3D 现有 55 个企业用户，分布在 14 个国家。

ASCON 公司深耕生态发展，RazvITie 联盟的工业软件开发公司使用 C3D 作为它们的几何内核（ADEM CAM、EREMEX EDA、Renga BIM）或者开发基于 KOMPASS-3D 的产品（KOMPASS-FLOW、APM FEM），还开发了 PLM 软件 LOTSMAN，打造出了以 C3D 内核为中心的俄罗斯工业软件生态系统。

4. 注重数据格式的标准化

数据格式是工业软件中重要组成部分，只有定义了完善标准的数据格式，才能实现互通和兼容。事实上，正是因为美国制定了很多数据标准，为各种行业软件开发，立起一个稳固的学术支点，一头联系着数理化等理论人才，进行数据完善，一头联系着市场的前端，制造业的前端和软件工程师。

C3D 文件是中性化的标准格式，以 C3D 二进制格式保存的 3D 模型是一种用于建筑和机械工程行业的 CAD 格式。它包含 3D 模型的几何数据，例如曲线、点、三角剖分、装配和实体。C3D 文件是使用 C3D Labs 软件交换 3D 模型的主要文件。使用 C3D 建模引擎，可以通读 .c3d 格式，加快了读取大型 3D 模型的速度。使用 C3D 的文件格式既可以无障碍使用 RazvITie 联盟内的软件产品导入和导出，同时也与 esprit 等软件兼容。C3D Tookit 还包含 C3D Converter 数据转换器，支持七种 CAD 文件格式的导入、导出和转换，满足了大部分 CAX 软件文件格式需求。

5. 提供丰富的工具

2022 年，C3D Labs 推出了最新的工程软件开发工具包 C3D Toolkit（2022），包含了 C3D Modeler 几何内核、C3D Solver 参数求解器、C3D Converter 数据转换器和 C3D Vision 可视化模块、C3D FairCurveModeler 曲线曲面引擎和 C3D Web Vision 网页可视化渲染引擎，构成了用于创建桌面、移动、云和 Web 的 3D 应用程序的完整解决方案。

第二节　国产工业软件厂商现状以及实现新诉求的困境

一、国产工业软件现状

通过对工业软件巨头的解读可以发现，工业软件领域内处于领先地位的基本都是国外软件，国产工业软件的发展水平与国际水平存在差距。

国产研发类工业软件距离国际水平差距最大，工程类工业软件次之，差距最小的是管理类工业软件。这与我国工业在这几类软件所基于的底层技术、知识（原理）等方面的发展水平是相关的。

自然科学和基础科学虽无国界，但知识的获取是有国界的。我国基础学科的理论水平相比国际先进水平有较大差距，研发类工业软件所需要的技术积累相较于国外软件薄弱很多。这些研发类工业软件以产品化形态存在于中国市场的份额不到5%，大多数是定制开发的项目化软件，这种软件应该归类为工业App，属于工程类软件。

工程技术和知识具有鲜明的实践特征，中国工业以"世界工厂"著称，其对应的工程类工业软件也与国际差距不大，在国内市场占有方面与国外软件平分秋色。

国外管理类工业软件在中国基本水土不服，中国企业的首选是国产工业管理软件，占据70%的市场份额。

其实，除了上文提到的三类工业软件外，还有一种背后隐含的核心引擎类工业软件。这类软件在用户界面不可见，但却巨大影响着可见部分。软件的可见部分往往是用来定义功能和操作性，而核心引擎决定着软件的性能和质量。核心引擎工业软件存在于CAD、CAE、EDA等研发类工业软件中，如几何建模引擎、约束求解器、网格剖分引擎、数值计算引擎等；也存在于工程类和管理类工业软件中，如人工智能引擎、流程驱动引擎等。我国该类工业软件与国际软件的差距甚至超过了研发类工业软件。工业软件发展难度大，但可见部分的难度只是冰山一角，真正难的部分是水面之下的部分。

工业软件的市场规模是研究工业软件的优劣势的另一重要视角。预计中国工业软件市场未来五年的年增长率保持在18%左右，预计到2026年，工业软件市场规模为2270亿元（见图2-11），反映出中国工业软件应用范围广，市场空间巨大。

从图2-12可以看出，与国内市场环境密切相关的管理类工业软件的国内市场规模逐年上升。管理类工业软件的国内市场占比和相应企业在国内市场的营收占比如图2-13所示。

图 2-11　中国工业软件行业市场规模预测[◯]

图 2-12　管理类工业软件的国内市场规模

研发类工业软件（CAD/CAE、EDA、Matlab 等）长期被国外巨头垄断，国内起步晚，核心技术待突破，研发类工业软件企业的国内市场占比如图 2-14 所示。

生产控制类软件（MES），是生产控制环节中承上启下的环节，大多数企业或多或少的都有自己开发的 MES 软件适应自己的生产。

由以上分析可以看出，当前国内工业软件的市场规模巨大，管理类（如 ERP 等）软件国产供给较好，但研发类工业软件供给能力不足。而研发过程恰恰是工

◯　引自：前瞻经济学人，深圳前瞻产业研究院报告，2021（统计数据中剔除了嵌入式软件），
https://baijiahao.baidu.com/，2022.

业生产高附加值的过程，缺少高水平的研发软件，工程师很难设计出高水平的产品。所以，研发类软件往往容易受到国外制约。

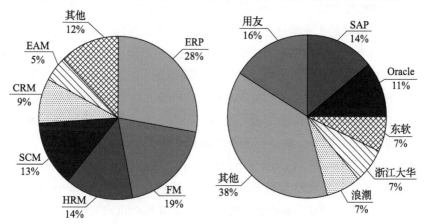

图 2-13　管理类工业软件的国内市场占比和管理类工业软件企业在国内市场的营收占比

图 2-14　研发类工业软件企业的国内市场占比

二、造成国产工业软件现状的根因

1. 国产工业软件缺乏市场用户需求的喂养

目前，我国工业软件领域的国产工业软件与工业水平的发展不协调，对国内工业企业"刚需"的研究也不够。国产工业软件企业和工业企业缺乏紧密联合机制，国产软件的产业化和商业化道路受阻，在这方面，国外工业软件企业和工业企业则形成了较为完善的产业链闭环，构筑了一定的进入壁垒，也使得其生态中的客户对其依赖性增强。这些因素导致国内工业软件与工业应用需求结合不紧密，难以满足复杂多变的工业实际业务与特定场景需求，再加上国内工业软件企业对核心技术掌握不足，自身的产品在性能、功能模块数量、平台的稳定性等方面与国外软件存在较大差距。在市场层面上的表现则是国产工业软件企业的产品线的完善度不高，在高端客户中的相关技术积累和市场占有率方面不占优势。

下面以国内 EDA 软件为例进行说明。国内 EDA 厂商相比国外 EDA 厂商存在两个方面差距：第一，缺乏与头部 Foundry 和 Fabless（晶圆代工厂和无晶圆厂）深度捆绑。绑定头部 Foundry 不仅代表了市场份额，更意味着工艺的优势。Fabless 所使用的工艺设计套件是由 Foundry 提供，并反映 Foundry 最新工艺的设计数据包。同时，EDA 工具输出的版图是交由 Foundry 生产，因此 EDA 软件与生产工艺是强耦合关系。在摩尔定律的驱动下，每一次芯片工艺的更新，都要带动 EDA 软件的同步更新，与头部 Foundry 的深度绑定与合作，能够使 EDA 厂商在早期便参与到新一代工艺的研发中，进一步获取技术优势。由于缺乏头部 Foundry 合作，导致国内 EDA 厂商难以匹配目前最先进的工艺。第二，未实现全工具链全覆盖。EDA 工具链非常长，国产 EDA 软件目前仍未实现全工具链覆盖。大多国内 EDA 厂商从某一环节单点切入，仅在部分流程与环节具备较强竞争力。华大九天公司在模拟芯片和数字芯片领域优势明显，而概伦电子公司则在存储器领域储备较深。对于客户而言，即便是采购国产 EDA 软件意愿高涨，但国内 EDA 厂商仍无法为其提供平台式产品服务，从而形成客户依旧需要购买大量国外 EDA 软件再搭配国内较为成熟的解决方案使用。

以上两方面的差距不仅出现在 EDA 领域，在其他国产工业软件领域也出现类似的问题，导致国产工业软件在体系化竞争力方面落后于国外工业软件。

2. 国内几次工业软件突围，因产业政策不匹配，延缓了产业发展⊖

20 世纪 80 年代初，伴随着昂贵的 IBM 大型机、VAX 小型机、阿波罗（Apollo）工作站的引入，图形和设计 CAD 软件开始进入中国相关的研究所与高校。从"七五"到"十五"（1986 ～ 2005）期间，国家机械部（机电部）的"CAD 攻关项目"、国家科委（科技部）的"863/CIMS、制造业信息化工程"是对国产工业软件的扶持。

⊖ 引自：林雪萍. 中国软件失落的三十年，这里的黎明静悄悄. 2018-08-12.

在"十二五"（2011 年）以后，中国的信息化开始走两化融合的道路，工业和信息化部通过试点示范和两化贯标等方式重点支持制造业企业。而因为当时市场上国外工业软件已占主流，大量企业购买的是国外工业软件。

另一方面，相较于其他行业，工业软件领域的后入者发展难度非常高，这主要是由于工业软件的使用者多为企业、高校和科研院所，处于对其业务连续性的要求，这些组织在选择工业软件时重点考量的是软件的稳定性，所以多数情况下会选择行业知名的工业软件，而且一旦使用习惯后极少会主动更换。

再者，工业软件的研发难度较高，它非常需要用户侧的知识反哺，一款软件一定会有 BUG，而要消除这些 BUG 就非常需要用户的反馈，行业先行者收到的用户反馈多，后入者则非常少，这便导致强者愈强，弱者愈弱。在过去的几十年间，中国庞大的市场帮助国外的工业软件完成了大量的测试分析，使得国外的工业软件进一步站稳了脚跟，但回过头来，这反而成了限制国内工业软件进一步发展的障碍。

3. 国内高端工业软件人才短缺

目前，国内高端工业软件面临严峻的人才短缺问题，主要原因集中在以下三方面。

第一，培养难。工业软件人才需同时具备掌握工业知识的能力和将工业知识软件化的能力。这是因为工业软件的发展需要信息技术与运营技术的融合，在软件设计和研发过程中，需要既懂信息化又懂工业机理的复合型人才。但现实则是，工厂的业务人员懂工业流程，但不懂软件设计。IT 人才懂软件设计，却不懂工业制造业务。另一方面，高校和科研院所在培养工业软件人才时，本应着重工业软件理论、算法、程序设计与实现等研发知识，但现实是仅讲授国外知名软件的使用操作，难以培养出合格的工业软件研发人才。工业和信息化部电子第五研究所软件与系统研究部主任杨春晖表示，这样就像小学生本来要学会计算能力，但却变成让他们学怎么用计算器，没有掌握真正的计算能力。

第二，招聘难。从社会储备看，纯软件开发人员有一定的社会储备量，但工程开发复合型人才储备少，他们也成为企业争夺的核心对象。当前，研发设计、生产控制类工业软件的研发人员不及互联网企业研发团队的 10%。工业软件企业的核心研发人才 50% ～ 80% 来自社会招聘渠道，以市场平台招聘、海外华人引进、人才外包服务、内部招聘转岗等为主，校园招聘占比较低。从毕业生流向来看，软件开发人才大多流向互联网、游戏、电商、金融等高薪企业，工业软件人才"被分流"现象突出。⊖

⊖ 引自：王菲. 工业软件遭遇人才"卡脖子"，培养难、招聘难、留人难，还被互联网游戏业强势分流. https://baijiahao.baidu.com/s?id=1716640134122700264&wfr=spider&for=pc，2021.

第三，留住难。华中科技大学 CAD 中心主任陈立平认为，国产软件人才大多是做上层的应用软件，最基础的算法、操作系统、软件开发环境等领域乏人问津，很难构建起从算法到软件再到应用的良好生态，这其中的部分原因是做上层应用软件的企业能提供更好的待遇。一家工业软件研发相关单位负责人表示，刚毕业的硕士毕业生在其单位的年薪在 12 万～ 15 万元之间，工作七八年后的开发人员年收入也仅能达到 20 万元。一些互联网、游戏公司轻易就能用数倍年薪挖人，有经验的开发人员流失，是许多企业共同的感受。

4. 工业软件知识产权保护意识和力度不足

20 世纪八九十年代，国外工业软件伴随改革开放大规模进入中国市场，同期大量的盗版软件也开始广泛传播，这些优秀、先进而且还"免费"的盗版软件大量挤压了国产工业软件市场。随后中国正式加入世贸组织，国内市场对应国际分工协作趋势过于乐观，"自研不如买，买不如租"。这一系列的因素导致本身就不完善的国产工业软件逐渐陷入了"不完善→无市场→无资金优化→更不完善"的负循环。

我们看似有更好的工业软件可用，但自主研发能力、意愿和勇气也消失殆尽。

三、国外工业软件在中国工业领域构筑四大壁垒

我国现状是因历史问题，造成当前国内使用的大多数工业软件主要是由国外巨头把控着，我国企业对这些工业软件的自主化程度存在较大差异。我国有大量企业在做与工业流程结合度不是很深且进入壁垒不是很高的运营管理工业软件，甚至有些企业还做得比较好。而对于进入壁垒比较高的研发设计软件，我国做得好的就很少了。甚至在很多高端制造场景（汽车、飞机、航母等）所需要的研发设计软件，我国大部分企业做得不是不好，而是根本就没有。其自主化程度甚至比芯片和操作系统还要更低，包括 2020 年大家所感知到的 EDA，甚至包括 Matlab 这种基础工业工程计算软件。

经过将近 30 年的国内市场的深耕，国外工业软件巨头构筑的壁垒主要在以下四个方面。

1. 根技术

众所周知，软件有应用软件和根技术，其中操作系统、数据库等属于软件的根技术。应用软件基本都是在根技术软件上根据应用场景开发的。没有根技术则应用软件如同空中楼阁，很容易受到无端打压。工业软件属于一种特殊的软件，也有自身的根技术。工业软件的十大根技术如图 2-15 所示。工业软件基本都是在根技术上根据应用场景开发而来。

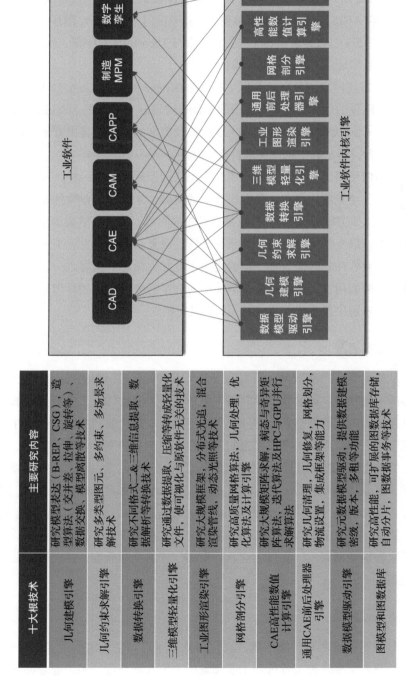

图 2-15　工业软件的十大根技术

十大根技术	主要研究内容
几何建模引擎	研究模型表达（B-REP、CSG），造型算法（交并差、拉伸、旋转等），数据交换、模型离散等技术
几何约束求解引擎	研究多类型图元，多约束、多场景求解等技术
数据转换引擎	研究不同格式二维&三维信息提取、数据解析等转换技术
三维模型轻量化引擎	研究通过数据提取、压缩等转成轻量化文件，使可视化与原软件无关的技术
工业图形渲染引擎	研究大规模框架、分布式光追、混合渲染管线、动态光照等技术
网格剖分引擎	研究高质量网格算法、几何处理、优化算法及计算引擎
CAE高性能数值计算引擎	研究大规模矩阵求解、病态与奇异矩阵算法、迭代算法及HPC与GPU并行求解算法
通用CAE前后处理器引擎	研究几何清理、几何修复、网格划分、物流设置、集成框架等能力
数据模型驱动引擎	研究元数据模型驱动，提供数据建模、密级、版本、多租等功能
图模型和图数据库	研究高性能、可扩展的图数据库存储、自动分片、图数据事务等技术

常见的工业软件产品中，大多是基于全球供应链开发，企业主要聚焦自己的优势领域，公司之间通力合作而实现。CAD 软件，如 SolidWorks、Solid Edge、Inventor，一般要用到 70 个组件以上，核心组件包括几何内核（主要有西门子 Parasolid，达索 ACIS）、几何约束求解器（主要有西门子 DCM）、图形组件（主要有 TECH SOFT 3D）、数据转换器（主要有达索与 Tech Soft 3D）等，大部分 CAD 软件的基础框架都是基于这几款基础组件。

CAE 软件需要网格剖分器的组件（主要有 Distene 的 MeshGems）。CAM 软件需要涉及加工路径的组件（主要有德国的 ModuleWorks 与英国的 MachineWorks）。CATIA、NX、Creo 等高端多学科 MCAD 会涉及更多的组件，其中有不少核心组件来自于第三方，甚至有些组件会来自竞争对手。

目前，国内使用的工业软件根技术和早期的国产软件内核一样，长期以来被国外工业软件公司垄断。因此，只有根技术的突破，才能在工业软件领域实现自主可控，具体比如突破板级 EDA 涉及的自动布局布线、多叠层渲染加速、并行计算等关键技术，以支持支持高速、高频、高密、高复杂单板开发。工业软件的根技术决定了工业软件的性能效率，体验也是工业软件核心的内容之一。而这些根技术具有一定的通用性，和我国有竞争优势的 ICT 行业有一定的相似性，可以参考 ICT 行业的来解决工业软件领域的人员不足现状。

2. 工业数据资产

产品从研发到生产制造出来需要经历多个环节和部门，有的需要使用近万种甚至更多的工具软件，而这些工具软件主要被国外工业软件巨头垄断，且基本都采用私有接口，内部数据格式不对外开放。不能通过替代的同功能工业软件打开历史数据资产，给企业带来深度绑定的同时，也给产业的发展设置了壁垒，基本扼杀了新型企业的崛起和市场空间的突破。

因此，工业软件界急需一个类似工业界的 Androrid 平台，即是开放的、具有标准化接口定义的平台。该平台提供了标准的数据定义功能和接口（类似手机的充电器的接口），统一存储数据，工业软件厂家定义的数据都在该平台保存，方便不同的厂家数据合理调用，实现工业软件不同厂家的互通兼容，共同做大做强工业软件生态。

3. 工业行业知识

工业软件是一种相对特殊的软件，仅靠软件工程师是无法编写工业软件的，工业软件的开发需要软件工程师和工业领域的专家共同合作，买工业软件其实是买其背后的工业知识的积累。因此，一个工业软件是否符合用户的诉求，是需要有工业知识做后盾的。

　　工业软件门槛比较高，尤其是研发类软件门槛更高。如果想做好工业软件，不但需要本行业的知识，同时还需要计算机技术，以及物理和数学等方面的基础知识，才能很好地完成工业软件设计和开发，如图 2-16 所示。

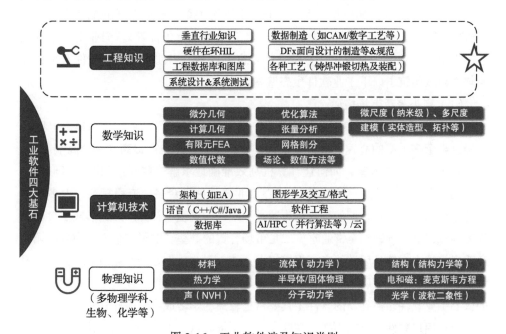

图 2-16　工业软件涉及知识类别

　　比如我们常用的板级 EDA 软件，它不但需要提供画图的常用功能（自动布线、连线查找等），还需要一些简化工作量的功能（快速查找相关连线、连线的高亮显示等）提升工作效率。这些都是必须要有行业经验的人才能了解和知道。同时，还需要提供常用的芯片资源库，以查找需要的器件并直接引用管脚图进行设计。器件资源库的丰富程度以及是否是优选库，对应的指导设计图等资源都是该款工业软件的竞争力体现。从这些内容可以看出，工业软件的竞争力更多地体现在该工业软件对行业的理解程度的深厚度上，即对该行业工业知识了解的越深厚，竞争力越强，越强越能获得更多客户，越能获取客户的诉求，从而进一步促进工业软件的工业知识积累，实现了正循环，构筑了更高的行业门槛，最终将该行业的知识壁垒沉淀在工业软件中，实现了垄断。

　　工业软件需要长期投入，需要知识沉淀和不断积累，才能逐步构筑竞争力和壁垒，尤其是对相对通用需求的行业，壁垒一旦构建，则很难打破。当前国际形式虽然短期内对我国制造业不利，但对国产工业软件来说，通过不断地应用完善国产工业软件内嵌的工业知识，不断沉淀，最终实现超越，这是一个千载难逢的机会。

4. 工业软件生态[⊖]

工业软件生态是指影响工业软件发展的诸要素及其相互关系，包括工业软件产业内企业成员及其相互关系、产业链上下游关系、产业发展的配套支持条件（公共服务体系、产业政策与竞争政策、社会经济文化条件等）。产业生态系统包括但不限于产业链，有着比产业链更加丰富的内容。当前国外工业软件寡头在工业软件领域构筑了以下工业软件生态壁垒。

（1）寡头垄断市场格局

寡头垄断市场主要表现在三方面：一是技术本身的门槛高。比如集成电路产业经过半个多世纪的高速发展，其设计和生产复杂程度空前提高，一个高端芯片，动辄包含上百亿晶体管，如何让计算机高效准确地求解这些复杂问题，以形成一个个实在的技术壁垒。不仅如此，核心工业软件种类众多、流程复杂，大多厂商只能生产部分点工具，即使行业巨头通过不断并购重组、补齐产品，形成了自己的优势领域，也很难做到全链通吃。二是市场容量的壁垒。电子信息产业中越前端的产业规模较小，越是后端的产业规模越大，核心工业软件处于产业前端，其市场容量很大程度上限制了后来竞争者。三是锁定效应与用户黏性形成壁垒。用户从成熟的核心工业软件切换到新的软件工具要付出较高的学习成本，因此核心工业软件的使用存在用户黏性。可想而知，在这样一个市场容量不大，存在较高技术壁垒和产品用户黏性被成熟公司垄断的领域，其他竞争者反超的可能性微乎其微。

（2）上下游之间相互嵌合的关系网

工业软件产业链的正常运行取决于上下游软件之间的匹配与兼容，受这一特征影响，不仅要求工业软件企业的自身产品覆盖从设计到封装使用的全流程工具链，而且要求与上游软硬件设备供应商、下游应用需求方形成较为稳固的产销关系，这种密切嵌合的关系网日益成为工业软件产业的发展常态。在工业软件上下游相互嵌合的关系网中，新产品、新工艺相互促进、互为一体、相辅相成，使得关系网外的竞争者很难跻身产业链的某一环，更不要说实现反超。

（3）智能化、云化和集成化发展态势

在国产工业软件企业努力追赶的同时，国外工业软件巨头已经开始通过智能化、云化和集成化的发展进一步拉开与国产工业软件企业的距离。

⊖　引自：郭朝先，苗雨菲，许婷婷. 全球工业软件产业生态与中国工业软件产业竞争力评估. 西安交通大学学报，2022-01-29.

以 EDA 软件为例，人工智能技术将促进 EDA 智能化发展。一方面，芯片设计基础数据规模的增加与系统运算能力的阶跃式上升为人工智能技术在 EDA 领域的应用提供了新的契机，通过 AI 算法可以帮助客户设计达到最优化的 PPA 目标（功耗、性能和面积），开发针对具体环节或场景的定制化工具与性能更高的终端产品；另一方面，利用人工智能技术可以更智能化地进行判断，帮助设计师精准决策，降低芯片设计门槛，缩短设计周期，提升 EDA 工具的效率。

云化指的是云技术将更多应用于 EDA 领域。利用"云计算 +EDA"模式，在线提供 EDA 工具和软件，不仅能够使设计工作摆脱物理环境制约，还能避免因计算资源不足、流程管理等问题带来的研发风险。通过 EDA 云化，可以为客户提供混合云、公有云等云环境服务，提供模块可选、弹性算力、高可靠性的工具服务；此外，EDA 云平台能有效降低企业在服务器配置和维护等基础设施方面的费用。

集成化就是通过将不同元器件用封装等形式集成到更高层次，从而提供更强的性能。EDA 软件可以在芯片设计早期进行系统集成，建立"裸片→封装→PCB →系统"的闭环建模和分析流程，推动复杂功能设计的异构集成，为整个系统提供设计和验证工具。

（4）并购是行业巨头称霸全球的重要手段

国外工业软件巨头绝大多数是经历了多次并购重组而得以发展壮大的，这也是它们能够为客户提供完整产品系统能力的主要原因。如新思科技公司通过大量并购，形成从设计前端到后端的完整生产能力与技术，以满足客户差异化诉求。它自 1990 年首次并购以来，已并购总计超百起，产品线得到持续补充和加强。2021 年，该公司并购步伐还在加速，收购了 10 ～ 800G 数据速率以太网控制器 IP 公司 MorethanIP，使自身的 IP 产品组合得到进一步扩充，从而可为客户提供面向网络、AI 和云计算片上系统（SoC）的低延迟、高性能全线以太网 IP 解决方案。Dassault 公司在大量收购后推出对应的产品品牌，扩充自身产品线，在 PLM、CAD、CAE、工业仿真技术、平台打造等方面均积累了优势，能够支持从项目前阶段、具体设计、分析模拟、组装到维护在内的全部工业设计流程。

此外，不同环节的工业软件表现出的壁垒亦不相同。环节越容易改变，格局越不稳定，因为时间的积累和实践的沉淀对这些环节并没有形成壁垒。生产流程和企业管理理论也在不断演进中，而研发设计的底层，包括数学模型和物理理论都是经典学科，很难产生变革。达索的 CATIA 产品已经牢牢垄断飞机和大船设计很多年，PTC 的 Creo 产品在消费电子领域也具备绝对的领先优势。软件具有标准化和通用性特点。越是产品化标准化环节，越容易产生规模效应，越能出现龙头效应，竞争格局趋势集中。龙头公司构建的壁垒很难被打破，除非龙头公司错失比较大的技术变革。

四、国产工业软件突围所面临的困境

国产工业软件主要矛盾或痛点包括以下几个方面。

1. 如何找到新赛道，实现换道追赶

当前国内工业软件基础薄弱，工业软件市场已经被国外巨头占领。即使我们不考虑技术积累是否满足要求，只考虑努力追赶。你会发现，努力追赶了半天，费了牛鼻子劲开发的功能基本看齐业界标杆，在性能略差时，存量市场的突破就会存在巨大困难。因为国际巨头的工业软件只做自己的生态，在自己的生态内开放。新软件很难解决存量输出的兼容性问题，在没有明显的大的优势下，企业很难下定决心更换。突破困难还要考虑短期内技术追赶的难度。

因此，当前国产软件要实现突破，需要寻找新赛道，在同一起跑线上奔跑，实现换道超车。

2. 基础薄弱与创新突破的矛盾

新的赛道选择以后，则需要考虑针对薄弱的基础环节进行突破。由于国内基础学科与国外存在差距，高端制造业需要的仿真要求很难理论突破，比如新材料的仿真，复杂环节下流体力学仿真等。同时，在影响软件性能和质量的核心引擎软件（比如几何建模引擎、约束求解器、网格剖分引擎、数值计算引擎等）实现上也要力求突破。

3. 人才缺口大和人才培养慢的矛盾

工业软件需要的是既懂工业相关技术，又精通计算机软件，又有深厚的物理 /数学 / 化学等方面的深厚理论基础的复合型人才，这种人才本身就少，又很难培养，用钱在短期内也很难解决。

4. 工程化验证和推广困难的矛盾

工业软件是用出来的，需要在研发和应用之间长期迭代进化，需要大量的工程化验证来打磨。比如，在工业软件刚起步的时候，找到一个或多个愿意一起合作的典型用户，共同把软件的功能实现做好，做出有竞争力的工业软件。如果不能形成一定的用户规模便无法实现足够量的工程化验证。其实，真正的用户往往是那些花钱购买工业软件的用户。

5. 造血难与投入大的矛盾

目前国产软件的功能和性能远弱于国产软件，缺少快速占领市场并形成收入的通道，当然就无法回笼资金。但工业软件的研发成本高，如果没有较长时间持续的资金投入，国产工业软件夭折在半山腰是大概率事件。当然吸收社会投资是另一条可能的路，若造血能力有限，可以考虑短期输血。但目前来看，国产软件的盈利周期较长，即使近期有可能盈利，但整体市场规模仍然很小，这是工业软件的属性决定的。从全球数据来看，工业软件是杠杆性产品，其撬动的 GDP 很大，但自身产生的直接 GDP 很小。对资本来说，这种产业吸引力很小。

6. 竞争赛马与小散乱弱的矛盾

市场经济的成功之处在于鼓励竞争，在竞争中促进发展，这对于国产工业软件的进化是有借鉴意义的。但当前我国工业软件企业的特征是"小、散、弱"，任何一家企业和国际竞争者相比都是小帆板与航母的差距，我们要将这些力量合作起来形成集团作战能力。在竞争和合作之间，如何处理好这个矛盾？

7. 产品化和活下来的矛盾

过去国产工业软件企业都希望做一款顶天立地的产品，但最后都被项目缠身。产品化需要长期投入，很多企业都做不到，为了活下来只能承接用户的短期项目，做定制化开发。即使软件企业目前不缺钱，但市面上大量定制化项目屡屡抛出的橄榄枝破坏了企业坚持产品化的定力，尤其是后面还有资本挥舞着的业绩鞭子。

基于以上分析，我们认为国产工业软件突围的可能路径有：①国产工业软件市场空间巨大，可以养活国产工业软件相关企业；②从工业软件发展历史看，单靠工业软件企业很难发展起来，需要整个产业链的支持，形成从开发、应用、需求、改进、再应用的螺旋循环改进，提升竞争力，激活我国工业软件市场，实现多赢；③国产工业软件当前主要的痛点在于研发类的工业软件（EDA、CAD/CAE、Matlab 等）的市场主要被国外工业软件巨头占领，尤其是受到无端打压的软件，迫切需要国产化替代；④由于研发类工业软件专业性强，需要校企合作和大资金投入才能成功。

第三节　探索国产工业软件突围崛起的新路径

本节将从工业软件的技术、商业和方法三个视角，阐述国产工业软件突围崛起的新路径。国产工业软件发展趋势如图 2-17 所示。

开发模式：**工业软件逐步走向标准化、**
开放化、生态化和微服务化
- 多产品互联互通推动工业软件逐步走向标准化
- 多主体协作趋势推动工业软件走向开源与开放
- 行业巨头推动云的生态化开发加快服务化转型
- 使用场景推动系统架构走向微服务化

技术趋势：**工业软件逐步走向超**
融合、平台化、智能化
- 设计、制造、仿真一体化趋势推动工业软件超融合系统级多学科、多工具融合推动工业软件平台化发展
- 人工智能、虚拟现实等新技术日益成熟推动工业软件智能化发展

国产工业软件
发展趋势

市场应用：**工业软件走向基于模型来设计**
- 应用场景行业化要求工业软件更高的工程化能力，需要加强基于模型来设计的能力
- 应用场景多样化推动工业软件日渐大型化、复杂化

服务方式：**工业软件逐步走向SaaS化**
- 供需两侧的需求共同引导工业软件逐步走向SaaS化，满足客户对定制化、柔性化、服务化的需求

图 2-17　国产工业软件发展趋势

一、计算框架正在急速变革

软件行业经历了多次重大变革，软件系统完成了从大型机向小型机的迁移，完成了从 C/S 架构到 B/S 架构、从单体应用到垂直应用架构，再到以面向服务的架构（SOA）和微服务架构为代表的分布式架构的转变。如今，从本地化开发部署模式到云上开发部署模式时代已经来临。云计算带来了全新的基础设施和流程上的自动化，代码正逐渐从本地服务器被托管到云端，容器集群正替代虚拟机成为新的应用载体，传统集中式数据库正在被分布式云数据库取代。最终，云计算将帮助企业完成从软件工程到企业组织文化的变革。

自 2006 年"云计算"被提出，在经历了十几年突飞猛进的发展后，以云计算为基础的信息系统变革与服务模式创新，已成为企业及产业实施数字化转型的重要手段[⊖]。

首先，在技术上，云原生将加速企业重构 IT 系统，随着越来越多的应用进行云原生改造，将加速企业原有的信息系统由烟囱状、重装置和低效率的架构向分布式、小型化和自动化的新一代架构转变。云原生将帮助企业增强 IT 基础设施，也将深刻改变企业的组织和流程、软件架构发展走向，成为企业用云的新范式。

AI、大数据、GPU 加速、并行计算等新技术将赋能工业软件技术重构，并使新架构的工业软件具有自动布线，性能等方面的优势，促进新一代工业软件更好地满足最终客户的诉求。

⊖　引自：粟蔚. 2023 年云计算趋势从"资源上云"迈入"深度用云".《通信世界》，2023.

其次，在应用上，云服务将促进企业的业务数字化转型。随着企业数字化发展的不断深入，企业数字基础设施将融合云计算、大数据、人工智能等云基础服务，为上层业务数字化转型整合有效资源，提供高效低成本的全面支撑。如今，大型 SaaS 提供商纷纷构建 PaaS 平台，通过服务模块化以低成本满足企业需求。未来，企业将围绕自身价值链，推进人力资源、财务管理、供应链等通用管理业务以及行业核心业务应用的数字化转型，从而实现企业整体数字化转型发展。

最后，在管理上，云优化治理助力企业成本长效管理。随着企业上云和用云程度不断加深的同时也带来了资源浪费的问题，围绕成本因素开展优化治理成为企业当前的重要课题。以人、工具和运作机制为核心构建的云成本优化体系将贯穿企业战略规划、资源采购、上云路径、用云管控、持续运营等多个环节，助力企业降本增效。

近几年，随着公有云和通信网络基础设施的完善，工业云发展迅猛。工业软件巨头纷纷推出云化产品，如西门子的 Teamcenter X、达索系统的 3D EXPERIENCE，PTC 的 ThingWorx、Onshape 等。从本质上看，工业云可以看作是云计算的一个子集，它全面继承云计算的异构资源高度集成和共享、异构业务集中服务、海量数据存储分析、资源动态配置等特点。

例如，针对研发制造过程中的需求分析、设计、研发、仿真、工艺设计、生产制造、运维等诸多环节，工业云可以提供各自对应的分析服务和资源配置服务，利用云计算技术，整合研发制造工具提升整体生产率。针对企业的运营管理，可以集成企业资源计划（ERP）、制造执行系统（MES）、产品生命周期管理（PLM）等诸多管理系统，为企业的生产计划、采购管理、物料管理、财务管理、人力资源管理、订单管理等提供服务，提升企业管理能力。利用工业大数据和工业云可以充分挖掘研发制造、经营管理及销售过程中产生的海量数据，为企业的生产经营各阶段提供服务和解决方案，使其可以快速响应市场需求。

对比传统的研发制造模式，基于云的新形态的优势还体现在：1）减少前期成本支出。在传统研发制造流程中，开发新的产品往往需要先购买制造设备和软件，这对于企业来说是一笔不小的支出。而应用工业云的企业在研发制造新产品时不需要额外购买制造设备或软件，通过工业云平台终端就可以完成产品从研发到销售的各个环节工作。2）企业运作成本降低。服务器、大型制造设备等资源存在共享难度大、共享程度低的问题，严重阻碍了企业间的协同研发。通过工业云整合资源并合理配置，可以提高资源利用率，降低企业运作成本。3）按需提供服务。企业可以根据自身需要在工业云中快速搜索定位到相关资源。工业云也会将特定制造服务相关的资源封装在一起，形成个性化解决方案提供给企业。4）运维相对简单。云端业务由工业云的服务供应商运作负责管理与维护，企业作为服务使用者，不需要配备额外的 IT 人员对系统进行维护。

二、工业软件技术趋势：强集成

经过多年发展，传统工业软件技术上已经相对成熟，已发展成我们耳熟能详的"老九样"：电子设计自动化（EDA）、计算机辅助设计（CAD）、计算机辅助工程（CAE）、计算机辅助制造（CAM）、计算机辅助工艺规划（CAPP）、计算机辅助公差设计（CAT）、产品数据管理（PDM）、企业资源管理（ERP）、制造执行系统（MES）。当然，"老九样"是泛指，并不是只有这九个技术，只是想表达一个意思：利用计算机技术，数十年来在各个垂直领域，工业软件已经发展出来了非常成熟的各类应用与生态，指导工业产品从需求到用户的端到端的设计、生产与交付。

其实，在企业应用实践层面，行业一直有各类新思想和新方法在持续演进和发展，并不断地有领先企业和厂商提出新的思路，尝试将"老九样"进行融合，打通数据底层，形成面向业务或者企业能力的横向贯通的系统，即"新九样"。

举例来说，基于模型的设计（MBD）新方法融合了三维设计（CAD）、三维标注、仿真技术（CAE）、机加工（CAM）等，可支持企业产品设计的创新。技术上，"老九样"是相对独立的"烟囱"，不同技术间基于行业制定的数据标准（如STEP）进行数据交换，在不同数据文件上各应用定义自己新的数据内容，然后通过集成商（SI）来打通各个"烟囱"，这会导致数据产生多份拷贝，同时也有模型同步上延迟，甚至产生错误的问题。反观 MBD 新方法，CAD 与 CAE 基于统一物理模型，CAD 定义产品的三维结构，附加各类标注（如材料，机加工要求等）；CAE 定义产品的应用场景（Scenario，如工况、边界等）、管理仿真的结果等。CAM 基于 CAD 标准融合设计机加工工艺与方法，CAD 的设计变更可以及时传递给 CAE/CAM，实现单一数据源及在线并行协同，从而大大提高设计与协同效率和准确性。

MBD 仅仅是"新九样"的一个典型，其他还有很多，如 EDA 的趋势是融合了 ECAD、电子仿真、板级机加工 CAM 等形成统一方案与工具；如基于模型的系统工程（MBSE）融合需求管理、系统架构建模、系统建模仿真、系统综合验证等；如 PDM 逐步从产品数据（结构设计数据）管理扩展到需求指标、系统设计数据、仿真数据、制造数据等上下游，形成新的 xDM 系统；如计算机辅助工艺规划结合虚拟制造仿真形成基于模型的制造（MBM），MES 结合高级排程（APS）、质量服务（QOS）等形成制造运营管理（MOM），CAE 结合 CAT 形成基于模型的验证与确认（MBV），ERP 与流程自动化（RPA）、再结合 AI 与大数据技术形成基于模型的企业能力（MBEC），ERP 与供应链管理（SCM）结合仿真与优化技术等，形成基于模型的供应链管理（MBS）等。

某些工业软件企业，比如达索公司，在统一数据底层上打通数据模型（RFLP-MSR-PPR 数据模型），形成全流程"三维体验平台（3D EXPERIENCE）"，实现从需求端牵引的产品研发到产品制造、产品运维的全流程融合方案。

而另一家工业软件巨头西门子公司，结合自身在 EDA 端、测试及仿真技术、制造端的优势，在打造"新九样"的同时，推出了新一代基于云端技术的 Xcelerator Cloud，以实现大协同和大统一。

工业软件领域呈现强集成趋势，结合面向工业软件用户的完整场景，成熟的老九样技术相互融合，数据上实现上下游格式统一，流程上无缝衔接成为趋势。这种趋势将提升研发效率，避免不必要的环节，同时节省研发成本，缩短产品上市时间。

三、工业软件商业趋势：SaaS 化

工业软件作为一种特殊的软件，它的运行环境趋势发生了变化，在云计算成为"水电燃气"般存在的今天，工业软件的 SaaS 化成为发展趋势。SaaS 化指 SaaS 软件供应商将应用软件统一部署在云上，客户可以根据工作实际需求，通过互联网向 SaaS 软件供应商定购所需的应用软件服务，按定购的服务多少和时间长短向厂商支付费用，并通过互联网获得 SaaS 软件供应商提供的服务。相比于传统软件的 License 模式，工业软件的 SaaS 化具有以下优势。

（1）使软件企业具有更加稳定持续的收入和现金流

SaaS 化意味着从销售产品转向提供服务，非 SaaS 软件企业走向 SaaS 化前要有一段痛苦的转型期，但成功转型后会为软件企业带来平滑、持续的营收增长，规避了企业所在垂直行业周期影响而产生的波动。传统软件销售收入一次性计入当期财报，而 SaaS 云计算则是按照月费或年费模式计入当期收入或预收账款。这在很大程度上平滑了企业业绩的财务表现。经过一段时间的客户累计和资本投入，SaaS 化的企业将在可预见的未来获得可持续增长的收入和利润。企业的用户随着云转型的规模化与渗透率的提高而正向递增的，客户增长和转化率同时增长，量价齐升，SaaS 化为公司带来收益厚积薄发，进一步提高软件企业收入和现金流的持续性、稳定性。

（2）加速工业软件正版化，有效保护软件企业权益

传统工业软件将文件全部放在本地计算机，软件企业以 License 授权的方式进行正版软件销售，软件企业通常缺乏对盗版软件检测和控制手段。软件盗版相

对简单。SaaS 将部分文件数据存放云端服务器，通过用户账户进行管理，用户通过月费、年费方式付费。SaaS 云端服务器和文件部署模式，将从根本上杜绝盗版软件，迫使盗版用户向正版转化。与此同时，SaaS 化服务为用户提供一种更为便捷的软件获取和升级方式。订阅制实际上降低了用户使用正版软件的成本，减少用户的一次性支出，用户付费意愿较强，也利于软件正版化。

（3）促使工业软件企业聚焦于构建软件核心竞争力

软件产品公司的核心是产品套件能力，而产品能力的关键因素是研发投入，软件订阅年费持续产生的收入是软件产品公司持续研发投入的基本保障，仅靠产品的一次性 License 收入无法维持软件套件产品的可持续发展。这些问题本质上还是由于软件产品不能构建合理的商业模式，导致软件产业价值链未能形成有效分工，软件企业定位重叠，同质化竞争，未能形成软件产品和软件服务的良性生态，最终导致在我国的软件市场上不能产生领军企业。但当下，软件即服务（SaaS）这种商业模式的出现，使得企业从买软件转变为买服务，而软件企业基于订阅的方式可每年获取收入，持续聚焦打造软件核心竞争力，长期服务好客户，避免以往陷入客户化项目交付导致的项目做得越多就会亏得越多、荒废产品研发和竞争力构建、业务长期处于恶性循环的窘境。

（4）工业软件云端 SaaS 化部署和运维能够更好地发挥云的优势，形成差异化竞争力

传统工业软件主要运行在本地服务器，对计算机的运算能力有较高要求，并且存在更新迭代慢等问题。"上云"之后，基础服务的多样性呈百倍增长，云上有大量的服务可被调用，如 GPU 算力、高性能计算、AI 服务、大数据服务以及可以快速开发应用的低代码开发服务等。这使得工业软件的 AI 训练、工业仿真、三维设计、应用构建等业务的效率大幅提高，并且可以通过持续的场景训练对产品进行持续优化，打造产品的差异化竞争力。

（5）大大降低用户企业采购、部署和维护成本，减少了企业支出，同时可以很好地解决异地协同问题，灵活又便捷

工业软件云端 SaaS 化部署给客户带来诸多益处，主要有：第一，客户可以更快地将数字化解决方案部署到工作环境中，不需要花时间准备现场的基础设施，也无需进行软件安装和设置或现场整合。第二，不再需要执行现场的补丁或升级。每个用户企业都在使用最新版本，而且版本更新很快，这意味着，新的创新成果能迅速从软件工程师的键盘上转移到客户的生产使用中。第三，SaaS 化真正实现随时随地的工作，实现全球各地的职能部门以及供应链上下游客户的协同工作。另外，存储到云端的文件和数据可以和其他 SaaS 软件互通，减少协同成本。

美国是 SaaS 的发源地和领导者。目前，Adobe 和 Salesforce 的市值高达 2000 亿美元，Zoom、ServiceNow、Square 和 Intuit 的市值达 1000 亿美元。另有 20 多家公司的市值在百亿、数百亿美元级别，加上转型的 Office365、Oracle、IBM、ADP、Autodesk 等，美国的先发优势彰显无遗。与此同时，国外工业软件巨头纷纷带头进行相关布局：西门子工业软件扩展"Xcelerator 即服务"解决方案，加快推进 SaaS 业务转型。达索 3D EXPERIENCE 平台实现了工业软件产品的全云化。PTC 基于 ATLAS 平台重构 SaaS 化的产品组合。

四、元数据模型驱动

无论是通过三维建模技术实现对物理对象外观几何形状的数字化表达，还是通过基于第一性原理的多学科仿真技术实现物理对象的功能性状、物理对象对外界环境作用的响应、对物理对象相互作用的响应的数字化模拟，工业软件首要解决的问题是真实世界中的物理对象在数字世界的映射问题。一般而言，真实世界在数字世界的映射，可统称为数据模型。数据模型用于实现数据的存储、记录、组织和呈现，即在数字世界中实现了对物理世界的表达，这是工业软件的基础核心。

在工业软件的发展历程中，早期数据模型基本采用传统范式的物理映射设计，即对真实世界中的物理实体对象进行抽象化表达，实现对物理实体对象的逻辑分解，并使用直接映射的方法实现对物理实体对象的数字化描述。这种直接映射的方法用计算机技术实现简单且直观易懂，从认知学的角度，也符合人类的直观思考，有一定的部分抽象化的特征，是直观化的数据处理手段。但在所描述的物理实体对象更为复杂的场景下，直接映射的方法不具备更强的适用性和扩展性。因此，工业软件的发展需要更先进的数据模型技术加以支撑，以适应新一代工业软件的研发需求。

在讨论数据模型之前，我们需要对数据进行统一描述。引用维基百科对数据的定义："数据（data），是传达信息的离散值的集合，是通过观测得到的数字化的特征或信息。数据抽象地体现了真实世界中的对象、事件和概念的典型特征，通过对数据的含义、采集和存储进行明确的规则约定，确保其被准确地表达和理解。数据通常使用结构化的方式进行组织，比如具有语境和含义的数据表，并且这些数据表本身可以作为更大结构中的数据。"从数据的定义可以看出，数据是集合名词，数据具备可描述性（descriptive）。另外，数据需要基于规则的组织，在数据组织过程中，需要对数据进行分类和数据分类之间的关联关系的描述。通过数据的组织可以实现数据的可预测性（predictive）和可指导性（prescriptive）。工业软件中也创建、管理、存储大量的数据，这些数据同样具备可描述性的特征和结构化组织的特征，并通过数据来实现对物理世界的记录和展现。这些数据不仅是描述物理实体的符号记录，更是人们对物理世界的各类实体在数字世界中的统一约定。

为了更好地实现数据的可描述性和结构化组织，在数据科学领域提出了元数据（metadata）的概念。元数据是"用来描述数据的数据（metadata is the data about data*）"。在定义中后一个数据（data*）是指被描述的信息资源，前一个数据（the data）则是指为理解该信息资源而存储的有关信息，即被描述数据的元数据。所以，元数据主要用于在特定的上下文语境中（特定环境下、特定目的或特定角度）描述数据的属性（property）信息。元数据从原始数据中抽取用来说明其特征和内容的结构化数据，再将其用于组织、管理、保存、检索信息和资源，实现元数据与被描述数据的分离并单独管理。元数据的呈现是隐式的，通过元数据可以进一步描述数据，并通过数据与元数据之间的关系实现结构化的数据组织。

当数据被规范化定义、分类化管理和结构化描述后，形成特定结构的数据组织形态，这种数据组织形态即为数据模型。

在新一代工业软件的研发过程中建立用以描述客观物理实体的数字化表达（一组或多组数据集合）时，可以使用元数据管理的方法，即将物理实体抽象化成业务对象，将不同物理实体的描述（业务属性、管理属性、数据属性等），用元数据的方式加以存储和管理。在定义主实体的业务对象数据和描述性元数据之间建立关联关系后，形成以元数据模型为主要技术特征的数据模型，再通过灵活的数据管理能力，实现对物理世界实体对象的全面化数字表达。

在软件开发中，可以通过元数据进行声明式开发，围绕元数据对象创建应用软件的界面、流程、服务、业务逻辑、数据库表结构及各种配置数据等，通过元数据驱动整个应用开发过程，从而实现从软件设计态到运行态的快速构建和灵活定制。这种软件开发技术称为元数据模型驱动技术。元数据模型驱动技术是一种新型软件设计与实现的方式，实现了"技术实现"与"业务逻辑"的分离，面向用户屏蔽了底层软件技术的复杂实现，扩展了业务逻辑，解决了跨行业、跨企业的通用服务共享和个性化需求灵活定制的问题。Salesforce 公司最早在实践中探索出元数据模型驱动的软件架构，使用元数据模型驱动技术构建了 SaaS 化的客户关系管理系统，解决了跨行业、跨企业通用服务共享和个性化需求灵活定制。

工业软件是高业务复杂度的软件产品，在使用范围上具有跨行业、跨企业的显著特征。在工业软件的构建过程中，利用元数据模型驱动技术进行软件产品开发，是元数据在"软件构建"领域的一种创新实践，即通过元数据值的改变来驱动工业软件应用程序的行为，元数据在工业软件运行过程中起着以解释方式来控制软件程序行为的作用。这种元数据模型驱动的软件构建方式，将大幅拓宽工业软件的使用范围，降低工业软件的开发迭代难度，有利于实现工业软件的底层平台统一化和上层应用多元化，繁荣工业软件开发生态，最终进化到云端多租 SaaS 化的工业软件新形态。

第四节　工业云快速解构原有工业形态催生工业发展新范式

一、顺序转换：从物理实体研制转变为云研制

1. 传统物理实体研制模式的挑战

离散制造业正在迅速从大规模生产转向大规模定制，这要求企业要根据用户地理位置和偏好制造更多的符合用户需求的定制化产品，并将它们推向市场的速度平均每年提高 5% ～ 10%。产品创新和时间压缩是整个市场的主要驱动力。产品越早提供给客户，其生命周期盈利潜力就越大。由于需要根据子市场越来越多地提供每种产品的变体并响应不断变化的客户热键，这使情况变得复杂。

全球化可帮助制造商以极具竞争力的价格在遥远的地方找到供应商，但也增加了产品开发过程的复杂性。例如，新的"全球范围"需要跨分布式供应链通信和协作，以避免信息在所有供应商层级传播时出现长时间的延迟和代价高昂的错误。

从图 2-18 可以看出，大约 70% 的产品成本是在产品开发阶段承担的，因此最大的成本节约机会是在前期产品设计阶段，而不会来自 ERP、SCM 和 CRM。

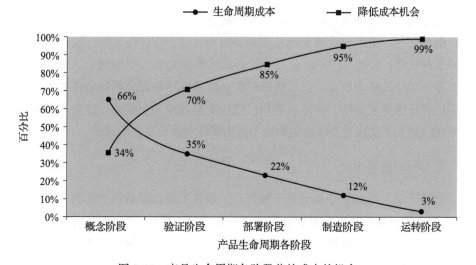

图 2-18　产品生命周期各阶段节约成本的机会

来源：美国国防高级研究项目机构

提高生产力、消除错误和成本超支的最大挑战是：

- 公司变更流程的效率，即在变更对产品产生重大影响时，能否立即评估和分析出变更带来的具体影响程度。
- 需要在所有产品的所有用途中配置和可视化每个部分，以充分了解变更影响。
- 能够在正确的时间在正确的环境中快速、轻松地为正确的个人提供正确的数据。为了应对这一挑战并促进完全有效的产品决策，公司需要向设计师提供高度集中的产品信息。从本质上讲，价值链中的所有参与者都需要在一致且可重复的基础上访问虚拟产品内容。为了说明向产品团队提供最相关信息的价值，价值链需要能够回答以下类型的问题："找到规格尺寸在50cm 范围内的所有包装材料，以便进行 5G 基站的包装研究"或"找出本周发布的所有零件的实体模型，以评估对产品重量的影响"。
- 设计和验证具有复杂可变性的产品的能力。此功能允许公司在早期设计阶段而不是在制造阶段纠正错误。
- 通过将现有设计的重复使用制度化来降低风险，这些设计已经嵌入了企业最佳实践和从以前产品中吸取的经验教训。
- 能够配置和可视化所有产品中当前使用的全部部件，以确定它是否可以在新产品中重复使用。

以新车设计为例。一辆典型的汽车有超过 1 万个零件。在任何给定的一周内，平均有 2500 个零件发生变化。尝试完成所有这些更改可能需要 2～3 周。一旦启动变更，就必须对其进行验证，并且必须分析其对整体重量、成本和供应商进度的影响。这是一项耗时、资源密集型的任务。在设计工程师将这些变化整合在一起的同时，更多的设计变化总是需要启动。这个循环每重复一次产品开发过程中 2～3 周，持续 12～18 个月。设计团队面临的第二个问题是，即使提出包含 1 万个零件的整个产品，也可能需要数小时才能将需要分析的零件和周边区域归零。由于这种复杂性，许多工程师试图一次只处理几个零件。这会产生无法在整个产品的上下文或受变化影响的整个周围环境中设想变化的风险。

2. 云协同研制模式

技术承诺的附加值往往增加了复杂性。软件工具试图解决之前列举的每一个问题。例如，CAD 数字模型软件解决了一组问题，PDM 解决方案解决了另一组问题。然而，只有当解决方案能够同时解决所有这些问题时，生产力才会显著提高。利用云计算、云存储、云协同的方案在这方面具有显著优势。典型的云研制场景如图 2-19 所示。

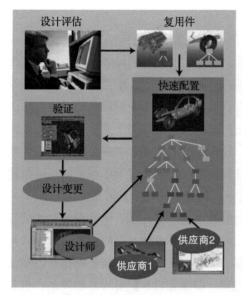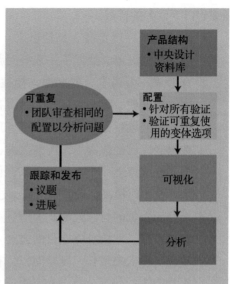

图 2-19　典型的云研制场景

　　例如，碰撞检测和干扰检查（与云协同研制平台一起发布的初始应用程序）立即淘汰了传统的数字化模型，同时消除了与当前最佳实践技术相关的许多问题和缺点。尽管 DMU 应用程序直观地代表了产品概念并促进了完整的产品验证，但在高度工程化的产品上实施时会遇到许多问题。此类问题的示例包括验证多个配置、使配置随更改保持最新以及允许组织中的任何人访问最新信息。

　　云协同研制通过解决与这些传统技术相关的问题提供直接价值，同时为数字化产品验证应用程序提供了坚实的基础，这些应用程序将支持快速决策。工业软件云可提供一套数字化产品验证应用程序，包括模拟分析、CAE 验证、制造验证、成本验证、功能规范验证和测试分析等。

　　云研制模式还可以节省多次物理实验所需的资金和时间，并能够在现有基础架构上保持良好的性能，提高客户的满意度。

二、数字底座：基于需求的弹性资源供给

　　数据对于企业起着至关重要的作用，它既是企业决策的依据，也是实现企业数字化运营的载体。据相关机构预测，到 2025 年一座智能工厂每天将生成 1PB 数据。随着企业数字化转型的加快，大量新的硬件与应用带来数据量快速增长的同时，也使数据类型越来越多样化。企业信息化建设给企业带来了增长红利的同时，由于存在各种信息化的异构系统、异构部署以及异构数据，给企业的数据管理和数据消费带来了巨大的历史包袱，构建企业数字化转型的核心能力数字底座，

面临着以下巨大的挑战。

- 治理成本持续走高。长期以来，企业存在烟囱式应用架构形成的数据孤岛、数据隔离、数据不一致等问题，对于如何充分利用数据来发力，并没有形成一个强有力的底座，往往需要对数据进行频繁的治理，如数据仓库、数据湖、数据治理等。然而有点像头痛医头脚痛医脚，这对企业来讲最大的问题就是投入与产出不成正比。这类问题在当下尤为明显，传统的数据仓库已经解决不了海量数据、异构数据等问题，就需要运维一个大数据平台或成立一个大数据团队，且需要通过机器学习等手段来响应运营需求，技术门槛高、硬件需求高，这是一笔较大的成本开销。
- 混合云数据的自由流动。为适应竞争激烈的市场环境，企业需要尽快响应客户需求，加快价值交付的速度，因此大量业务向互联网化和敏捷化方向演进。在未来很长一段时间，公有云部署业务应用、私有云存储核心数据将是常态。保证公有云和私有云之间（即混合云）数据的自由流动，做到业务无感知、用户不关注，从而实现数据融合、自由迁移和安全合规将是数据治理的关键。
- 万物互联下的数据管理。5G 时代下万物互联，终端数量将急剧增长，数据采集渠道也将更加丰富。从技术特性上看，物联网数据具备传输延迟敏感、数据交互频繁、数据传输量大等特点；在业务场景上，以工业互联网为例，一些业务对数据查询分析的实时性要求很高，如告警业务需要根据计算结果进行实时反馈以避免事故发生；另一些业务对数据量的需求很大，如预测服务需要通过机器学习等 AI 技术进行大量的数据分析，给出可信的结果。那么如何实现弹性资源供给，提供边云协调的计算能力将变得尤为重要。

为了应对这些挑战，需要从面向物理世界信息化建设的数字底座，转变为面向数字原生的数字底座，以实现基于不同需求场景的弹性数据资源供给。

（1）构建基于元数据驱动的面向对象的数据管理技术

通过模型的抽象，面向对象方法可以解决面向过程导致的扩展性和灵活性问题。但是，如果采用传统范式的模型设计和开发模式，会遇到如下问题：1）在数据结构方面，逻辑设计到物理实现是直接映射，前期设计和实施容易，技术实施简单，数据存储直观易懂，但物理表结构可能会随业务需求的变化而变更，可扩展性较差，变更成本相对高。2）在用户共享和定制化方面，业务对象按业务需求实体化，没有考虑实现多租户通用共享，随着业务变化，导致定制化工作量变大，维护成本高。3）在多租户的支持上，如果实现逻辑多租户共用数据库的方式，则数据结构相对固化，租户灵活定制难度很大；如果实现物理多租（各租户独立数据库）的方式，因为没有定义和应用元数据，则业务逻辑层很难对物理多租进行差异化管理和调用。

通过元数据驱动模式，可以很好地解决以上问题：1）在数据结构方面，元数据驱动的数据架构定义元数据的语义层，将逻辑设计和物理实现解耦，技术要求高，前期设计和实施难度大，但可扩展性强，后期维护和扩展简单。2）在用户共享和定制化方面，对业务对象进行抽象和聚合，能实现多租户下的通用共享，同时支持元数据自定义扩展字段，快速实现用户的灵活定制，可扩展性强、用户定制和维护简单。3）在多租户的支持上，以逻辑多租（统一数据库）的方式，标准数据模型和扩展数据模型共同映射到同一套物理表和索引，租户的扩展和定制较为灵活。

（2）构建面向产品全生命周期的数字主线能力

在整个产品生命周期过程中，每个环节都有相应的数据，而这些数据格式、数据模型五花八门，没有通过数字模型集成为统一的同源数据，且集成打通非常困难。在获取每个环节数据时，需求的数据信息是分散的，需要花大量的时间清洗数据，然后才组装在一起使用。这种"乱而后治"的做法，不仅低效，更严重的是根本不知道数据在哪，无法获取。即使获得了数据，也不能确定数据的准确性。即使确认就是需要的数据，通常还需要一到两个月才能开放数据接口。因此，我们要在设计阶段通过数字产品模型预先编制框架，在框架上有序集成每个环节数据，最终达到数据"不治而顺"。数字主线的设计需要包括以下几个方面。

- 元模型定义与管理。发布管理元模型的定义、相互关系，供其他系统引用和遵从；模型的业务属性模板、以及属性字段规则，供其他作业系统引用和遵从。
- 模型对象与关系。各作业系统的数据对象以及相互关系，特别是跨系统对象间关系管理。
- 物理产品实例对象与模型对象关系。物理产品实例对象索引，每一个物理产品实例的 ID 及简要属性；物理产品实例对象与模型对象关系。
- 视图的定义与展示。基于典型的业务场景，定义、发布跨系统跨领域的数据汇聚及展示视图，并在线展示实例数据视图。
- 事件与服务。基于模型本身的服务接口，元模型、模型的标准与规则；模型对象间关系、物理产品实例与模型关系的读写服务接口；模型对象相关服务索引和路由。

三、模式进化：从 CAX 到 MBD 再到 MBE

高端制造业的工具和装备技术不断进步，支撑着设备向"高精尖"发展，大幅提升了企业协同效率,基于模型(MBD → MBE)是高端制造业实现数字化转型的基本方法。

高端制造业的流程和工艺更精细和复杂,企业规模和价值创造效率越来越高。高端制造业主要是通过提升技术(工具和装备)来保证在更复杂的流程下的规模和效率,从而实现产业的螺旋式上升。

工业产品的设计与制造装备经历了从"图板设计 → CAX → MBD → MBE"演进的四个阶段,如图 2-20 所示。西门子公司、波音公司、GE 公司等领先企业已经开始迈入 MBE 阶段,华为公司作为中国制造的领军企业之一,还处在第三阶段 MBD 的初期阶段。

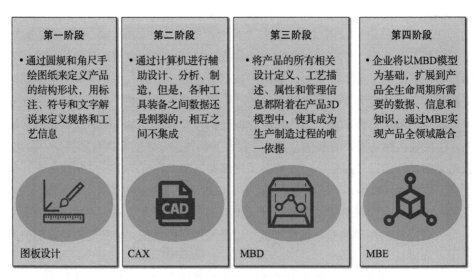

图 2-20　工业产品的设计与制造装备发展的四个阶段

- 图板设计。最初是利用圆规和角尺等工具手绘图纸来定义产品的结构形状,用标注、符号和文字来定义规格和工艺信息。这些信息通过手绘图纸在作业活动中传递。信息传递、变更同步的效率都非常低。特别需要指出的是,这个阶段的产品设计信息表达为 2D 形式,加工制造工艺信息则以工艺文件的形式存在。目前基本没有企业还处于这个阶段了。
- CAX。制造领域开始使用计算机辅助设计、分析、制造等 CAX(CAD、CAE、CAM 等)模型实现多学科设计融合,通过计算机进行辅助设计、分析、制造,从而提升设计环节的效率。但是,各种工具装备之间数据还是割裂的,没有集成。工具间需要数据导出导入、格式转换和变更识别,效率还比较低。

这个阶段是国内企业数字化建设的导入阶段，典型的特征是以 CAX 工具软件为核心，通过引进 CAX 工具，实现设计研发、生产制造和运维管理流程中各个单点的数字化，建设围绕着具体工具软件，如 2D/3D CAD、FEA、CFD 等。大量工程技术人员基于工具软件进行了深入应用研究，并在实际工作中解决了一些高难度的工程问题，但这些研究和应用都是以工具为核心的，并不关注产品生命周期中不同工具之间的数据交互，由此在企业中形成了众多的"烟囱"和数据孤岛。大规模制造企业的业务环节多，参与人员多，协同起来非常困难。目前还有很大部分中低端制造企业仍处于这个阶段。

- MBD。随着三维数字化技术的广泛应用，国内外大型装备制造企业都已开始引入 MBD（基于模型的定义，Model-Based Definition）方法。MBD 模型可实现数字化设计与制造融合，大幅度提升硬件设备设计到制造的效率。MBD 是将产品的所有相关设计定义、工艺描述、属性和管理信息都附着在产品 3D 模型中，利用 BOM 和 3D 特征树制作 BoP（Bill of Process，制造工艺过程），再自动生成 WI 程序加载到加工设备中，从而实现大规模定制和柔性生产。整个过程高度自动化，差错率大幅降低，企业效率大幅提升。

在企业进入了数字化建设新阶段后，发现单点工具存在大量的信息孤岛和"烟囱"，很难获取单一数据源并基于其开展设计研发和生产制造、运维管理；特别是产品定义描述（基于 CAD 模型的信息）与产品工艺描述分离，无法采用一套模型来承载设计输出和工艺信息。用户期望采用本地 3D CAD 模型在创建模型的同时，并行地生成制造工艺规划和作业指导书等制造文件。制造过程的工艺规划和作业指导书全部与设计模型相关联。设计模型和来源于模型的大部分数据应在同一个 PLM 系统中管理，制造代码在 PLM 系统中受控。

该阶段的典型特征是以产品为核心，确切地说是以产品信息为核心，即所有的工具软件提供的数字化能力都围绕着产品的 3D 数字化表达和管理，从而实现基于模型的贯穿产品全生命周期的信息的产生、传递、使用和管理。

除了典型的 MBD 实践，我们注意到在汽车领域出现了一个特殊的应用场景：在汽车的 E&E 系统设计中，存在着一个被众多车企接受并采用，从需求直到实际装车代码的工具链，其工程方法被称为基于模型的设计 MBD（Model-Based Design，为了与前文 MBD 区分，下简称 MBDes）。在 MBDes 流程中，实现了"基于需求，确定功能架构，绘制控制系统模型、仿真迭代（基于模型在环完成优化迭代）、测试验证（除离线的模型在环和软件在环外，还可生成被控系统实时仿真代码和控制系统嵌入式代码，支持硬件在环和 RCP 测试）、生成代码（生成符合工业标准的控制系统嵌入式代码，烧入控制器硬件)"全流程完全基于模型,极大地提升了汽车电控系统的开发质量和效率。这种系统级的设计开发工作,其挑战首先在于来自上游需求信息的承载、传递、实现、确认和验证,也是上面描述的 MBDes 流程;其次在于需要协同不同专业工具并集成其构建的模型,实现基于模型的建模、基于模型的仿真和基于模型的测试验证,这就成为了 MBSE(Model-Based System Engineering,基于模型的系统工程)在汽车电控系统的一个实例化例证。相比于典型的 MBD,特殊之处在于,该流程中的设计研发对象是电控系统的控制率、控制代码,不涉及任何 3D 信息。而从产品开发角度看,包含了完整的特定功能系统(汽车电控系统的)开发工作流程和工具链,当然也包含了这些工具产生的基于模型的产品特征的描述,只不过这些模型是1D 的系统描述模型。除了汽车领域外,在复杂产品的控制系统开发中,工程界所采用的流程、方法是类似的,其底层的技术逻辑都是 MBSE,但是与标准的基于 3D 模型来描述并协同产品开发的 MBD 是有很大区别的。

- MBE。企业将以 MBD 模型为基础,扩展到 MBE(Model-Based Enterprise,基于模型的企业)以获取产品全生命周期所需要的数据、信息和知识,实现产品领域全融合,构建多学科、跨部门、跨企业的产品协同设计、制造、供应、销售工作环境和体系。"研 – 营 – 销 – 制 – 供 – 服 – 财"领域全部基于一套产品全生命数据模型和数据标准,产生同源数据并进行可视化的大数据分析挖掘和预测,从而大幅降低企业级作业差错率,提升协同效率。

　　CAX 阶段以工具为核心,MBD 阶段以产品为核心,MBE 阶段则是以企业为核心,即以企业完整的数字化(业务)能力为核心。该阶段的建设目标是在拥有相对成熟的 MBD 成果基础上,可以在整个产品生命周期中的每个阶段中的每个功能上实现基于模型的设计、制造、检测、供销、维护,成为基于模型的数字化企业。

　　完整的 MBE 能力体系构建,就是以 MBD 模型为统一的"工程语言",按系统工程方法,全面梳理和优化企业产品全生命周期业务流程、标准,采用先进技术,形成一套崭新的、完整的产品研制能力体系,从而形成面向 MBE 的信息化环境,相关数据能够在企业内外能够顺畅流通并可直接利用。对于每一个制造企业,跨企业内外的产品全生命周期业务是非常复杂的,基于现有各自独立的信息化技术和工具,不可避免需要处理大量的系统集成和数据转换,才勉强能保障 MBD 模型以及相关数据的流通或可利用。这将是致力于成为 MBE 企业直接面临的最大的问题。

2005 年美国推出"下一代制造技术计划(The Next Generation Manufacturing

Technologies Initiative，简称 NGMTI）"，旨在加速制造技术突破性发展，加强国防工业的基础和改善美国制造企业在全球经济竞争中的地位。NGMTI 计划提出美国下一代制造技术有 6 个目标，"基于模型的企业（Model-Based Enterprise，简称 MBE）"就是其中之一。从技术上讲，基于模型的企业（MBE）就是要基于 MBD 在整个企业和供应链范围内建立一个集成和协同化的环境，各业务环节充分利用已有的 MBD 单一数据源开展工作，使产品信息在整个企业内共享，快捷、无缝和低成本地完成产品全生命周期的部署，有效缩短整个产品的研制周期，改善生产现场工作环境，提高产品质量和生产效率。

基于模型的企业（MBE）已成为当代先进制造体系的具体体现，代表了数字化制造的未来。美国陆军研究院指出："如果恰当地构建企业 MBE 的能力体系，能够减少 50%～70% 的非重复成本，能够缩短 50% 的上市时间。"基于此，美国国防部办公厅明确指出，将在其所有供应链中各企业推行 MBE 体系，开展 MBE 的能力等级认证。全世界众多装备制造企业也逐步加入 MBE 企业能力建设的大军中。由此可见，MBE 已不再单纯是一项新技术新方法的应用和推广，而是上升到了国家战略和未来先进制造技术的高度，它的研究应用成功与否将关系到未来制造业的新格局。

在我国工业企业数字化转型浪潮中，工业产品的设计、制造，从 CAX 演进到 MBD 再到 MBE，要经历从单点到系统、从微观到宏观、从以工具为核心和产品为核心到以企业为核心的数字化转型过程。同时，MBE 的实施也对企业架构的进化起到了关键性作用，业务活动的数字化使应用基于模型的技术贯穿产品研制全生命周期，以系统化和工程化的模式进行各部分的衔接和全局串联，实现模型数据在整个研制过程的定义、交换、使用、控制和协同，成为未来满足高效、高质、低成本研制模式的技术支撑。未来，通过数字化转型，基于工业云对原有工业形态进行解构，吸取发达国家先进企业经验，明确发展路径，聚合国产工业软件厂商力量，构建产学研用生态，催生中国企业研发制造新范式，完成从 CAX 到 MBD 再到 MBE 的转型升级。

四、云端工软：汇聚制造新力量的超级营盘

工业软件的开发模式，几十年来未曾有太大的变化。直到今天，个人单机开发，群组局域网开发，仍然是软件开发的主流形式；即使是超级有钱的诸如飞机行业的工业大户，也不过是开发了一些专用于开发软件的软件平台，让复杂软件的开发有了一定的质量保障；即使是所谓的基于互联网的"众筹式"的开发，其实不过是把局域网变成了因特网，极大地扩展了开发者的参与范围，但是，被开发的对象——工业软件，仍然隐身于深宅大院中，犹抱琵琶全遮面，无人能窥其全貌。而且，同一企业的软件标准难以统一，异构软件功能难以形成合力，软件

质量无法得到有效保障。

今天，工业软件开发正在面临一场新的技术革命。单打独斗的工业软件厂商，正在啸聚云林，传统的单机局域网载体，正在升入云端，传统的小、散团队，正在整合协同，传统的计算框架，正在彻底变身。制造现场正在被重新定义，制造过程正在被变革重组，制造工具正在颠覆创新。

过去，制造始于物理空间的车间与产线，始于实体对实体的火光钢花、粉尘油泥与真刀实枪。

今天，制造始于数字空间的工业软件"软装备"，在数字空间，用数字软件工具，按照数字工艺，制造出数字产品，再按照数字环境条件，进行数字化的各种仿真与验证。在空前强大的软件功能和硬核算力的支持下，待到所有的问题都解决之后，才让所有的产品数据从线上走到线下，从云端走到现实，在物理空间进行实体制造与生产，确保一次做对，一次做优。甚至，连物理产品在实际使用中的维护、运营，乃至报废，都已经在数字空间提前给出了完美解决方案。

在上述过程中，工业软件不再是散布各地，匍匐地面，异构数据不再是吃力转换，错误丛生，不同软件不再是界面桥接，虚假集成。所有的工业软件，或者说所有用于研发、制造、测试验证的软件功能，必须统一部署在云端，构建在"工业软件云操作系统"的平台之上，冗余功能，一概优化，异构数据，一概统一，交互界面，一概趋同，所有运行，一概上云。

在"工业软件云操作系统"这个生态化的"大插座"上，所有的软件模块，都是即插即用，所有的菜单，都是一点即通，所有的算力，都是无尽无穷，所有的数据，都是自动传送，所有的知识，都是智能流动。

数字化工业软件联盟 DISA（Digital Industrial Software Alliance）由国内上百家工业软件企业组成，一百多家工业软件企业在同一个"工业软件云操作系统"平台上，齐心协力地开发一组适用于中国国情的超级工业软件套件，是一件全球软件界从未有过的事情。集中力量办大事，既是政府的手段与能力，也是自发组织起来的工业软件企业的格局和行动。

创新的组织方式，创新的研发模式，创新的平台技术，创新的工软套件，创新的数字化工业软件联盟 DISA。

地面不通的，在云端拉通。地面不行的，在云端能行。地面不和的，在云端相容。

软件云化已成为一种大趋势，甚至成为一种方法论。今日不"云"，明日亦"云"。今日怕"云"，明日爱"云"。相聚云端，无非早晚。

工控领域资深专家/上海工业自动化仪表研究院彭瑜教授在 2019 年初预测：

"大约五年时间内所有软件的开发将会使用云软件开发的方法，这一趋势已不是初露端倪，而是如日中天。如果说"软件正在吞噬世界"，那么吞噬软件开发的软件则是云软件开发及其工具。甚至在嵌入式软件的特殊领域，软件开发几乎会被当前和未来的云软件技术所左右，或者完全吞没。"

CAX软件专家/杭州新迪数字工程公司彭维总经理认为："采用完全基于云的架构，打造我国自主的工业软件云平台，是实现我国工业软件换道超车的重大发展机遇，抓住这个机遇可以造就出国际领先的自主工业软件企业。"

今天，历史百年交汇，工业风云际会，形势机缘巧合，不同的行业的团队和技术走到了一起，ICT和工业实体融合到了一起，同业的不同企业汇合到了一起，天南地北的人走到了一起，所有的制造新力量凝聚到了一起，所有的数字化工业软件即将集成到一起。

集众智、汇众力、聚众企，共建工业软件生态，是"工业软件云操作系统"的最终目的；沉淀工业界Know-How，让制造知识流通起来，是"工业软件云操作系统"的基本逻辑；分享数据管理方案，贡献数据驱动引擎，连接数据模型结构和工业资源库，是"工业软件云操作系统"的常态做法；功能"大插座"，"平台＋插件"的同构接口方式，是"工业软件云操作系统"的新商业模式。

让所有的工业软件开发商和头部企业用户都参与进来，都把自己的优秀工业软件功能构建在上面，一起打造面向产业链、产业集群需求的集成环境，形成全生命周期良好的设计态、生产态和运行态，让企业真正能够实现端到端业务显著、整体的降本增效。

"工业软件云操作系统"是一项艰苦、浩繁的基础性工程，是中国工业长治久安的"新基建"。工业软件的漫漫长路，中国人已经走了四十年了，九成的工软件企业走着走着就走散了，就走没了，留下了一路的悲壮往事、筚路蓝缕、爱恨情仇和扼腕叹息。回首这些悲壮往事，不外乎是方向偏离、决策失误、势单力薄、缺乏协同，甚至是，过度内卷。百战之后金身不破、初衷不改、情怀仍在的工软企业，是真正历练出来的工软英雄，是新工业革命中的制造新力量，今天，他们已经自发地走到了一起，踔厉奋发，秣马厉兵。

在数字化工业软件语境下，中国工业软件界涌现出了更多的制造新力量。也许他们还不知道"工业软件云操作系统"，或者说知道了这个名称，但是还不理解其内涵和深意，或者说二者都知道了，但是出于各种原因，还在踟蹰、犹豫和顾虑之中，没有积极加入DISA的行列，没有参与"工业软件云操作系统"上工业软件的开发，其实，你不妨前来一试，在这个超级营盘中，一直保留着你的位置。复兴工软，共襄盛举。

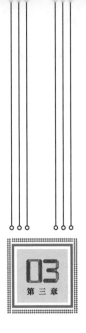

03
第 三 章

新战略：构建共建共生的工业软件云生态，让天下没有难做的产品

与时俱进者生，抱残守旧者亡。计算框架变革和企业数字化变革的同频共振，让工业软件的开发，从战略到技术、从场景到赛道、从架构到标准、从平台到生态，都必须进行重新定义和适时调整。单一厂商包打天下的时代已经过去，共建共生、共享共赢的时代已经到来。适合这个时代的工业软件，唯有变身为工业软件云平台，汇聚为工业软件新生态，才能持续创新发展，才能成为支撑工业转型升级的数字脊梁。

第一节　重新定义工业基础设施：新一代工业软件云战略宣言

一、战略宣言：共建工业软件云，让天下没有难做的产品

以我国丰富的工业场景为磨刀石，以新制造业的有效市场需求为导向，以云计算架构为中心，更换工业软件切入策略和竞争逻辑，重新定义新一代工业软件

架构，重新定义新一代工业软件标准体系，充分利用云、AI、大数据、先进网络等新技术，引入数据驱动和模型驱动等新方法，更换科技竞争的赛道和规则，结合有为政府领导下新型举国体制的政策优势，设计新的生态化和体系化推进模式，由产业牵头组建创新联合体，聚心、聚智、聚力，共建新一代工业软件云体系，向上"捅破天"，向下"扎到根"，壮大中国工业软件产业连续供应能力，助力工业数字化转型升级和制造业高质量发展，实现工业软件的崛起，让天下没有难做的产品。我国工业软件云战略总图如图 3-1 所示。

二、战略目标：重塑工软新格局，生态伙伴共建生态体系

从工业软件产业维度实现软硬结合、服务支撑的综合化产业，从格局层面实现三分天下有其一，从生态层面构建涵盖咨询、开发、集成与服务全行业参与的工业软件云生态体系。

- 战略主张：重新定义工业软件。联合国产工业软件企业，重新定义工业软件架构、重新定义工业软件产业推动模式、重新定义工业数字化转型赛道价值获取方式，与产业运营商、SI（软件集成商）、ISV（独立软件开发商）联建联营联运，共同打造安全的新一代云化、SaaS 化工业软件解决方案。
- 产业维度，从制造大国向制造强国转换。要实现制造强国，制造企业向高端化、智能化、绿色化发展是必经之路。我国的制造业要从以硬件为主转变为硬件与软件结合、服务支撑的综合化产业，其中工业软件扮演了非常重要的角色。我国的制造强国转型战略下的工业软件的换代升级是巨大的历史机遇。
- 格局层面，三分天下有其一。当前国产工业软件整体在全球的占比较低，约为 6%，其中研发设计类占比 5%、生产控制类占比 50%、经营管理类占比 70%、运维服务类占比 30%。研发设计类是工业软件的关键，我们要实现研发设计类占比在国内达 50%，在全球达 30%，打破产业垄断，实现工业领域的产业韧性。在工业软件领域，我们的目标是：用 5 ～ 10 年时间实现国产工业软件的崛起。
- 生态层面，集众智，聚众力。打造我国工业软件"航母平台 +App 舰队"，全面构建涵盖咨询、开发、集成与服务的工业软件云生态体系，团结广泛的创业者，改变我国工业软件产业"小、散、弱"的现状，培育更大的工业软件市场，以实现"耕者有其田"的正向付出与回报，精诚合作，共建共赢。联合我国工业软件生态伙伴一起在工业数据的模型结构、文件格式、接口协议等方面共同定义互通标准，真正意义上支撑工业软件战略目标，共同构建工业软件云，加速工业数字化转型。要做到这一点，必须全行业共同努力。

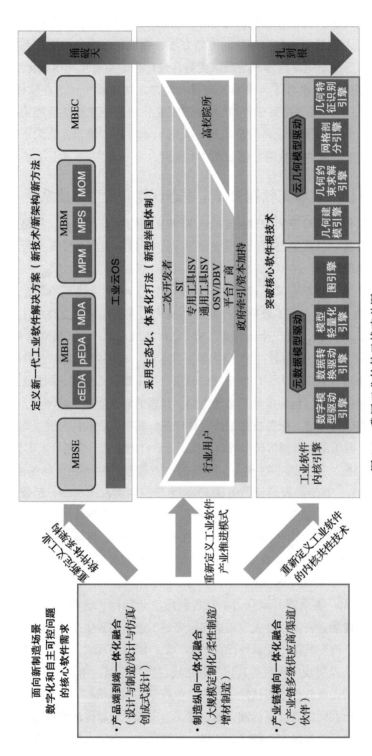

图 3-1 我国工业软件云战略总图

三、战术举措：工业软件云赋能，务实推动工业范式转型

工业数字化转型的核心目的是实现整个工业范式的转型，这个范式既涉及企业内部的设计、生产和运营，也包括企业与客户间商业模式的转型。与此同时，市场竞争关系将从企业竞争转向产业链竞争，企业数字化逐渐转向产业链数字化。在这个战略转型过程中，"三大一体化"和"三大核心要素"是必不可少的战术举措。

1. 工业范式转型的"三大一体化"

第一，制造系统纵向一体化。无论一个公司规模的大小，都需要自上而下的功能系统。因此，所有的工厂、车间、工段、工位，哪怕一个小小的螺丝钉，都需要实现"垂直一体化整合"。

第二，产品端到端工程一体化。工业数字化转型的颗粒度需要从"单个企业"升级到"产业链"，这就需要实现产业链上下游的业务一体化融合，在融合过程中实现显著的降本增效。因此，所有工业型公司的基础输出一定是具体的产品，产品全生命周期的"端到端一体化融合"非常关键。

第三，产业链交易网络一体化。工业软件企业的软件产品从研发投入到产品，再从产品到销售完成的过程，涉及多级供应端、多级渠道商和多级伙伴，实现产业链整个交易流的一体化也是关键。

工业软件云，就是最广泛地联合国产工业软件企业，重新定义工业软件架构、重新定义工业软件产业推动模式、重新定义工业数字化转型赛道价值获取方式，与产业运营商、SI、ISV联建联营联运，共同打造安全的新一代云化、SaaS化工业软件解决方案。

2. 工业软件云的"三大核心要素"

第一，新一代工业软件架构。它包括一套架构（新一代工业软件架构）、二大驱动（元数据驱动、模型驱动）、三重使能（云、大数据、AI）、X新应用（系统设计仿真、结构设计仿真自动化、单板电子设计自动化、仿真中心、设计与制造融合等）；

新一代工业软件架构设计的原则是开放性的架构设计，并以云化、服务化为核心进行构建，采用"平台＋可集成/可插拔工业软件"模式，提供多层次的工业软件生态集成模式，构建自主可控、统一开放的工业软件技术规范与数据标准。

新一代工业软件架构是由"平台＋生态"共同打造的生态型全栈自主可控工

业软件体系，共同建设工业 aPaaS 平台，通过打造"数据、经验、工具"三个根，形成差异化竞争力，采用场景化 SaaS 聚合生态优势，并以云工厂和行业云来引流新商业模式。

数据管理与工具软件的"根"是工业软件内核引擎，十大内核引擎筑牢平台底座。

第二，新一代工业软件标准体系。通过工业软件产业链凝聚行业力量，开放化生态，基于新技术、新架构来构筑新一代工业软件标准。首先要开放业务场景，围绕产业链构建工业软件数据模型、接口规范、文件格式等新一代标准体系。其次要整合零散工业软件，数据模型标准可实现工具与数据层上下互通，接口 / 格式标准可实现左右互通。

第三，连点成线，烧砖筑城的工具链服务。工具链服务提供系统设计仿真云服务、单板电子设计自动化云服务（pEDACloud）、结构设计仿真自动化云服务（MDACloud）、仿真中心云服务（SimCloud）、产品设计与制造融合云服务（MBMCloud）。这些工具插件拥有统一的框架、标准的 API 接口、规范的数据模型及数据处理范式，可独立也可联合纳入工业企业生产流程。

工业软件企业通过新一代工业软件架构切分形成网格，按照新的体系标准，软件提供商及各生态组织（软件 ISV/DBV/OSV/ 集成商 / 二次开发者 / 咨询服务商 / 内容提供商等）能够各司其职，再由行业用户牵引，政府加持，以及高校算法方面支持，最终形成一个完整的工业软件生态。

我们笃定，"三大一体化"与"三大核心要素"是工业软件的两大法宝，共同构建了工业软件云发展的战术举措，让工业软件云战略既可以脚踏实地，亦可以仰望星空。云接地气，地天相通，浑然一体。

我们相信，只要判定趋势，认准方向，创新模式，踔厉奋发，就没有过不去的火焰山，就没有做不好的工业软件。兄弟齐心，其利断金。当上百家国产工业软件厂商，同心协力，拧成一股绳，立足统一数字底座，采用统一软件架构，遵循统一标准体系，开发统一数据模型，一个崭新的国产工业软件云体系，便呼之欲出了。

我们期待，众多国产工业软件企业携手并进，精诚合作，专心打造，必将闯出一条开发工业软件的新赛道，形成"班声动而北风起，剑气冲而南斗平"之新态势，共同壮大我国工业软件产业连续供应能力，助力我国制造业数字化转型升级，结合有为政府领导下新型举国体制的政策优势，支撑我国从工业大国向工业强国的快速转型。

第二节　定义新一代研发制造场景：新赛道新场景，定义新需求

新一代研发制造场景主要有如下四大特征。

1. 软件定义的智能化[一][二]

"软件定义"成为业界共识。软件定义的产品、软件定义的机器、软件定义的数据中心、软件定义的网络、软件定义的业务流程等，数据驱动智能决策。对工业软件的开发、应用和掌控程度，已成为制造企业体现差异化竞争优势的关键。工业软件的应用贯穿企业的整个价值链，从研发、工艺、制造、采购、营销、物流供应链到服务，打通数字化平台；从车间层的生产控制到企业运营，再到决策，建立产品、设备、产线到工厂的数字孪生模型；从企业内部到外部，实现与客户、供应商和合作伙伴的互联和供应链协同，企业所有的经营活动都离不开工业软件的全面应用。因此，工业软件正在重塑制造业，成为制造业的数字神经系统。

近年来，具有深度学习功能的机器实现了一个又一个技术突破，成功做到了"理解"和处理海量数据。机器普遍引进 AI 技术，整合了复杂的多项任务，性能空前提高。"数字大脑"——超级智能迅速延伸到其他工业和地区，常常得到政府研发部门的大力支持与补贴，熄灯工厂也渐渐提上日程。

物联网设备持续增多，无所不在、高度互联的传感器被普遍应用到从工厂设备到居家个人的各个角落。接入物联网的设备数量已高达 3000 亿台，加之越来越强大的大数据分析技术，人类的决策过程、消费体验和资源管理能力得到大幅加强。同时，高级机器人和 3D 打印技术飞速发展，普遍应用到各行各业，发展势头迅猛。3D 打印实现了从单一材质到大规模应用的技术突破，改变了行业格局。

所有这些颠覆性的创新技术同时发力，彻底改变了传统工业活动与制造工艺，进而重新定义了制造产业价值链。

软件定义的智能化使得核心生产要素"人"的作用发生了较大的变化，慢慢地把机器变成了同事。我们正在迎来一个人机协作的新时代。数字技术的迅速普及，机器正学习与人类在一个全新的层面上进行合作。增强智能的认知计算能力可以帮助人类更快地做出更好的决定。

2. 数据驱动的自动化

重复性任务的自动化在高成本国家早已发展得非常成熟，在以标准产品和批

○一 引自：艾瑞咨询系列研究院. 行者方致远"新基建"背景下中国工业互联网与工业智能研究报告.《汽车文库》，2021.

○二 引自：五大数字化发展趋势推动制造业加速迈向工业 5.0.《产城》，2022.

量生产为特点的垂直行业（如汽车制造），这种情况更为普遍。制造企业目前面临的挑战是把自动化应用于那些由大批量定制化生产等趋势主导的市场，而这些市场的许多工艺流程和原理图都无法进行预编程。例如，自动化可以用于满足不同客户偏好类别的需求，而不是每个人一时兴起的念头，从而帮助制造商在保持效率的同时生产个性化产品。要想做到这一点，自动化系统需要输入目前散落在制造业各处技术孤岛上的数据，这些数据可能储存在个别机器上，也可能是在离线软件解决方案内。

数据驱动的自动化就是通过数字技术的全面应用实现数据在"设备－生产线－企业－价值链－产业链"的汇聚和流通，并将每个行业所独有的工业机理、行业特点与数据相结合，构成一个数据驱动的全生命周期优化闭环，形成快速感知、敏捷响应、动态优化和全局智能化决策模式，实现企业生产和经营的全过程可度量、可追溯、可预测、可传承，重构质量、效率、成本的核心竞争力。

3. 产品制造与产业链一体化

（1）社会化分工加深，企业需要加强集成与调用能力

当代工业社会的变革使得工业生产关系和组织方式面临全新的挑战：1）工业企业在不同业务环节中对外部能力的需求与调用能力提出了更高的要求。2）研发是企业业务的起点与核心，面对下游行业日益多元化的需求及快速的市场变化，为保证创新性与优化性，企业对协同研发的需求愈发强烈。3）生产制造能力瓶颈存在于各级工业企业，企业需要具备整合各类制造资源的能力，实现制造技术与生产能力的共享协同，以把握现有订单和潜在市场机会。4）物流运输需要协同，建立运输价格数据库，结合产品个性化需求对运输方式进行运价比对，最大限度地保证运输效益、减少运输成本。5）人才资源供给能力逐渐衰退。大部分企业受限于薪酬待遇、工作环境、成长空间等因素，难以吸引优秀人才，形成恶性循环，企业需要智力资源保证。

（2）打通产业链的需求强烈

库存合理化一直是工业企业的管理痛点，主要源于上下游产业的信息孤岛化问题突出，各企业在制定供应链计划时更多依仗工作经验，物料信息、产品需求信息难以在产业链中实现跨环节的自由流通，并且随着下游客户需求的日益个性化，加大了企业做出科学、高效的"采－产－销"决策的难度。因此，在供应链成本压力持续发酵、产品毛利逐渐摊薄的大背景下，企业急需构建产业链上下游

信息流通渠道，结合产品需求、原料供给和产能配置，科学和敏捷地调整生产计划，提高产能利用率，减少库存积压，提升客户满意度，保障订单稳定到期兑现，从而实现具备高敏捷性和灵活的产业协同。

4."制造即服务"成为现实，"即时和定制"变为常态

"制造即服务"成为现实。随着供应链变得更加多样化并通过数字网络连接起来，一种新的模式将被触发。消费者将成为系统集成商，将复杂的商品制造过程组织在一起，一键式设置自己的配置。例如，如果你需要一个新的厨房小工具，你只需登录工厂网站并选择你想要的颜色、组件、材料、尺寸和功能即可。对商品的需求将能在更短的时间内实现，对定制化的要求比以往任何时候都高。敏捷的创新反应和客户需求反应成为工业企业关注的重点。

我国许多工业的细分行业如汽车、家电等，产品同质化问题严重、下游消费者需求日渐碎片化、市场竞争激烈且趋于饱和，依靠生产要素投入和廉价劳动力转化的传统的少品种、大批量的生产模式难以适应市场变化，企业传统盈利模式面临巨大的冲击和挑战，企业希望过多渠道深度交互和精准洞察客户需求，全方位获取下游客户的需求数据，为产品定义与研发设计提供精准指导，并将用户需求直接转化为生产排单，实现以客户为中心的个性定制与按需生产，在全面综合成本、质量、柔性和时间等竞争因素的前提下，有效地解决需求个性化与大规模生产之间的矛盾。近年来，我国工业企业利润增速上涨乏力，企业开始关注如何通过深入的需求交互驱动产品设计和柔性制造效率，实现规模化定制生产，从而提高企业竞争优势和客户满意度，为企业打造新的利润增长级。

工业软件是将工业技术软件化，将人对工业知识和机器设备的使用经验显性化、数字化、系统化的过程。工业软件作为工业化长期积累的各类工业知识、机理模型和经验诀窍的结晶，已经从辅助工具演化为了工业化进程不可或缺的伴生物，是制造业的重中之重。瞄着新一代的研发制造场景，支撑当前全新的复杂的工业制造需求，工业软件转向了新的赛道，工业软件企业迎来了新的挑战。

工业软件作为工业与信息产业的结合体，是智能制造高质量发展的重要基础和核心支撑。工业软件的创新、研发、应用和普及已成为衡量一个国家制造业综合实力的重要标志之一。随着新一代信息技术的不断涌现和发展，工业软件正从本地部署的复杂系统软件向云化轻量化应用软件转变，基于工业互联网平台与工业数据、工业知识、工业场景的深度融合，催生了工业软件的新形态，工业软件向云化、轻量化、平台化发展成为必然。

第三节　定义新一代工业软件架构：新技术新方法，解决老问题

工业软件正处于"换道超车"的历史机遇期，制造企业数字化转型升级的需求、新兴软件和信息技术的发展与快速成熟，促使工业软件技术转向基于模型，并面向对象、平台化、云化和超融合。我们尝试采用"新理念、新方法、新架构"赋能工业软件，思考新一代工业软件体系架构，重构工业软件形态，重塑用户体验。

传统工业软件的"老九样"包括 EDA、CAD、CAE、CAM、CAPP、CAT、PDM、ERP、MES。与这些传统的工业软件相比较，新一代工业软件具有很多新特点，如图 3-2 所示。

图 3-2　新一代工业软件的新特点

- 数据模型驱动。传统工业软件是基于文件的，通过物理文件实现不同软件之间的数据传递和交换；新一代工业软件是数据模型驱动的，通过数据 / 模型 / 元数据实现不同应用之间的数据拉通，以驱动研发设计协同流程。

- "平台 + 应用"服务化可插拔。传统工业软件是整体打包架构，软件功能模块之间耦合紧密，不可随意插拔；新一代工业软件采用"平台 + 应用"的集成架构，平台上的应用可以灵活插拔，实现服务化，可根据客户需求灵活配置应用和服务。

- 高效定制开发。传统工业软件使用 IDE（集成开发环境）开发工具进行软件开发，如 MS Visual Studio 开发套件和高代码开发方式等，定制开发效率低；新一代工业软件使用 DevOps（开发运维一体化）开发环境，低代码开发工具，可以实现高效、快速的定制开发。

- 智能化协同。传统工业软件使用关系型数据库，实现结构化数据检索和应用；新一代工业软件可以采用 AI、机器学习、图模型等先进技术栈，支持数据治理及智能化应用。

- 多样化部署可扩展。传统工业软件部署在企业内部，软件运行在单机电脑和局域网服务器上，硬件设备是固定的，不能弹性伸缩。新一代工业软件是服务解耦的，支持分阶段落地和持续扩展，支持公有云/边缘云/私有云多种部署方式，可解决企业 IT 管理的痛点问题。
- 个性化体验可组装。传统工业软件针对的是固定应用场景，一个软件解决一个特定需求，不支持快速个性化定制开发。新一代工业软件采用低代码开发，实现快速业务支持和更新，并方便构建面向用户的个性化体验。

数字化时代，用户的行为发生了深刻的变化。华为公司提出了 ROADS 体验理念，如图 3-3 所示，数字化时代的软件产品需要为用户提供丰富的连接和协同。

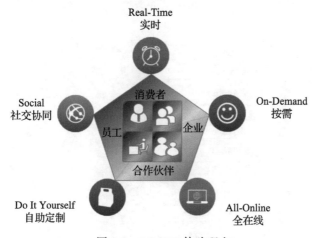

图 3-3　ROADS 体验理念

ROADS 体验理念包括

- "R"：Real-Time（实时），信息实时获取，快速反馈或响应。
- "O"：On-Demand（按需），按需匹配资源、专家。
- "A"：All-Online（全在线），业务从线下到线上，资源在线。
- "D"：Do It Yourself（自助定制），提供个性化入口，用户自助服务。
- "S"：Social（社交协同），用户期待沟通和分享，通过在线评论、社交媒体等方便获得关于产品或服务更广泛的信息。

参考 ROADS 理念，新一代工业软件将重塑工业软件的用户体验，以用户为中心，围绕实时、按需、全在线、自助定制、社交协同打造企业数字化平台，为用户提供高效和卓越体验的交互式系统。

图 3-4 展示了新一代工业软件架构。在设计新一代工业软件架构时，遵循以下设计原则：

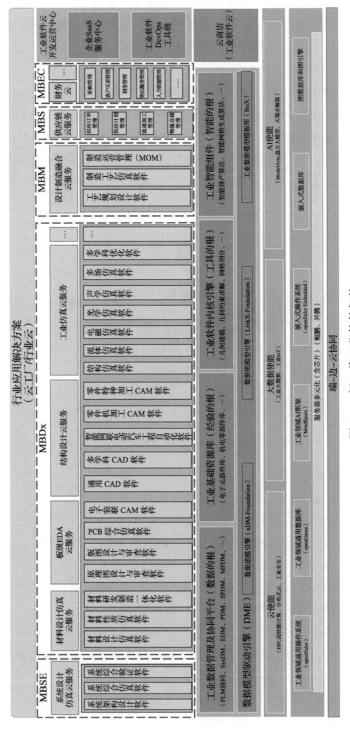

图 3-4　新一代工业软件架构

- 开放性。面向新一代工业软件架构的开放性，识别工业软件新方法、新技术，设计新架构，通过开放性协同架构使能工业软件生态有序发展、持续创新和百花齐放。
- 云化、服务化。新一代工业软件以云化、服务化为核心构建分层解耦的工业软件架构。
- "平台＋应用"可集成／可插拔模式。平台沉淀数据、经验、工具的共性服务，识别与沉淀共性组件，为工业软件提供数据模型驱动、可集成、可插拔的协同环境，使能工业软件生态高效协同，为用户提供丰富的工业软件与极致体验。
- 架构可演进，前后可兼容。提供多层次的工业软件生态集成模式，例如插件式上下集成、工业软件之间的数据集成、C/S（或 B/S）工业软件与平台的界面集成等多种模式，提供异构工业软件的集成与兼容能力。
- 统一标准与技术规范。通过构建自主可控、统一开放的数据模型、API 接口、文件格式交换标准等工业软件技术规范与数据标准，形成可替换、可扩展、开放高效的工业软件开发模式。

新一代工业软件架构是分层解耦的架构，基于云、大数据、AI 三大使能技术，"平台＋应用"打造生态型全栈自主可控工业软件体系，工业 aPaaS 平台使能"数据／经验／工具"差异化竞争力，场景化 SaaS 云服务聚合生态优势，云工厂／行业云构建新商业模式。

工业 aPaaS 平台包括数据模型驱动引擎（DME）、工业数据管理及协同平台、工业基础资源库、工业软件内核引擎、工业智能组件等。

数据模型驱动引擎（DME）包括数据建模引擎（xDM Foundation）、数据图模型引擎（LinkX Foundation）、工业数据模型模板库（BoX）。DME 提供工业数据管理底座，支撑工业应用生态。

工业数据管理及协同平台基于 DME 构建，工业数据管理及协同平台的定位是作为平台层组件，通过标准数据模型与 API，实现各种工业软件应用在研发制造"领域内＋跨领域"的数据管理及工程协同。通过数据、模型及接口标准，支持平台与应用相互集成、数据打通。

场景化 SaaS 云服务是面向不同领域和场景的工业软件 SaaS，包括系统设计仿真云服务、板级 EDA 云服务、结构设计云服务、工业仿真云服务、设计制造融合云服务等。

- 系统设计仿真云服务。支持系统级设计、仿真与验证的端到端集成，提供基于数字孪生的系统运行仿真分析。实现系统架构设计、系统综合仿真、系统综合验证等工业软件应用与系统设计仿真数据管理及协同平台（SysDM）的集成。

- 板级 EDA 云服务。构建统一数据底座，融合数据管理能力，打通各单点工具，形成完整 EDA 作业工具链。实现原理图设计与审查、PCB 版图设计与审查、PCB 综合仿真、电子装联 CAM 等工业软件应用与电子设计数据管理及协同平台（EDM）的集成。

- 结构设计云服务。支持各类结构设计业务开展，实现产品结构设计数据管理，业务协同及专家知识沉淀。实现通用 CAD、多学科 CAD、智能网联电动汽车工程自动化、零件机加工 CAM、零件特种加工 CAM 等工业软件应用与结构数据管理平台（3DM）、产品数据管理及协同（PDM）的集成。

- 工业仿真云服务。支持各学科专业仿真业务开展，实现仿真数据管理，设计仿真协同及专家知识沉淀。实现结构仿真、流体仿真、电磁仿真、光学仿真、声学仿真、多场仿真、多学科优化等工业软件应用与仿真数据管理及协同平台（SPDM）的集成。

- 设计制造融合云服务。构建工艺与制造数据管理平台，将知识融入平台和工具中，打通数据、工具与平台，实现设计与制造、IT 与 OT 的融合，支持柔性制造。实现工艺规划设计、制造工艺仿真、制造运营管理等工业软件应用与工艺与制造数据管理及协同平台（MPDM）的集成。

新一代工业软件架构体系采用基于模型、面向对象、平台化、云化、超融合等新技术和新方法，赋能传统工业软件，解决企业数字化的老问题，通过"平台＋应用"打造出生态型全栈自主可控工业软件体系。

第四节　定义新一代工业软件标准体系：新规范新模式，开放克封闭

一、数字化时代呼唤新一代工业软件标准体系

工业生产的组织过程以及工业产品的质量都严重依赖标准规范，所谓没有规矩，不成方圆，缺乏标准，难言永续。标准化作为管理现代工业，促进经济和技术发展的重要手段已经获得工业界的普遍承认，且随着工业和科学技术的发展，标准化继续向更全面、更严密和更科学的方向发展。

所谓标准是指衡量事物的准则，我们常说到"实践是检验真理的唯一标准"。2017 年，我国颁布的《标准化法》明确标准（含标准样品）是指农业、工业、服

务业以及社会事业等领域需要统一的技术要求。GB/T 20000.1—2014《标准化工作指南　第 1 部分：标准化和相关活动的通用术语》，在条目 5.3 中对标准描述为：通过标准化活动，按照规定的程序经协商一致制定，为各种活动或其结果提供规则、指南或特性，供共同使用和重复使用的一种文件。最后在附录 A 表 A.1 序号 2 中对标准的定义是：为了在一定范围内获得最佳秩序，经协商一致制定并由公认机构批准，为各种活动或其结果提供规则、指南或特性，供共同使用和重复使用的一种文件。由此可见标准具有 4 个特点：1）对重复性事物和概念做统一规定，即共同使用和重复使用。2）以科学技术和实践经验的结合成果为基础，即制定技术行为准则，对各项工作与活动进行有效指导、监督和管理。3）经有关方面协商一致，对实质性问题无坚持反对者且无异议，以获得最佳秩序和最大社会效益，即标准是协调一致的产物。4）标准有固定的格式，并有固定的制定、发布程序，即由主管机构批准，以特定形式发布作为共同遵守的准则和依据。[⊖]

按照 GB/T 39910—2021《标准文献分类规则》划分，标准一般按使用范围分为国际标准、国家标准、行业标准、地方标准和团体标准、企业标准。国家标准分为强制性标准、推荐性标准，行业标准、地方标准是推荐性标准。强制性标准必须执行。国家鼓励采用推荐性标准。企业生产的产品若是没有国家标准和行业标准，应当制定企业标准，作为组织生产的依据，并报有关部门备案。法律对标准的制定另有规定，依照法律的规定执行。制定标准应当有利于合理利用国家资源，推广科学技术成果，提高经济效益，保障安全和人民身体健康，保护消费者的利益，保护环境，有利于产品的通用互换及标准的协调配套等。标准化工作是产业发展的重要基础，没有标准就没有现代化的工业体系。国家政府部门始终将标准作为落实产业政策、产业规划、实施行业管理的重要抓手；始终将标准作为促进产业技术创新成果产业化和商业化的重要平台；始终将标准作为规范市场秩序的重要标尺。

虽然标准的重要性不言而喻，但工业软件的标准体系建设及标准制定仍是困难重重。长期以来，虽然我国的工业门类齐全并具有独立完整的现代工业体系，但工业软件的发展仍十分薄弱，工业软件的标准一直处于一种体系缺失、标准零散、缺乏关注的状态，尤其缺乏数据格式、接口标准、体系架构等基础标准。由于工业软件的工业属性决定了工业软件产品与各工业领域的技术专业密切相关，同一工业软件的产品标准及其关联技术和产品标准常常受不同的标准技术委员会管理，相关标准散落在不同的标准体系内，致使工业软件产品标准及相关标准的提出都十分困难；当前软件标准研究主要集中在软件工程化领域，绝大部分为开发技术和方法、过程管理类标准，产品标准极少，致使软件系统长期不能在行业进行大规模研发和集成。软件交付和软件价值的评估一直是行业老大难问题，能获得全行业认可的权威工业软件产品评价标准一直处于空白状态。因此，构建完整且系统的工业软件标准体系、设立独立的工业软件标准化技术组织，对于充分发挥标准对工业软件产业发展的引领作用，推动我国工业软件产业高质量发展，具有十分迫切的需求和极其重要的现实意义。同时，随着新一代信息技术的普及，云计算技术的成熟和5G技术广泛应用，数字化时代的来临带来了百万企业上云和工业互联网热潮，催生了基于云生态的新一代工业软件，但企业上云、产品云化、工业数字化正处在爬坡过坎阶段，对工业软件标准又产生新的需求，基于云生态的工业软件体系建设更是呼唤新一代工业软件标准体系的诞生。⊖

二、国内外工业软件标准发展情况及新一代工业软件特点

标准体系对产业的发展极其重要，例如，移动通信产业完善的标准体系助推了无线网络从2G到5G的快速发展。工业软件的代际划分、分类框架和标准体系，业界目前尚没有统一的说法，新一代工业软件的定义更是颇有争议。此外，信息化到数字化的工业产业链，众多上下游企业因采购不同厂商的软件，普遍存在数据格式不兼容、接口标准难以协同，现有格式标准转换导致重要信息丢失等问题，数字化的产线集成难以形成合力发挥质量效益，工业软件行业需要组织生态伙伴发挥优势互补的作用，集众智、聚众力，基于科学理论、工业机理以及积累的技术诀窍（Know-How）等具有工业属性的工业知识，共同制定新一代工业软件标准体系及相关标准，解决数据模型、接口协议、文件格式、设计要求等标准规范问题，实现工业软件数据、工具以及支撑平台的互联互通，最终开放共享业界优秀实践案例。

目前，业界常用工业软件150余款，涵盖研发设计、生产制造、供应物流、营销服务、企业管理等环节。工业软件绝大部分核心技术均由国际软件巨头掌握，技术垄断带来技术封闭，几家国际软件巨头商用工业软件已形成事实标准，通过平台化运行模式正向垄断生态发展。而我国的工业软件尤其是大型工业软件市场基本被这些国际软件巨头垄断，我国在工业数据积累、技术实力沉淀、工业应用场景等诸多维度，与国外工业软件存在巨大差距。国产工业软件要奋起直追，实现换道超车，首先要打破生态垄断，运用新一代信息技术构建开放架构，实现跨工具、上下游业务融合的新一代工业软件，并形成新的标准体系。

回顾工业软件国内外现有标准情况，工业软件核心标准主要由欧美国家主导，

⊖ 引自：赵敏. 谋划工业软件的规矩与方圆——祝贺工业软件标准工作组（TC573/WG8）第一次工作会议圆满召开. 英诺维盛公司公众号，2022-05-31.

如 ISO 10303（STEP 标准），波音公司、空客公司、洛马公司、西门子公司、达索公司、PTC 公司等欧美知名企业均参与标准研发和实施推广，新加入的工业软件企业只能遵循国际现有标准，被动跟随，工业软件相关标准现状如图 3-5 所示。工业软件标准组织、标准体系和标准技术方面的发展总体情况是：1）工业软件相关标准繁多，各标准组织影响力差异大，缺少有权威性的工业软件标准体系；2）地区性 / 国际标准具有技术门槛，未参与标准和技术政策制定的企业被动跟从，难以进入市场；3）社会团体 / 联盟组织的标准有广泛的实际应用诉求，可快速引导行业方向，但当前影响力还有限，但在我国可望发展为工业软件标准的中坚力量。

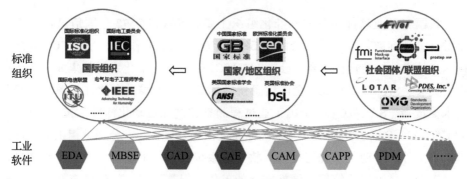

图 3-5　工业软件相关标准现状

国际上，与工业软件相关的标准化工作分别由 ISO 和 IEC 的多个技术委员会 / 分技术委员会共同完成，表 3-1 是国外工业软件标准化组织的简介。

表 3-1　国外工业软件标准化组织简介

英文简称	中文全称	主要职责 / 范围	下设机构
ISO/TC184	自动化系统与集成标准化技术委员会	负责自动化系统及其在产品及相关服务的设计、采购、制造、生产、交付、支持、维护和处置方面的集成领域的标准化	ISO/TC184/SC1（物理设备控制分技术委员会）
			ISO/TC184/SC4（工业数据分技术委员会）
			ISO/TC184/SC5（企业系统和自动化应用的互操作性、集成和架构分技术委员会）
ISO/TC10	技术产品文件标准化技术委员会	负责技术产品文件的标准化和协调，以促进准备、管理、存储、检索、复制、交换和使用，包括在产品生命周期中出于技术目的产生的手工文件或基于模型的三维技术图纸、基于计算机的二维技术图纸	ISO/TC10/SC1（基本约定分技术委员会）
			ISO/TC10/SC6（机械工程文件分技术委员会）
			ISO/TC10/SC8（建筑文件分技术委员会）
			ISO/TC10/SC10（流程工厂文件分技术委员会）

（续）

英文简称	中文全称	主要职责 / 范围	下设机构
ISO/IEC JTC1	信息技术领域的国际标准化委员会	略	22 个分技术委员会和 17 个工作组
ISO/IEC JTC1/SC7	软件和系统工程分技术委员会	软件和系统工程的过程、支持工具和支持技术的标准化，涉及生存周期管理、软件测试、过程评估、软件产品和系统质量、架构、工具和环境等领域	—

我国与工业软件相关的标准化组织主要有 SAC/TC573 全国信息化和工业化融合管理标准化技术委员会的 WG8 工业软件标准工作组、SAC/TC146 全国技术产品文件标准化技术委员会、SAC/TC159 全国自动化系统与集成标准化技术委员会、SAC/TC28/SC7 全国信息技术标准化技术委员会软件与系统工程分技术委员会、SAC/TC124 全国工业过程测量控制和自动化标准化技术委员会、SAC/TC231 全国工业机械电气系统标准化技术委员会等，分别承担工业软件技术产品文件、自动化系统与集成、软件与系统工程、工业过程测量控制和自动化、工业机械电气系统等领域标准化的工作。但是，工业软件已有标准还不成体系，缺少专门针对工业软件的通用基础、产品专用、集成验证及行业应用等方面标准，兼容性、互操作性等尚不足以打通不同工业领域、不同环节而形成了数据流通的壁垒，这制约了不同产业之间以及产业链上下游不同企业之间的资源配置效率，不利于发挥我国工业全产业链配套优势。因此，统筹推进并建立健全由我国主导的工业软件标准体系，强化工业软件顶层设计，配套提出与时俱进的标准化体系，已经成为当前工业软件标准化工作的迫切需求。这将为全面推动制造业数字化转型，为制造强国、网络强国和数字中国建设提供坚实支撑。

三、构建新一代工业软件标准体系 DISSA[⊖]

新一代工业软件标准体系 DISSA（Digital Industry Software Standard Architecture）的制定结合了工业软件发展策略，识别了工业软件在集成与互联互通等方面缺失的标准与规范。新一代工业软件标准体系 DISSA 如图 3-6 所示。

⊖ 引自：广东省数字化学会.《新一代工业软件标准体系白皮书》. DISA，2022.

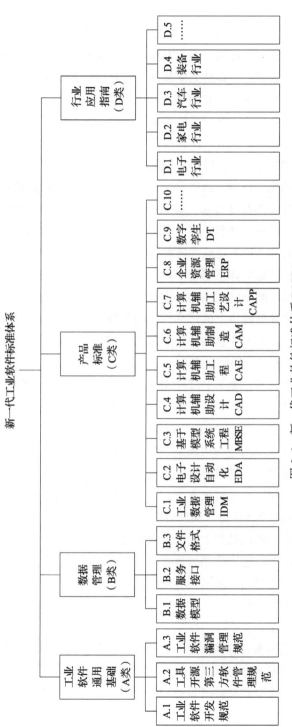

图 3-6 新一代工业软件标准体系 DISSA

- 工业软件通用基础（A 类）主要是工业软件开发过程、发布、实施的通用能力要求，包括工业软件开发的规范、代码开源、服务组件开发、工业 App 开发、云市场管理、第三方软件管理规范、漏洞管理等。
- 数据管理（B 类）主要是工业软件管理对象的数据模型、文件格式、接口服务等规范和标准，是规范产品相关的数据、过程、资源一体化的融合管理，实现工业软件互联互通的基础。
- 产品标准（C 类）针对工业软件产品的技术要求，包括功能特性和质量性能的要求和规范，是标准体系中的核心部分。
- 行业应用指南（D 类）面向电子行业、汽车行业、机械装备、家电行业等多种特定行业的具体需求，对通用基础、产品标准进行细化和落地，研制工业软件产品在具体行业应用中等应遵循的规范、细则和实施指南等，指导各行业共同推进工业软件的发展。

新一代工业软件标准体系基于工业软件标准体系，可实现行业内不同种类软件之间在数据模型、数据格式、接口定义、表述形式和一致性测试方法等方面的统一，减少和消除数据转换上的歧义性，确保数据交换的准确、高效。在工业软件标准的研制中，对齐工业软件的发展需求，整合工业软件研发、生产、应用产业链，共同构筑工业软件的产业生态。

面向企业各项活动的新一代工业软件标准体系 DISSA 全景图如图 3-7 所示，包括了 12 大系列标准和 20 多项标准项目，制定了数据模型、文件格式、服务接口、产品功能、产品特性、行业应用指南等标准。

工业软件的行业应用是一项长期、复杂、艰巨的任务，工业软件标准始终发挥着工业软件生态培育、集成约束、成长引领的基础性作用，为企业提供深层次应用的系统性指导和完整性解决方案，真正发挥工业软件在跨系统、跨企业、跨地域数据交互方面的整体优势，实现行业的数字化转型。

工业软件标准的制定是为了助力工业软件生态发展和提升国内工业软件整体竞争力，所以，标准的落地就尤为重要。发挥社会团体、国家标准组织力量，结合政府政策推动企业贯标，让标准有生命力。结合当前发展情况，实施标准落地可以从以下几个方面入手。

（1）标准进流程
- 社会团体或国家在标准制定时有明确的流程，且在标准的编制开发过程中要有企业和专家参与标准的制定，还要公开讨论和广泛征集意见。
- 遵循标准的企业在软件开发过程中，要在流程中审视关键活动和产品是否满足标准要求，以确保开发的产品符合标准要求；在产品上市流程中，对标准的遵从和满足度要作为产品的核心特性体现在产品的宣传中。

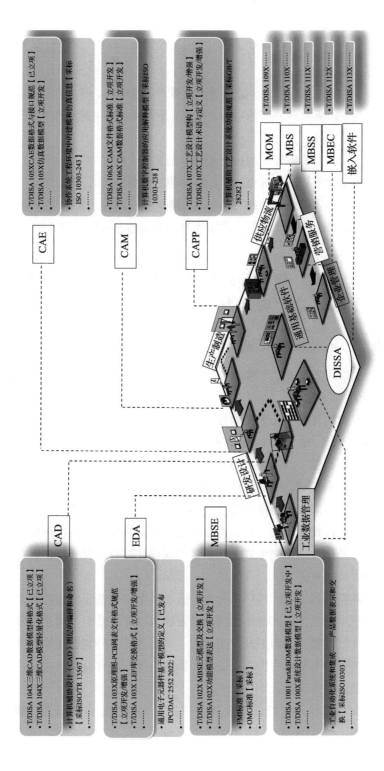

图 3-7　新一代工业软件标准体系 DISSA 全景图

（2）标准进合同

- 对于工业软件应用企业，在需求书文本中明确要求，所提供的产品或服务需遵从相关标准。
- 对于工业软件开发企业，需遵循工业软件相关标准，并提供标准遵循证明。
- 需要专家组评审并将实施项目（过程）是否满足相关标准作为必评项。

（3）标准进工具

- 标准立项时需明确标准的执行是否涉及工具支撑。
- 数据模型类的标准要提供基于标准构建的模型平台。
- 标准开发要方便标准的执行和落地，降低执行标准的复杂度，降低成本。
- 提供标准符合度检验工具，注重标准的实际落地效果。

第五节　定义新一代工业软件产品研发模式：新组织新资源，众力对薄力

一、工业软件的传统研发模式难以为继

传统研发模式指过去几十年曾经行之有效的单领域、单团队、单资源、序列式、无架构等模式。

- 单领域模式专注于工业细分领域中的某种专用技术的工业软件开发，如滚针轴承设计、光学镜片设计等。这样做使软件产品专注于某个细分领域，实现"小而精"，符合"专精特新"特质。但是，当今的产品研发大都是多学科、多领域、多专业技术交叉的复杂产品，单领域的工业软件往往只能担负一小部分元器件和零部件的产品开发，而多种不同厂商、不同功能的软件又很难集成到一起，需要在使用中不断反复切换软件使用界面，甚至反复转换设计数据格式，既经常中断设计师的研发思路，也在数据转换过程中造成一定问题。
- 单团队模式指工业软件只由某个企业的某个部门基于应用目的而开发，难以做到本企业多团队协作的软件开发模式，更难做到不同企业多团队协作的软件开发模式。因为开发主导权、协同方式、分利模式等各种合作方式的不清晰和不易妥协，不同企业多团队协作的软件开发模式，在工业软件领域很难变成现实。
- 单资源模式指一个好的工业软件往往需要调用很多知识类资源（如各种数据库，知识库等），但是最佳工艺包、最佳实验数据库、材料数据库、

专业知识库等各类基础资源库，都是企业经过很长时间的研发与创新积累而成，通常被视作本企业的专业竞争力的体现，往往秘不示人或者高价待沽。有实力的大企业可以通过自身业务实践的研发积累或重金购买而实现，甚至是通过收购一些细分专业的企业而实现，但是普通工业软件企业往往都是中小微企业，多方面的实力不足而普遍缺乏工业知识的"根"——基础资源库（参见第四章）。

- 序列式（也称瀑布式）模式将项目生命周期明确地划分为几个阶段，完成一个阶段才进入下一个阶段。在项目初期希望细化并固化所有研发需求，假设进入一个阶段后需求是固定不改变的，因此可以把每一个阶段所产出大量文档作为下一阶段的输入。但现实是现代软件系统的功能和设计越来越复杂，市场需求变化较快，在研发过程中，几乎所有的需求都处于变化之中，特别是客户的需求，因此假设需求固定不变的模式显得过于理想化了，已不适应今天高度变化且充满不确定性的市场节奏。

- 无架构模式指软件本身缺乏有明确目的、长远规划和高度韧性的架构设计。软件开发架构是软件开发系统的地基，地基不打牢，如同沙滩上建高楼，难以持续。例如，不少工业软件在发展了多个版本之后，就发现其新功能再也无法继续扩展，原有功能也难以深入优化，现有软件版本的开发变得不可持续，因而必须痛苦地放弃原有软件架构，在一个全新架构上重写所有软件程序，进而造成客户无法兼容以前的数据，甚至丢掉关键大客户的情况。

在传统研发模式下，难以实现跨组织、跨专业、跨领域、跨产权的高效协同研发。过去几十年，尽管我国工业软件一直在努力追赶，但与国外工业软件仍有较大差距。我国工业软件产业发展过程中，有三个"不如人"：投入不如人——我国对工业软件的整体投入不如欧美一家公司五年的投入；人才不如人——欧美前十大工业软件企业员工总数将近20万人，中国前十大工业软件企业员工总数不足5000人，因此，我国的工业软件企业都属于中小微企业；技术不如人——中国工业软件技术至少落后二十年，在这种情况下，如果我们要通过追赶而接近（甚至超过）国际同行，现有的工业软件的研发模式是难以奏效的。因此，除了前面提到的保障研发投入、汇聚开发人才、需求侧企业参与打磨等有利举措，以及重新定义工业软件的制造场景、软件架构、标题体系等新模式之外，重新定义工业软件的研发模式，也是具备条件。

二、新一代工业软件的研发模式

以云化、服务化为核心构建的新一代工业软件架构具有开放性，这既决定了其"平台 + 应用"服务化可插拔的软件集成模式(为所有参与者提供多层次、专业化的工业软件开发与集成生态模式),也决定了其"平台 + 生态"模式(所有参与者可以共同打造生态型全栈自主可控工业软件体系),还决定了通过打造"数据、经验、工具"这三个根,所有参与者可利用场景化 SaaS 聚合生态优势,通过云工厂/行业云来引入新商业模式。

在新一代工业软件架构支撑下,工业软件的开发模式产生了前所未有的变化,研发工业软件的创新主体从单企业向多企业演进,创新流程从串行向并行演进,创新体系从封闭向开放演进,可大幅提高协同研发效率和融合创新水平。

在众多的工业软件类别中,CAE 仿真软件是公认的技术复杂度高、国产化水平差距大的一类。CAE 仿真软件要面向力、热、电、磁、声、光等不同的物理学科,每个物理学科还有多种数值算法,如有限元、有限差分等,这使得 CAE 仿真软件种类繁多。而一款完整的 CAE 仿真软件,需要完成包括几何前处理、网格剖分、物理场建模、数值求解及结果后处理在内的所有环节。它所需的技术栈也是非常繁杂:底层技术栈以数学和物理学理论为基础,如计算几何、数值计算、力学、电磁学等;中层技术栈以计算机科学为核心,将复杂的理论和公式转换成高效可用的内核和求解器,还需要实现大规模并行、图形渲染等在内的编程;顶层技术栈要面向千姿百态的工程应用场景,结合特定领域工程学的工程知识,开发相应的实用功能。

现如今,仿真已不仅是设计验证工具,也不仅是为了减少物理测试,而是借助高速发展的计算机硬件算力,能够帮助使用者在短时间内大量地开展仿真分析,从而快速和低成本地研究"What-if"情况,探索创新的新设计方案,从而更深入地洞察设计方案的内在机理,真正进入仿真驱动工程的时代。CAE 仿真的使用正延伸到产品的整个生命周期,回溯 CAE 从 20 世纪 80 年代到今天的演变史,会发现仿真技术正从产品研制的早期阶段的验证,迈入到制造、运维等阶段,且覆盖了复杂系统设计的每一个环节,这是因为仿真可以帮助更深入地了解产品在整个生命周期内的状况,是其他技术难以做到的。

面向未来,CAE 仿真也越来越多地与其他新技术进行融合,如 VR、AI、机器学习、IIoT 等,另外,基于 Web 的架构、云仿真、SaaS 等新的使用方式,在一定程度上也会加速 CAE 技术的蜕变。面对 CAE 仿真技术的门类众多、技术繁杂的特点,以及正在向产品生命周期延展并融合新技术的趋势,要想在较短的时间周期内实现突破和超越,传统的研发模式显然是乏力的,必须基于新的研发模式,才能够实现"五年可用、十年好用"的规划目标。我国 CAE 仿真领域的发展,近几年较为迅速,但仍缺少能够和国外优秀软件一争高下的产品,典型问题如：前处理能力薄弱、求解器性能不高、用户基础不足、商业和应用生态欠缺。

国外的 CAE 仿真软件技术积淀和生态远比国产要成熟得多，与此同时，国外仿真厂商也正在聚焦新的热点应用领域，如新能源、芯片半导体、自动驾驶等，并取得了技术和商业的双重突破。国产 CAE 厂商也大多已意识到这些领域的重要性，但因为缺乏应用基础和生态，无法与工程 Know-How 很好地结合，更缺乏不同厂商产品间的协作，而无法形成真正有效解决客户问题的产品和方案。

新一代 CAE 仿真软件的研发模式要同时做好三件事情：1）需要补足前些年欠下的路，开发出各学科足以工程化应用的仿真工具；2）需要跟紧趋势不掉队，在多物理、多学科、MBSE、PIDO、SPDM 等领域结合仿真工具开发；3）充分利用新技术，尤其是数据科学技术，提升 CAE 的性能。

在此基础上，研制的新一代 CAE 仿真软件将具备：1）开放性，能够支持多种算法和模块，仿真软件具备开放性，并与其他的工业软件和平台进行集成和协作，提高跨领域和跨层次的仿真；2）模块化，能够将复杂的仿真过程分解为多个功能模块，实现灵活的组合和配置，提高可重用性和可维护性；3）高效性，能够充分利用高性能和可扩展的计算资源，以提高仿真速度、规模和精度；4）智能化，能够利用人工智能技术，如机器学习、深度学习等，提高仿真质量和自动化程度；5）应用化，能够根据不同行业和场景定制专业化的仿真应用，并提供友好的用户界面和交互方式。

要实现上述目标，采用基于云的新一代软件架构，也就是采用新的研发模式，聚合国内产业生态，是当下最适合的选择。

1. 基于云技术的开放平台集成框架

- 为了实现开放性，新一代的仿真软件需要采用开放的平台集成框架（Open Platform Integration Framework），即一个基于标准接口、协议和数据格式的软件架构，可以支持多种开发语言（如 C++、Python 等）、模块（如网格剖分、各学科求解器、仿真数据管理等）和算法（如有限元法、有限差分法等），并构成一个有机整体。通过这样一个框架，用户可以根据自己的需求选择合适的组件进行组合或替换，并与其他的平台进行数据交换或功能调用。

- 基于云技术，更容易实现这样的框架。首先，云技术可以提供一个统一而灵活的环境来部署各种技术栈，并通过网络服务来实现访问控制、资源管理、负载均衡等功能。其次，云技术可以通过标准而开放的接口来实现各组件之间的通信与协同，并通过数据转换或封装来解决不同格式或协议之间的兼容问题。

- 在研发模式上，开放的平台集成框架，最好是由深入理解和运用云技术栈的开发团队来主导，充分利用云技术的各类技术栈，设计高可靠、高安全和高性能兼具的框架，并与各组件的提供者充分沟通和协作。

2. 模块化的集成技术和研发模式

- 在开放平台集成框架的基础上，新一代仿真软件需要采用模块化的集成模式（Modular Integration Mode），即一个基于功能划分、层次接口和接口规范的软件设计方法。它可以将复杂的仿真过程分解为多个功能模块，先离散，再聚合，如几何处理、网格剖分、物理建模、数值求解、可视化等，并通过标准或定制的接口进行连接和配置，从而实现技术生态的繁荣和协作，用户也可以根据自己的需求选择合适的模块进行搭配。
- 云化架构的服务化、容器化的技术特点，正适合这样的模块化集成，并且在新商业模式上，可实现更为灵活多样的计费方式。

3. 重点突破各模块，尤其是共性内核技术，积极探索智能化技术

- 为了实现真正自主可控的高性能仿真，在平台框架上集成的各个模块，可以聚集国内优秀的力量加以突破，尤其是共性内核技术（Common Kernel Technology），如网格剖分内核、高性能数值求解内核等，这样便可以在较短的时间内，借助全球研发资源，集中优势，突破关键技术，同时以模块化的方式在平台框架中集成验证，实现快速迭代。典型的突破点有：1）几何前处理模块：需要开发面向仿真应用需求的几何建模、特征识别、缺陷修复等关键技术，实现几何模型的高效、快速、准确的处理；2）网格剖分模块：需要开发多种网格剖分算法库，面向实际工程应用提供线、面、体网格的剖分能力，剖分出高质量的结构化、非结构化网格，并逐步实现自动化、智能化；3）物理求解器模块：需要开发各学科的多算法物理求解器，支持多物理场、多尺度的复杂问题求解，逐步提升求解器的速度、精度和稳健性；4）数值计算模块：需要开发高效的数值求解算法库，可以支持大规模、非线性等各类复杂数值计算的求解；5）可视化渲染模块：需要开发先进的可视化渲染技术和方法，可以支持云端高质量三维立体、动态交互的可视化渲染，高质量地展现仿真结果；6）智能数据分析模块：需要开发具备智能化数据分析算法，可以支持多维度、多形式、多来源的仿真数据，并提供数据挖掘、数据优化等功能。

- 将云技术中已有的技术栈和服务加以充分利用，可以更好地加速关键技术的突破，如云上的弹性并行技术、图形渲染技术、人工智能和大数据分析技术等。

4. 开发工程场景化仿真应用，提升用户体验，促进商业成功

- 为了更好地面向不同行业的应用场景，让用户更愿意使用国产工具，面向工程实际场景的应用化仿真是非常有必要的，以提升用户体验，降低使用门槛，增强产品的市场竞争力，从而促进更大范围的推广，获得商业成功。面向场景的应用开发是基于实际的场景划分、需求驱动和用户参与的产品研发方式，可以将复杂的仿真问题分解为多个具体的应用场景，并通过前后端一体化、低代码等技术来实现快速开发和部署。通过这样的模式，开发者或用户可以根据自己的需求选择合适的场景进行仿真，并实现定制化的功能和体验。

- 基于云技术可以进一步加速这一过程。用户可浏览、下载、评价各种仿真应用，并通过社区交流来分享经验和反馈意见。此外，基于上述的平台化、模块化等基础，在云端可以提供给用户一个简单而便捷的开发平台。在该平台上开发者或用户自己通过图形可视化和拖、拉、拽等方式来构建仿真应用，并通过在线测试、发布、更新等功能来管理应用的生命周期，逐步形成繁荣的开发者和应用者生态。

综上所述，以仿真软件为例的工业软件要全面突围，获得用户认可和商业成功，不是一朝一夕的事情，也不是一两家企业能够做到的。自主可控的工业软件的生态，需要在技术架构、难点攻坚、开放协作等多个维度全方位考量，聚集优秀的专家团队，以全新的研发模式，研发出新一代的工业软件，改写全球工业软件的格局。

三、研发新一代工业软件的案例

下面以钣金零件加工软件的开发为例，说明新一代工业软件的研发模式。

开发者可以使用工业 aPaaS 平台提供的低代码开发工具，快速创建出一个基于 Web 的云原生应用框架，通过拖、拉、拽方式自定义软件界面、菜单和对话框；调用平台上的工业图形渲染引擎服务，实现钣金零件的三维图形可视化和交互操作功能；调用平台上的工业数据交换引擎服务，实现各种格式的钣金零件模型导入功能；利用自主研发的钣金展平算法，实现三维钣金零件的自动展平功能；调用平台上的智能排样算法服务，实现钣金的自动排样、下料功能；调用平台上

的模型轻量化引擎，实现钣金零件的轻量化模型 / 图纸生成和发放功能。

开发完成的软件产品可以自动部署上线，实现开发运维一体化，并通过工业软件运营中心上架运营和销售。

相比传统的工业软件研发，上述采用拖拉拽方式和直接调用方式的软件研发过程更加便捷、快速，以上调用的工业图形渲染引擎服务、工业数据交换引擎服务、智能排样算法服务等均由平台上的合作伙伴开发者提供，并且预先部署在工业软件云平台上。通过以工业软件云平台为桥梁、以工业 SaaS 平台为载体，形成多企业多个研发团队之间相互协作、共同迭代的新一代工业软件研发生态体系。

当工业软件研发过程从艰苦的爬格子、编代码的"码农"状态，变成了从既有的、优选的、统一数据格式和 GUI 界面的海量的"工业软件智能组件库"中挑选某种心仪的"功能组合"时，当几十万、上百万行的软件代码的编写工作变成了简单的拖拉拽方式时，工业软件的研发模式，就彻底改变了。

第六节　定义新一代工业软件推进模式：新生态新体系，群体打单体

一、开发工业软件的经典投资、组织模式回顾和经验总结

工业软件的开发组织模式和工业行业的特点密切相关，也和该工业软件的国家体制、氛围、文化相关，工业软件本质上是工业的一个"镜像"，工业种类繁多，要求不同，隔行如隔山，对工业软件要求也不同（如芯片的 EDA 和汽车行业的 CAD 要求不同，即使是 CAD，汽车行业和航空航天要求也不同），这也造成了工业软件的组件种类繁多，同一类 CAD 的不同应用场景也对应不同的功能组件。

传统的工业软件开发模式通常是一个工业软件头部企业（比如西门子等）垄断市场后，通过收购补齐短板，以增强竞争力和市场空间，做强之后再收购，形成正向循环。而我国当前的国产工业软件厂家（尤其是研发类）的情况是：小（比如 50% 的企业，人数在 200 人左右），散（大多数只在特定行业或者单点有竞争力），弱（整体竞争力不强）。不能推举出有行业号召力的企业，也就不能通过并购来实现扩大；目前我国的工业软件正处于百花齐放时代。如何把众多中小工业软件企业，聚集在一个平台上，力出一孔且组织效率高，这需要大智慧和大格局。

在提出新的生态群体方式之前，回顾一下我国工业软件发展和组织模式，从历史的角度看未来，总结经验教训，提出更符合当下的有竞争力的国产工业软件推进模式。

我国工业软件推进模式可以分为如下四种：

- 把战略补贴资金给到工业软件企业，不考虑产业的需求。这种方式运行下来后发现，各个企业独自发展，不均衡。在和西门子这种头部企业层面的工业软件解决方案相比而言不具有竞争力，只有特定场景的局部优势，竞争力不强，造成市场空间占有率不高，从而企业也不能发展壮大。
- 把战略补贴资金给到甲方企业。实际操作下来发现，甲方企业更倾向购买现成的满足自己诉求的软件，运行几年，发现国外工业软件企业市场占有率越来越高，国产工业软件生存空间被挤压到特定场景和特定领域，发展受限。
- 参考国外的工业软件发展起源思路，把战略补贴资金给第三方独立的科研单位和高校。但从我国的实践来看，高校的产出和实际商用有比较大的差距，科研转商用存在瓶颈。这个也可以从我国高校的校办企业综合竞争力不突出也可以验证，这条路不好走。
- 通过采用申报和评审制发放战略补贴资金。运行几年发现，申报项目零散，整体方案考虑不全，主要原因是企业申报自己的项目，或者项目围绕特定场景和特定领域。竞争力存在差距。

这些历史原因导致工业软件一直不能突围，工业软件呈现出了高度离散和高度碎片化的状态。

在提出新的开发组织形式之前，我们先分析借鉴我国成功的 CT（通信技术）行业和 IT 行业转型的经验，分别对比一下它们和工业软件的特点，看能否借鉴其他行业的开发模式。

首先谈一下 CT 行业，该行业最显著的特点是标准化和大客户。大客户的市场足以养活一个中型企业，而且早期可以通过确定重点市场，充分利用标准化和借助业界先进产品及人口红利，专业化服务，最终可以实现行业超越。

工业软件对应的工业细分行业多，每个行业要求不同且都是重资产，最关键的是国内企业很多的生产线都是进口的，导致每个产线都有配套的工业软件，因此国产工业软件生存空间在根本上就被限制在特定区域，比如研发类 EDA/CAD 这种相对通用的软件。但是，此类工业软件，场景众多，且每个场景对基础科学以及行业特点要求高，且空间不够大，市场空间只能养活几个大企业，后进入的国产工业软件很难进行持续的科研投入，最终在竞争力上很难和先入的头部企业竞争。因此，传统 CT 行业的成功模式是比较难以复制的。

其次，看一下国内具有优势的 IT 行业。IT 行业基本都是平台企业，一家独大。虽然早期原创程度不高，也都是借鉴国外先进产品（比如淘宝借鉴亚马逊，支付宝借鉴 PayPal 等），但头部企业在借鉴国外先进产品的同时，结合了国内实际的情况并借助国内基础通信行业的优势实现了早期突破，最终形成赢者通吃局面。国外 IT 企业对中国的本土需求理解不够，本地化水土不服，最终落败。

但对于通用性比较强的工业软件（如 EDA/CAD），早期占领市场形成客户黏性后，客户习惯以及历史资产是在单一系统中构建的。如果没有突出的重大事情或者原购买厂家退出等原因，通常客户不会主动切换。一方面，切换需要代价，历史资产很难继承且需要重新学习和集成代价大。另一方面，后来者如果没有实质性满足客户的诉求，切换性价比不高。对于国内工业软件企业来说很难有 IT 行业那种优势（国人文化理解以及基础设施好等得天独厚的条件）进行借鉴。因此，需要结合国内工业软件的特点，借鉴国内优势行业的优点，蹚出工业软件产业链自身的独特发展道路，实现集体突破。

二、全新的工业软件开发与组织形式：DISA

通过上述内容可以看出，全新的工业软件开发与组织形式是联合各方的力量，从需求出发，整合各方力量完成。有市场空间的出市场空间，有技术的出技术，有商业化能力的做商业化，有钱的出钱，各司其力完成。

现有的工业生态体系发展经验已经证明，每一种蓬勃发展的新工业革命活动的背后，都有不少行业组织作为坚实的生态支撑。推动德国工业 4.0 发展的协会之一弗劳恩霍夫协会，它由德国机械及制造商协会、德国信息技术、通信与新媒体协会、德国电子电气制造商协会等组成；美国也有推动工业互联网的企业组织"工业互联网联盟 IIC"等；中国有推动工业互联网发展的企业组织"工业互联网产业联盟 AII"等。

在"集众智，聚众力"和从一开始就做好组织建设的思想指导下，国内众多开发工业软件的供给侧企业，以及使用工业软件的需求侧头部企业，众多的利益攸关方以及政府相关职能部门，经过共同讨论，总结历史经验教训，结合国产工业软件厂家的实际现状，参考国内外技术推广的成熟做法，提出了基于产业链分工协同、集智攻关的工业软件开发联盟这种新模式，并由联盟中具有号召力的头部甲方企业牵头来成立公共组织，共同研究和开发新的工业软件的平台架构、技术、标准以及所对应的商业模式，以共生、共建、共享、共赢的生态模式做好工业软件，找到长期有效运转的组织形态和技术方案。

甲方最清楚工业软件的使用场景且最了解问题的需求。甲方既是软件的最终用户，又是最有意愿做好的用户，还是没有退路的用户。因此，工业软件开发联盟的牵头人应为需求侧的甲方企业具有庞大供应链的甲方牵头后，通过甲方既可以关联整个供应链，也可以关联整个产业链，不但解决了开发问题，也解决了当前国产工业软件最终用户试点应用问题。华为公司为推进工业云的发展牵头成立了一个联盟，由"华为公司＋行业龙头＋骨干企业＋工业软件生态＋工业互联网平台生态＋高校院所＋研究机构＋金融资本"联合组成，命名为"数字化工业软件联盟 DISA"。

DISA 与众不同之处在于，它肩负了组织协调 180 多家联盟成员一起进行工业软件基础技术攻关的重任。基于 DISA，华为公司牵头成立了工业软件攻关项目群，聚焦电子、汽车、装备、家电、机器人等行业，聚焦产业链业务场景来梳理基础材料、芯片、板级、产品级涉及的工业软件"卡脖子"技术，将它们作为要攻克的技术难点（包括通用技术和专用技术）。在正式攻关时，要按产业需求安排工业软件技术研发的优先级，编制工业软件攻关路线图，通过华为公司硬件工程专家＋行业专家组建的攻关委员会评审，以华为公司严格、合规的技术合作项目合同方式，通过组队＋委托工业软件企业/高校院所来完成技术难点突破，并联合其他龙头企业来完成对工业软件研发成果进行试用验证、迭代催熟。

要攻克难关还需要基于 DISA 围绕产业链业务，利用新型工业数据治理技术，将零散工业软件整合成工业云平台，以产业链为单位推进制造业数字化转型。例如，广东省在广东工业产业集群的基础上，成立工业软件和工业云集中攻关基地，突破基础工业软件和工业云技术，围绕创新链布局产业链，形成工业软件服务业新业态；成立新型工业互联网创新中心，试点验证并沉淀场景化解决方案，以需求侧激活供给侧，形成攻关基地与创新中心双轮驱动的模式。在这一过程中，集中工业软件企业现场研发，开展产业集群业务应用场景和关键工业"卡脖子"技术调研，梳理工业软件根技术目录，制定攻关推进路线图，在攻关委员会指导管理下，开展关键工业软件攻关。同时，相应地级市匹配相关人才、场地、返税等可操作的产业政策，吸引工业软件企业及工业数字化咨询、实施等企业落户，形成工业软件及工业服务业新业态。在试点与推广阶段，围绕深圳、广州、东莞、佛山、惠州、中山、江门等产业集群部署工业互联网创新中心，解决近端产业 1-3 试点及 3-N 适配推广的问题。通过应用推广，催熟工业软件和工业云，同时将产业链企业打造成标杆示范企业。

DISA 是一种全新的企业联盟组织形式，是一种天然跨界的技术创新组合，是在历经几十年自主工业软件发展后，中国人自己探索出来的一条独具特色的工业软件技术发展新赛道。无论前面的道路有多艰难，无论同业人员是否理解，无论技术难度有多大，我们都要坚定地走下去。与志同道合者同行，与技术跨界者同行，与第一性原理同行，前途必然是光明的。

三、基于 DISA 和工业软件云平台实现开发的合理分工

开发组织模式建立后，需要构建可持续的、共建、共生、共赢的生态。首先是在技术层面上，工业软件云平台要采用开放的、标准的接口，由平台提供基本能力，各工业软件厂家在平台的支撑下发挥自身的长处，各显神通，但前提要求是要采用标准的数据格式和接口，方便其他厂家调用，实现互通。

依托数字化工业软件联盟，聚合内容提供商 /ISV/SI/ 产业运营商等生态伙伴，共建工业软件与工业云，打造国产工业软件全栈供应链解决方案，如图 3-8 所示。

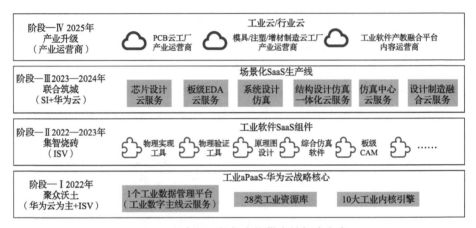

图 3-8   国产工业软件全栈供应链解决方案

由图 3-8 可以看出，这一方案是由基础平台运营商提供云基础设施（比如采用华为云），联合 ISV 在云上提供工业软件需要的工业 aPaaS 平台（比如工业数据引擎 DME）、工业资源库、工业内核等组件，共同组成工业软件云平台。

在工业软件云平台，产业运营商吸引并扩大流量，为工业软件的研发指明方向并提供"试验田"，工业软件厂家为 SI 提供最终用户需要的工业软件（比如芯片设计需要的 EDA，汽车需要的 CAX 等仿真工具软件）或工业软件的组件，最终用户在工业软件云平台上支付费用租用相关的工业软件。在这一过程中，工业软件云平台提供的是 SaaS 化工业软件服务，中小企业可以得到即申请即用的体验，实现随时随地的办公和安全保证，避免设计信息等资产泄漏。同时平台的收益也会按照各自的贡献给予到各提供方，实现了工业软件从生产到使用的商业闭环。

工业软件云平台开发模式和传统方式有很大的不同，工业软件的研发是由多个厂家、多个团队共同完成的，由于每个厂家的专用技术功能已经与平台提供的数据模型和算力实现了解耦，因此，每个厂家可以只聚焦开发自己最擅长的

"Know-How"功能组件，不擅长的部分可以调用平台上的工业资源库等公共知识资源以及 DISA 中其他厂家提供的功能组件，实现了快速提供产品和产品的快速上市。平台厂家提供了类似一个工业软件的"iOS"，各 ISV/SI 在此上开发面向最终用户的商业组件、工业软件或者工业软件的组件。

工业软件云平台商业模式采用了"谁提供谁收益"的分成模式，即一个组件能够被多人和多厂家调用，随着调用次数的增多，其组件的商用价值也随着增大，充分发挥了群体打单体竞争优势，这在我国工业软件厂家多数"小、散、弱"的情况下，解决了工业软件的发展和竞争力的问题。

工业软件云平台生态上根据当前产业的分布，原则上就近建立。生态伙伴发展的主要对象包括软件伙伴 ISV、服务伙伴 SP 及系统集成伙伴 SI。

1. 软件伙伴 ISV 发展

在全国范围内挖掘工业行业优秀的引领软件企业，并建立技术合作，共同发展工业软件生态。

- 第一阶段：汇聚。牵引生态伙伴产品完成工业软件云商店联营产品认证，借助工业软件云平台的销售能力，在全国范围内与生态伙伴联合拓展软件市场，为生态伙伴带来更多收益。
- 第二阶段：整合。根据工业软件特性及应用场景，对生态伙伴产品进行场景化的工具链云服务整合，以场景化云服务或行业工具链的形式对外提供能力。
- 第三阶段：扎根。生态伙伴产品完全基于华为工业云平台的三个"根"能力进行深度改造，通过 DME 对数据进行统一定义和驱动，并通过更优质的内核驱动来实现核心能力；通过调用完备的工业资源库让各工业软件本质上实现了数据模型统一和数据标准统一，在工具链上形成了天然的数据平滑流动，高效协同。

2. 服务伙伴 SP 及系统集成伙伴 SI 发展

在全国范围内，发展优秀的工业软件服务供应商，为生态伙伴构建工业软件行业咨询、二次开发、系统集成、交付和实施能力，为国产工业软件的应用落地打下坚实基础。

- 第一阶段：进编制，建队伍。协助生态伙伴完成工业软件云服务伙伴的认证流程，完成能力进阶认证，工业软件云赋能生态伙伴组建专职的工业软件服务团队，并按照生态伙伴计划享受相应的伙伴权益。

- 第二阶段：扶上马，送一程。在实战中帮助生态伙伴构建和提升能力，包括分享项目机会点，邀请生态伙伴参与到工业软件云拓展的工业软件项目中参与项目的咨询、交付服务等，为生态伙伴提供培训赋能等交流活动，提升生态伙伴的工业知识水平等。
- 第三阶段：强合作，深绑定。生态伙伴在行业持续积累经验，具备行业解决方案构建能力，并基于工业软件云资源、云平台、云商店生态产品构建行业解决方案，为工业软件云带来更大的流量，工业软件云也给予生态伙伴相应的专项激励。

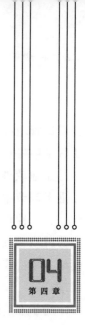

扎到根：工业软件云操作系统，
让新一代工业软件生态体系根深叶茂

新一代工业软件云架构的基本思路是，只有在根技术层面，即操作系统层面进行重构，才能克服传统工业软件在计算架构的根本性局限，充分发挥新一代信息通信技术在云计算、泛在计算、泛在连接等方面的绝对优势，为用户提供FEAST 体验，即 Fast（算得快），Easy Use（容易用），Accurate（算得准），Social（社交化），Time to Value（见效快）。

工业软件云操作系统包括四类根技术：工业数据的根、工业经验的根、工业软件的根和工业智能的根。本章将分四节逐一展开论述。

第一节　工业数据的根：数据模型驱动，实现数据自动流动

一、数据管理理念：从"面向结果"到"面向过程"再到"面向对象"

工业数据管理的需求由来已久，从全价值链的各环节来看，产品的研发、制

造、供应链、运维，一直到报废环节的每个节点上均有数据产生、交互、协同、消费的管理过程。早期工业数据在管理过程中大多为"面向结果"的数据，仅对工程师存在电脑上的研发结果归档到数据管理系统。

工业软件在促进生产力发展的同时也给管理带来了新挑战。在制造企业各个业务环节中，各种数据急剧膨胀，对企业管理造成巨大压力。于是，在21世纪初，一种具有管理产品全生命周期数据、过程、资源能力的PLM系统应运而生。PLM系统以产品为核心，实现对产品需求管理、研发设计、生产控制、运营运维及项目管理、质量管理"面向过程"的文档、图纸、物料等数据进行一体化管理。

为了准确地使用数字化手段描述物理世界中的产品实体，尤其是基于正向设计方法，要从产品需求管理入手，采用产品模型定义和构建的方法进行数据管理。基于模型的产品定义，强调将产品相关的功能、特性、工艺、材料、产品构型、产品组织形态等信息在模型上进行统一数字化定义，并以模型为核心，将产品数据传递给下游工艺、生产、试验、供应链、运维等环节。建立产品模型的基础是"面向对象"的方法，即通过建立产品数据模型，实现产品数据管理。

在"面向对象"的数据管理过程中，首先需要识别和定义对象，对象是由数据及可以对这些数据施加的操作所组成的统一体，对象本身是以数据为中心的，操作围绕对数据的处理来设置，没有无关操作，因此，对象内部各种元素彼此紧密结合。在识别和定义对象之后，通过描述对象之间的关系、对象的属性、对象的操作来定义面向对象的数据模型。所以，产品的数据模型和对象是密不可分的。

新一代工业软件的数据管理，以对象为"纲"，以模型为"目"，以纲带目，纲举目张，最终实现准确、全面、动态的基于"面向对象"模型的数据管理。

二、数据管理技术：从"管理壳"到"管理核"再到"管理脑"

传统上，工业软件的数据管理长期依赖图纸文档的形式进行管理，随着数字化技术的提升，尤其是在工业4.0中提出"管理壳"概念后，数据管理技术也迈上了新台阶。

历史数据一定是异构的，但仍旧可以利用前文提到的"面向对象"的数据管理理念，探查历史数据，抽取并重整历史数据中的业务对象，梳理出历史数据中的业务逻辑和业务对象之间的关系，将历史数据资产中隐式表达的数据模型显性化构建出来，并基于此数据模型来构建转换接口，从而将历史多源异构数据转化为基于数据模型的同构数据，再利用同构数据接口将历史数据互联起来，最后通过关联关系实现数据的路由追溯，构建数据血缘。我们可以将这套基于数据模型构建的同构数据接口，形象地比喻为是罩在多源异构数据外面的"管理壳"，这个"管理壳"是标准化的、规范化的、元数据模型驱动化的，即使壳内数据的组织形态、存储方式是异构的，但仍能够通过"管理壳"的桥接来最大化利用历史数据，挖掘其可用价值。

最理想的方式是，采用"面向对象"的数据管理理念，对新一代的工业软件底层数据管理进行规范化的数据架构设计，从设计之初就基于对象的数据模型来构建对象关系，定义元数据结构和元数据模型，实现在数据模型层面的数据对象、数据与元数据之间的互联互通，然后基于数据和元数据模型构建上层软件系统，实现元数据模型驱动的工业软件开发。在这样架构设计下的软件系统装载的数据，原生是互联互通的。基于"面向对象"的方法构建核心模型，我们可以将这个核心模型形象地称之为数据"管理核"，对数据从内而外实现治理，达到数据"不治而顺"。

接下来我们进一步探索数据管理的业务价值，将传统数据管理上升到知识管理的范畴，开拓数据应用更大范围的价值空间。我们把数据关系识别定义的过程，通过抽象化定义了六类元关系（$1:N$主外键关系、$1:N$主从关系、树形关系、$N:xM$单边不确定关系、$M:N$多对多关系、UsageLink关系），并在具体的工业软件业务场景中，将元关系扩展为业务关系，以更透彻地描述业务场景，建立数据模型与业务场景之间的映射关系，呈现数据中的业务价值。进一步地，让数据管理在面向对象、元数据驱动的数据模型基础上，具备智能属性，为基于数据的高级应用，如数据分布与流动走向的智能路由、数据血缘的多维可视化展现、数据溯源的自动跟踪等内容提供坚实的技术基础，我们将这种具备智能属性、升维应用的数据管理称之为"管理脑"。

华为在工业产品数据管理多年的探索和实践过程中，经历了"面向结果""面向过程""面向对象"的全历程，在工业产品数据管理的技术验证上，实现了从"管理壳"到"管理核"再到"管理脑"的跃升。

通过数据"管理脑"，一方面实现更深层次的数据治理，另一方面也让数据管理更直接地服务业务、服务客户和服务整个工业软件生态圈。

三、通用数据管理实践：经验外溢成就工业数字模型驱动引擎 iDME

工业数字模型驱动引擎 iDME 的架构设计思想为"万物皆模型，一切皆数据"。

在21世纪初，华为已经使用了产品数据管理系统（PDM），数据管理水平逐步从"面向结果""面向过程"升级为"面向对象"，在产品研发、生产、供应、销售、服务等不同的业务环节上构建不同的信息系统，管理各自业务环节的数据，再打通各分段建立的信息系统，实现部分数据的互联互通。这种"乱而后治"的数据管理方式已经成为制约企业数字化发展的瓶颈，往往等各系统数据梳理完成并实现打通后，数据所带来的时效性价值已经落后于业务发展的需要了。为了实现数据"不治而顺"的愿景，华为内部组织了上百次的研讨，最终达成结论：采用基于"面向对象"的数据管理理念和技术，探索"面向对象"的数据管理技术。

经过五年多的探索和实践，华为对研发和生产的各种产品进行了全局性的数据梳理和总结，识别出包含产品、部件、单板、器件等234个业务对象、555个逻辑实体、18 000种属性和24种典型结构，最终抽象为2类元模型（独立实体、多版本实体）和6类元关系。"面向对象"数据管理的理论表明，世界万物都可以被抽象成极致简单的元模型，如图4-1所示。

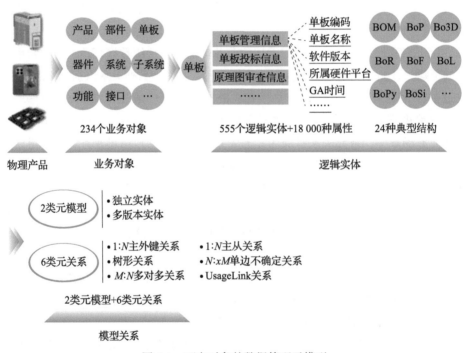

图4-1　面向对象的数据管理元模型

"对象"是还原一切事物的本源，可以由极致简单的元模型来构建。在构建新一代工业软件过程中，先建立数据模型，再建立数据模型之间的关系，进而形成复杂的数据模型结构，最终实现数据模型的全范围连接，这种模型到实例的对应关系如图4-2所示。在新一代工业软件使用过程中，产生大量的实例化数据，天然以对象为核心而内聚在一起，对象与对象之间的关系连通后，进而形成庞大的数据图谱，数据本身自动入湖存储，在使用数据的时候，在数据图谱上定义起点和终点，灵活实现数据跨业务领域、跨组织的端到端连接，再根据业务场景的需求，提供完整的数据服务。这种"面向对象"的数据管理，彻底解决了数据集成打通的难题，数据管理从"乱而后治"走向"不治而顺"。

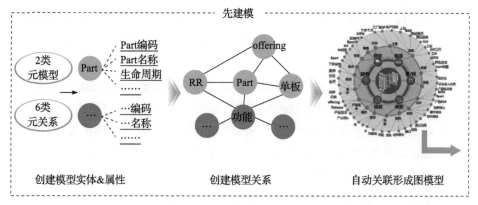

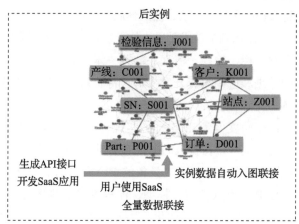

图 4-2　模型到实例的对应关系

华为在工业领域率先把"面向对象"数据管理概念、知识、经验和实践进行体系化的总结并形成标准化的数据管理软件产品——工业数字模型驱动引擎 iDME。iDME 用于提升工业软件数据管理的能力，加速实现工业软件云战略。iDME 为了让工业软件各相关方实现工业数据管理领域的统一思想、统一协同提供了标准化的工业数据管理规范与软件开发框架，开创了工业数据管理新范式。正如云计算技术改变传统工业软件的开发与构建范式一样，iDME 也将颠覆传统的工业数据管理思想。

iDME 具备如下 9 种特性。

- 流动性。保障数据流动的合理性，按照产品研制阶段和业务流程，在正确的时间将正确的信息传递到正确的位置。

- 关联性。工程活动中的事件、过程、状态或者对象均不是孤立存在的，将工程活动中物理上独立的内容建立逻辑上的关联。

- 动态性。随着数字化产品研制的不断进化，它所关联的数据和模型也是在不断进化中，在全生命周期的不同阶段动态地关联不同技术状态下的数据和模型。

- 全局性。需要支撑装备研制过程中跨学科、多领域，从概念设计到装备交付的所有活动，以及研制过程中的数据和模型及其相关的环境。

- 可信性。通过标准和程序在装备研制过程收集、共享和维护模型与数据，以确保模型与数据得到规范的管理并且在全生命周期中可信。

- 集成性。通过通用的环境、过程和方法，将系统、工具及其产生的数据集合实现集成，支持研制活动或决策。

- 扩展性。将数据应用进行扩展，达到释放数据价值的目的，在平台上丰富知识管理的内容和融入新的技术手段，从而达到提升研制智能化水平的目的。

- 开放性。建立目标、途径、流程、数据一体化的应用开发平台，该平台具有开放性的数据和应用集成开发接口，将研制过程中需要接入的系统或数据形成整体，支撑研制活动协同工作。

- 安全性。从两个角度保障 iDME 的安全性：一是系统本身的安全性；二是数据和模型的安全性，在安全的平台下实现安全的数据管理和过程管理。

此外，iDME 在软件产品上，还应具备的 5 个方面的非功能性特征，包括模型化（数据模型化）、图形化（数据、模型、流程等可实现图形化展示）、服务化（面向过程、数据、模型的服务）、一体化（目标、途径、流程、数据一体化）和可视化（模型和流程展现可视化的直观效果）。

iDME 包括工业数据建模引擎（xDM-Foundation）、工业数据图模型引擎（LinkX-Foundation）和工业数据模型模板库（Box）三个功能模块，如图 4-3 所示。

iDME 拥有强大的工业数据建模能力，内置 2 类元模型和 6 类元关系，可以通过图形化、零代码、配置化的方式构建数据模型的。在建模过程中，可以定义所有的业务对象所对应的数据逻辑实体、实体模型、模型之间的关系、模型所附带的属性，以及模型所需要用到的数据管理功能（如数据权限、数据生命周期管理、数据版本管理等）。建模完毕后，数据模型实体之间的关系将形成一张巨大的网，如同浩瀚的星空图。

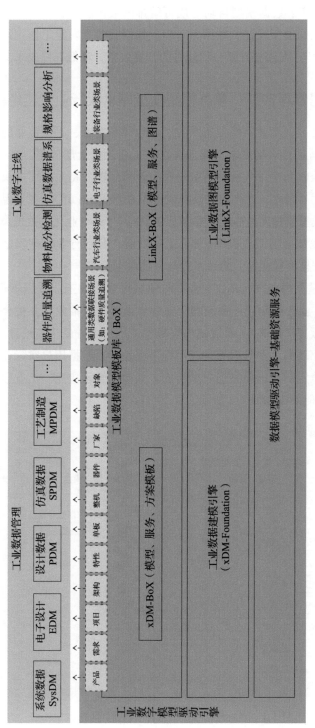

图 4-3　iDME 的功能模块

iDME 可以基于数据模型自动生成可编排的数据服务 API，将传统工业软件开发过程中的数据模型设计、数据库管理、数据服务开发等工作一站式整合，实现"设计即开发"，大幅提升新一代软件的开发效率，降低开发成本。

四、行业数据管理实践：数据模型模板库承载行业最佳经验

在 iDME 之上，工业软件生态圈的工业软件开发者、千行百业的工业软件使用者均可构建满足其市场需求、业务需求的工业软件上层应用。在开发过程中，如果能够快速吸收和应用各行业的数据模型最佳经验，将大幅度加快行业化的工业软件开发速度。因此，工业数据模型模板库 BoX（Bill of X）的产品理念应运而生。工业数据模型模板库（BoX）根植于 iDME，帮助行业化的数据模型得以加速构建。利用工业数据模型模板库（BoX）的功能，号召行业各有识之士共同建设和丰富行业数据模型模板库，繁荣工业软件的数据生态。

工业数据模型模板库（BoX）将不同领域可重用的工业数据管理数据模型、数据服务 API、业务规则、业务流程、业务界面等进行抽象，并整合成通用的工业数据模型模板库（BoX）。通过使用模板库，用户可方便快捷地导入各种模板，创建基于模型驱动的工业数据管理应用标准模块，再根据用户实际业务调整模型参数，即可快速定制化出最终用户所需的工业数据管理应用。工业数据模型模板库（BoX）的功能架构如图 4-4 所示。

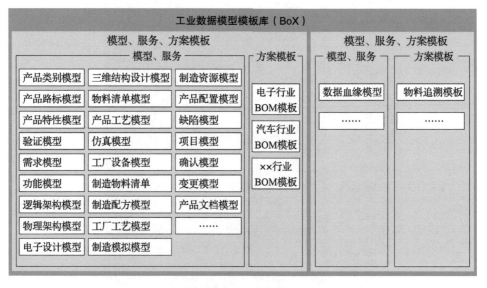

图 4-4　工业数据模型模板库（BoX）的功能架构

在产品全生命周期管理过程中，人们以 BOM（Bill of Material，物料清单模型）、BoP（Bill of Process，工艺清单）、BoQ（Bill of Quotation，报价单）等来命名不同领域具有树形结构特征的结构化业务对象数据模型。在 iDME 中，将其含义引申为各领域（X 代表各领域）的关键业务对象数据模型、数据服务接口及其他数据模型驱动相关的模板库。在 BoX 目前预置的关键业务对象见表 4-1。

表 4-1　BoX 目前预置的关键业务对象

序号	BoX	BoX 缩写	BoX 描述
1	Bill of Product Category 产品类别模型	BoPc	代表一组要提供给市场的类似产品模型
2	Bill of Roadmap 产品路标模型	BoRo	向外部/内部利益相关者传达产品开发方向和进展的行动计划的模型
3	Bill of Feature 产品特性模型	BoFe	产品的重要品质或能力，从最终用户的角度描述产品特性的模型
4	Bill of Verification 验证模型	BoVy	一组将系统或系统元素与所需特性进行比较的活动。这包括但不限于特定要求、设计说明和系统本身的验证模型 验证是指通过实验，或者实物证据对产品或样品与要求规格规范一致性评价的过程
5	Bill of Requirement 需求模型	BoR	描述系统或组织需求的数字化、格式化载体的模型。定义系统需要满足的所有类型需求的数字化、格式化，以及需求分析方法的模型化，包括利益相关者需求和所有的内部需求，以及相应需求的测试用例等
6	Bill of Function 功能模型	BoF	对产品行为进行抽象建模，定义系统为满足需求所需提供的功能与服务，定义系统功能的输入、输出及功能间的关系等
7	Bill of Logic 逻辑架构模型	BoLo	定义系统逻辑架构、系统接口及接口间的连接关系。从组件设计着手，描述需求与可能性之间达到平衡的最佳逻辑解决方案，定义了产品组件及它们之间的交互关系
8	Bill of Physical 物理架构模型	BoPy	描述要求与可能性之间达到平衡的最佳物理解决方案。物理架构定义了产品的具体构件及它们之间的交互关系
9	Bill of Electronic 电子设计模型	BoEc	集成了电子开发过程所需实现的电子物理设计模型
10	Bill of 3D 三维结构设计模型	Bo3D	使用 CAD 软件涉及的产品三维结构设计模型
11	Bill of Material 物料清单模型	BOM	对象（半成品或成品）的正式结构化列表模型

（续）

序号	BoX	BoX 缩写	BoX 描述
12	Bill of Process for Product 产品工艺模型	产品 BoP	研发用来开发和维护系统及相关产品的一组活动、方法、实践和转换的清单
13	Bill of Simulation 仿真模型	BoSim	基于产品结构树及仿真专业等不同纬度组织，并管理仿真模型中材料、工况、载荷等关键设定的仿真数据相关模型
14	Bill of Validation 确认模型	BoVa	与产品"适合用途"的主观判断的确认过程相关的模型。确认（Validation）是指确认批准，依据验证得到的结果其有效性与预先的要求规范规格是否一致，并予以批准释放
15	Bill of Equipment 工厂设备模型	BoEq	与产品制造业工厂相关的模型，包括产线、设备等
16	Bill of Material for Manufacture 制造物料清单	MBOM	与用于制造使用的物料清单相关的模型
17	Bill of Resource 制造资源模型	BoRs	与生产制造所使用的资源相关的模型，包括工具、人员技能等清单
18	Bill of Recipe 制造配方模型	BoRe	与产品制造使用的配方相关的模型
19	Bill of Process for Manufacture 工厂工艺模型	工厂 BoP	制造来开发和维护系统及相关产品的一组活动、方法、实践和转换的清单相关模型
20	Bill of Configuration 产品配置模型	BoC	与产品配置相关的模型。产品配置是指对预先定义的可配置产品的组件进行组合，并满足用户需求，最终得到一个用户满意的产品过程
21	Bill of Project 项目模型	BoPr	与项目管理类相关的模型，例如工作 / 任务清单等
22	Bill of Defect 缺陷模型	BoDf	与缺陷相关的模型。缺陷是指产品在实现特定功能上的能力受到的限制障碍
23	Bill of Delta Change 变更模型	BoDc	对产品的规格进行变更的相关模型
24	Bill of Product Document 产品文档模型	BoPd	产品有关文档及其管理的信息

　　在工业数据模型模板库（BoX）里，我们会首先定义工业数据的标准，将标准通过"面向对象"的数据管理方法，解构成 BoX 中的功能。用户可以从标准入手，利用 BoX 在各行业落地成各种专业化的数据模板，如汽车行业模板、电子行业模板、家电行业模板、装备制造行业模板等。从标准到落地还需要大量的人力投入。如果能有各行业工业数据模型模板库做支持，那么各领域、各场景、各行业建设自身的工业数据管理能力，就可以直接通过导入模板，再调整丰富和做一些扩展，就可以完成行业特定的数据模型的构建。这也是工业数据模型模板库（BoX）具备开放性与不断演进的发展潜力的表现。

第二节　工业经验的根：工业基础资源库和工艺包，加速工业经验共享与创新

工业基础数据承载了工业百年积累的工业知识、经验和 Know-How，是支撑企业市场竞争力的战略资源。

通过行业调研发现，很多企业都有一定的工业基础数据积累，但是只在企业内部或有限的范围内进行共享，导致大部分数据都是重复建设，内容不一，质量也参差不齐。若是能有一个集成了行业通用的数据的共享数据平台，那么大部分企业就可以拿来即用，节省成本的同时也提高了应用效率。

如何在保障数据安全的情况下，既能快速积累一定数量和质量的数据，又能使国内工业企业升级，还能助力国产工业软件的竞争？"众人拾柴火焰高"，通过政策、资金或商业吸引行业内企业加强数据共享；通过大型企业能力外溢和行业专家的知识显性化，联合共建标准化、可信、海量的工业基础数据库，让工业知识资源化；通过构建一系列数据服务能力，让工业知识软件化，结合"云+AI+大数据"等新技术，可以让数据找到人，并通过定义共赢的商业模式，让参与方可获取利益，从而使生态可提供数据，用户愿意使用数据，让数据具备生命力。基于我国工业具备产业链齐全、成熟的消费者和消费市场等优势，让平台集生态优势为一体，通过产业牵引、政策引导、生态合力一定能达成目标。

一、工业知识不断积淀，形成工业场景所需基础资源库

工业界经验丰富的老师傅们都是非常受企业欢迎的，他们把在行业里多年积累的工业知识都融合到了自身能力当中，老师傅可能就代表了其企业的主要核心能力。同理，企业中老师傅的离开会让企业整体能力下降一级，特别是随着全球生育率降低、人口老龄化严重、人力成本飙升、招工越来越困难的情况下，老师傅越来越重要，但是面对市场的诱惑及老师傅们年龄会变大而无法继续工作的风险，如何快速培养新人同时将企业的经验有效传承下去，已经成为很多企业关注的事情了。

将经验沉淀下来并将其显性化，再将工业知识资源化或工业知识软件化，以数据/模型/软件/工具等方式传递给相应的人群，可让新人站在老人的肩膀上，快速获取到想要的信息，汲取营养快速成长。

工业软件是工业技能、知识、流程的程序化封装与复用，但是仅仅只有工业软件是不行的，只有融合了已将工业知识资源化的工业基础资源库才是完整的。工业软件与工业基础资源库犹如人体与人脑所承载的经验和诀窍，只有熟练掌握

众多老师傅的经验和诀窍的人，才能成为行业领军专家。

那么究竟什么是工业基础资源库呢？它具备哪些特征？为了便于大家理解，在此整理了 4 个关键特征来定义它。

1. 行业共性、基础性的工业数据

工业基础资源库的内容聚焦在行业共性的工业基础数据，对于你要建、我要建、他要建的数据内容都可以纳入其建设体系中，内容形式不限，可以是文本数据也可以是专业模型，服务于工业企业的上下游。它聚焦于共性、基础性的工业知识，因为共性代表着多数人的需求，代表着用户群体的基数较大，大部分用户愿意去使用它。基础性代表着数据的开放性及可供应性，很多企业是可以提供的。有了工业基础资源库，可减少行业内的重复建设，增加数据的透明性和集中性，有利于数据的推广与使用，有助于数据映射的工业品实物的推广与销售。

2. 集成工业 Know-How 的数据

工业基础资源库不是无序的工业基础数据堆积，而是融合了工业 Know-How。它可以来源于企业标准、行业标准、国家标准或国际标准，它也可以是通过实践或经验整理得到的，这些工业 Know-How 具备很强的应用性和影响力，具有应用性强、接受度高等特性。它们清晰且标准化定义了每个工业对象及参数的描述和关系，如电子元器件需要物理参数、电气参数、包装参数等，而每类电子元器件需要的参数属性是有区别的，如片式电容封装比较简单，物理参数中的尺寸聚焦于本体和焊端的长高宽，而 BGA 类的电子元器件还需要关注焊球的大小、间距、材质等。这些带有工业 Know-How 的特性会根据工业品类型不同而差异化表达出来，并封装成模板嵌入在平台中，让同一类工业品在不同人员的操作下可以确保语言表达的一致性和信息录入的一致性，使得同一类工业品的工业基础资源库信息维度是一致的。

3. 已经标准化且可以拿来即用的数据

工业基础资源库的内容能以专业模型、文档、字段、图片等各种格式呈现，用户（包含软件、工具）不需要通过代码开发或者数据处理便可以直接使用这些数据。工业基础资源库是处于稳定状态的，不是实时变化的，具备版本管理能力和可追溯性，如电子元器件在印刷电路板布线（PCB layout）设计时就被表达成了一个封装库（footprint），在原理图设计时呈现的就是一个符号库（Symbol），在单板 3D 模型阶段则呈现为电子元器件 3D 模型。这些数据表达的格式能被上层的工

业软件和平台调用，而电子元器件在加工过程中产生的数据是变化的，不具备通用性、复制性、实用性，则不合适作为工业基础资源库使用，如 QFN 型电子元器件在封装注塑过程中产生的流速、压强等数据。

4. 精准的、经常检验和更新的数据

每个数据都有产生的时间也有失效的时刻，是有生命周期的。传统的商业数据的生命状态不准确可能会影响商业结果，但是工业数据的不准确性除了影响商业结果外，可能还会导致严重的工业事故，因此保障工业基础资源库的准确性尤为关键，否则就容易会造成设计或加工问题，且更易出现批量事故。需要建立一定的数据质量审核、责任机制及反馈机制来保障数据的质量，以确保数据是可信的，就需要通过商业驱动让数据的上下游帮助数据动态刷新和优化，使数据可及时更新或纠正，以实现数据如同流动的清水，流水不腐，生命力旺盛。

围绕以上特征并基于电子、家电、汽车和装备行业的通用共性需求，基于 MBSE、EDA、CAD、CAE、CAM、CAPP/MOM 等工业软件，目前识别了 28 类工业基础资源库，见表 4-2。未来随着行业的扩展，工业基础资源库的范围也会同步更新。

表 4-2　资源库名称及其应用领域

序号	库名称	应用领域	序号	库名称	应用领域
1	元器件 3D 库	机电协同	15	仿真基础材料库	仿真
2	Symbol 库	原理图设计	16	渲染材质库	工业渲染
3	封装库	PCB 版图设计	17	原辅料库	设计及加工
4	钢网开口库	钢网设计	18	零部件 3D 库	设计及加工
5	EDA 仿真模型库	EDA 仿真	19	模具库	设计及加工
6	元器件工艺信息库	制造加工	20	机器人库	设计及加工
7	工艺参数库	制造加工	21	设备库	设计及加工
8	特征加工流程库	制造加工	22	刀具库	设计及加工
9	参数公式库	制造加工	23	人体模型库	设计及加工
10	工程数据表库	制造加工	24	工艺装备库	设计及加工
11	公差与配合库	设计及加工	25	符号库	设计及加工
12	DFM 规则库	设计及加工	26	通用基础器件库	系统仿真
13	检验特性库	制造加工	27	机电产品模型库	系统仿真
14	算法库	设计及加工	28	知识库	设计及加工

二、国外巨头抢抓机遇，已率先构建领先工业基础资源库

国外企业对工业数据的重视度要远远超过国内企业，美国在 20 世纪 60 年代就建立了旨在通过促进信息交换来寻求减少甚至消除资源消耗的 GIDEP（政府行

业数据交换计划），以增进政府与工业界之间的伙伴关系。国外企业大部分在 20 世纪 90 年代开始逐步构建行业需要的工业基础资源库，助力行业的能力提升，如非标准自动化行业需要的机电零部件 3D 库、CAE 软件需要的仿真基础材料库、电子领域需要的电子元器件库等。通过 20 多年的积累，这些企业大都已发展成行业里面的翘楚和标杆，具备很强的全球影响力，并且将数据与工业软件集成，扩大了数据的价值，其中部分企业已被大型工业软件厂商收购，以拓展自身业务和能力。其中比较典型的有 CADENAS、Granta 和 Supplyframe 三家企业。

1. 零部件管理隐形冠军 CADENAS 依靠海量 3D 标准模型，通过生态合作在 CAD 领域独领风骚

CADENAS 于 1992 年在德国成立，目前有超过 4 千万个模型，年度下载量大于 7 亿次，主要有零部件数据管理系统 PARTsolutions 和产品电子目录 eCATALOGsolutions 两款产品，其中 PARTsolutions 是针对工程师和采购部门的解决方案，使他们能快速找到外购件和标准件，从而缩减和控制零部件数量，有效降低在设计阶段的生产成本；eCATALOGsolutions 是面向零部件生产商的解决方案，可制作产品 CAD 模型目录和促进市场推广。

CADENAS 标准定义的模型数据目前可支持超过 150 种不同格式的通用 CAD 系统 3D CAD 模型，且自行开发 3D 模型智能搜索工具，西门子已将其集成到其电子 / 电气设计 Capital 软件中，以实现 CAD 组件快速搜索。CADENAS 目前与 CAD 工业软件头部企业都有合作，如国外的 SOLIDWORKS 公司和国内的中望公司，并且与零部件商城也有合作，如国外的米思米公司和国内的怡合达公司。CADENAS 是连接零部件生产商和零部件使用者及采购商的桥梁和纽带，在机电设计领域共享行业知识资源，帮助工程师聚焦于产品的创新设计，再通过多维度的流量入口组合吸引用户使用平台里面的模型数据实现商业营收。

2. 材料数据智能管理软件 Granta 拥有丰富的材料数据，在行业里面具有霸主的地位

Granta 属于工业软件公司 ANSYS，能够将可靠的材料数据与高层研究人员所拥有的材料知识、信息、经验进行结合，构建具有竞争力的材料数据库。目前该软件覆盖上百万种材料，涵盖了材料全生命周期需要的关键数据内容，联合测试机构或企业用户进行材料参数复核确定，确保底层数据的准确性。该软件数据与 CAD、CAE 及 PLM 等工业软件集成，使企业避免浪费材料，节省研发投资，缩短研发时间；同时开发场景化的应用工具，以支持可视化对比分析，帮助客户

准确挑选出重要的材料数据，并针对客户的不同业务需求，提供最佳模型，为企业的整体优化提供支撑，也支持厂家自定义。Granta 希望通过将最优的材料与上层工业软件结合，实现产品最优设计，打造出最优的产品。

3. 电子产品价值链变革者 Supplyframe 被西门子花巨资收购，助力西门子数字化工业软件形成更完整的闭环

Supplyframe（四方维）于 2003 年在美国加州成立，致力于电子元件供应商、分销商和制造商的互动方式创新，旨在连接全球电子市场的价值链。经过近二十年的发展，该公司通过自主研发及收购等方式已有 70 多个产品，覆盖全球的工程资源（如电子元器件模型库、元器件搜索引擎、覆盖设计与供应的解决方案 SaaS 软件和在线社区）。2019 年，该公司收购了全球领先的电子行业二维和三维 CAD 模型供应商 Samacsys（包含符号、PCB 封装图与 3D 模型，共计数据 1500 多万条）。

Supplyframe 通过获取并利用数十亿个设计意图、需求、供应和风险因素等进行市场和产业情报分析，帮助客户降低成本，提高敏捷性，并做出正确的决策。西门子于 2021 年花费 7 亿美元收购了 Supplyframe，使西门子这个"工业机器人"具备了敏锐的触角，助力它"以制造为中心"的工业 4.0 生产系统早日实现。

三、集生态优势为一体，共建共享加速基础资源库建设

全球领先的工业基础资源库基本都集中在欧美并有多年的积累。与国外相比，国内工业基础资源库的厂商起步晚，大部分在 2005 年后才逐步意识到经验数据共享化的重要性，开始系统性逐步构建不同领域的工业基础资源库，但是截止到目前除了个别企业在零件 3D 模型库已积累达到千万级，其他类型的共享级工业基础资源库都是在万级左右，且都存在数据标准不统一、质量参差不齐、通用性低等问题，经营状况也不理想。

国内企业通过在行业中围绕特定场景和特定客户进行商业拓展，如将资源库作为工业软件的功能亮点进行营销，但实际内容少且与市场实际信息脱节，准确性和实用性较差。我国从 2019 年开始已经意识到数据平台化的重要性，颁布多个指导意见和纲要，推进数据资源整合和开放共享，整个环境已经在逐渐改变，但是行业内部缺少领头羊，政策落地效果差，基本各自作战，重复建设，无法形成行业影响力，更无法跟国外的工业基础资源库厂商进行竞争。当前，国内工业基础资源库的软件厂商的现状是要不与国外厂商合作，要不自己构建独有的数据模型，无法共享。为了解决此问题，需要国内整个产业链联合起来进行工业基础资源库（包含 IT 功能和数据建设）的共建共享，集中工业软件生态的优势，通过商

业闭环带动关联方的积极性（如原料或零部件的生产商将自己的产品工业规格数据放到平台上），并基于工业软件的需求和平台的主要用户完善数据内容（包含不限于产品规格参数、场景化的工业模型和数据模型、共性的工业知识等），有专人负责数据质量的保障，数据模型集成在工业软件中可直接调用，方便用户在设计中通过工业软件就能找到所需的物料或零部件，实现设计定义采购，从而带动工业品的销售，从源、建、管、用、销等投入比进行商业分成，让关联方都能享受到数据的价值，形成良性循环，让更多的生态伙伴参与进来。

为了让工业软件平台更有黏性和竞争力，数据质量要有保障、平台体验要好且有黏性、用户群体愿意主动去消费数据，以确保有源源不断的可靠的数据源。通过构建"搜索＋信息＋电子商务＋服务"，让产品 SaaS 化，并与工业软件实现集成，提供相应的数据服务，让数据能"主动"找人，使工业数据发挥最大价值。工业基础资源库在工业软件云平台中的位置和作用如图 4-5 所示。

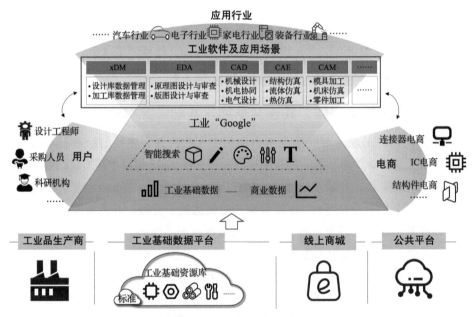

图 4-5　工业基础资源库在工业软件云平台中的位置和作用

1. 按需建设工业软件所需数据资源库，增强工业软件平台黏性

数据建设的对象确定要以工业共性需求为第一优先级，同时要适配工业软件的能力。不同的工业软件所需要的数据对象不一样，要建立对应的数据内容才能支撑对应的软件设计的开展，如 CAD 软件需要 3D 模型，板级 EDA 软件需要原理图符号库和 PCB 封装库，而 CAE 需要网格模型之外还需要仿真材料基础信息。

按照工业软件类型和应用的场景需求来定义建设的数据对象和内容，并将数据集成到工业软件中，可以让工业软件有随处都可使用的数据，再通过软件与数据集成，可增强用户对工业软件的依赖性和黏性。

2. 在同类软件中兼容不同数据格式，最大化既有数据价值

打破工业软件的各自为政，将各个数据格式实现连接，按照软件的类型及关联方联合制定中间的数据格式，通过工具将中间格式转换为已有工业软件可识别的格式，以确保历史积累的数据可以被新的软件产品调用，避免历史数据资产丢失，同时加强国产软件之间的兼容性，让国产工业软件在生态环境中良性竞争，促进国产工业软件的良性发展。

3. 遵循国内外数据标准与规范，确保数据可信且同源

联合行业协会、标准组织及行业领头企业，围绕实际业务场景需求，基于原料或零部件规格结合国际标准、行业标准或企业标准制定数据标准，以确保其权威性和业务可用性，使企业用户能将其转化为实际设计 / 生产 / 销售等能力。针对数据来源多样性制定不同的数据质量保障策略，确保数据在平台中的真实性、准确性。为了更好地使用工业品，同一对象会有多维度的表达方式，必须确保同一对象不同维度的同一参数描述一致，如片式电容有原理图符号库、PCB 封装库、3D 库及结构化的规格参数，片式电容的规格参数中本体长度数值和其 3D 模型中的本体长度值必须是一样的。将同一个工业品所有的工业基础数据集成在一起，实现统一数据源和管理。只有可信的工业基础资源库用于设计、制造、采购等环节，才能让企业用户放心使用，最大程度地将工业数据价值发挥出来。

4. 构建可按角色、按需求、按场景适配的数据管理和服务平台

基于海量的工业基础数据，精准识别用户角色及应用场景，利用 AI 和大数据分析技术，发挥垂直搜索引擎的价值，结合工业数据的特性和类型构建匹配的搜索能力（如围绕 3D 模型的场景构建以图搜图的能力，图的格式包含不限于图片格式、3D 格式、PDF 格式等），并同步构建场景化的工具。工具可从易用性、匹配性及精准性等多维度进行构建，以让不同的客户群体按照角色分类和场景需求高效地找到所需要的数据，数据内容包含规格参数、图纸、模型及价格等。平台可以是 PC 端、移动端或 Web 端，也可集成到对应的工业软件中。通过智能化筛选和过滤，把最精准和最有效的信息提供给用户，主动提供最符合用户需求的搜索功能及服务，实现可实时搜索、查看、分析及协同的工业基础资源库。

5. 定义好商业模式，通过商业驱动实现平台自身良性发展

围绕工业基础资源库参与方的不同角色和利益诉求及工业基础资源库的核心价值，参考工业基础资源库标杆企业并结合国内的生态环境，联合产业链参与方进行平台的商业模式设计，明确权责利，边界清晰，做好协同，让参与方在此平台中都能得到匹配的商业成功，并按照价值收益提供或分享相应的商业成果，使他们愿意主动分享其产品信息至平台中。当企业用户和工业软件得到业务的价值实现时，它们都愿意使用工业基础资源库，成为用户在工业开发及应用中不可或缺的平台。实现数据有人提供，数据有人使用，带动数据如水般流动起来，从而从平台自我驱动地良性发展起来。

四、云工厂活用工业基础资源库，应用价值驱动商业变现

随着工业数字化转型和升级的不断推进，国内工业软件龙头企业的工业能力越来越强，在人才、能力、资源和市场上会产生虹吸效应，从而对工业软件中小企业产生更大的冲击与影响。为了减少此影响，工业软件中小企业就需要聚焦自身独有的领域并发展独有的优势或特长进行市场开拓，云工厂模式＋工业基础资源库可以助力其达成目标。

云工厂模式定位于服务中小工业软件企业，它是集成设计、仿真、制造、采购等完备的服务体系，通过统一平台化实现产业链的生态资源聚集和融合，带动整个产业链的全方位智能化发展。工业基础资源库是集成了工业产品的基础信息并融入了行业标准的规模性数据平台，标准化了行业通用的数据参数和模型，融合了行业 Know-How，不仅大型企业可以使用它，而且对中小工业软件企业的价值性也更强。云工厂模式不仅降低了中小工业软件企业自行建设平台的成本，还通过行业知识共享提高了它们工业知识的平均水平，也缩短了它们与大型工业软件企业的差距，从而使中小工业软件企业更聚焦在独特能力的价值发挥。云工厂模式对中小工业软件企业应用价值如下。

1. 让设计更简单，更精准定义产品

工业基础资源库通过与工业软件的集成，使用户在设计时就可随时随地调用底层的基础数据，并通过云工厂的海量应用信息，更精准地推荐用户所需的信息，让设计阶段不仅仅只聚焦在设计本身上面，更是可以按照产品的全生命周期去定义和复核设计方案。随着平台应用对象数量的增加和颗粒度细化，利用大数据、AI 技术、云计算，逐步可以实现最优设计方案的快速推荐或者方案的自主寻优，让设计变得更为简单且有竞争力，创新产品更具备差异性和竞争力。

2. 设计与制造融合，可以实现制造数字化和自动化

工业基础资源库包含了数据的全生命周期关键参数，涵盖了产品的设计、制造及服务等环节，且数据之间可实现关联，如电子元器件的封装库和其 3D 模型坐标定义是一致的，在机电协同设计时二者可以准确地实现映射与关联，同时电子元器件的 3D 模型考虑了贴片机的吸嘴位置信息，可以在设计时进行虚拟验证，检查是否存在干涉或贴片机吸嘴无法下落的问题。在设计阶段基于标准化同源的工业基础资源库即可准确地完成制造的虚拟验证，再通过上层设计文件的标准定义和匹配的应用工具集成，让设计文件快速且准确转换为制造需要的机器文件，此过程不需要人员参与，从而避免了传统模式下制造工艺人员需要手工转换设计文件容易出错的问题，真正做到设计与制造融合，从而缩短了加工的周期，节省了成本。

3. 让工业验证数据，让数据反哺工业，让数据更有生命力

数据在制造侧的应用效果与实际的加工工艺相结合，涉及材料、设备、规格、来料等多维度的影响。虽然在标准制定方面已结合了行业或企业的经验或者成果，但是相对来说实际数据的应用能力是有限的，而通过云工厂模式后，数据的质量可以快速得到海量的验证并精准反馈结果，从而可更有针对性地对数据进行优化或者差异化设计，让数据更适配工业的应用场景，提升加工的良率和效率，实现良性循环。数据的应用质量得到验证，便于数据发挥更大的价值，如机器学习后推荐的设计方案更容易被设计公司或人员认可。

4. 让采购实现智能化，让用户快速找到合适的采购件

工业基础资源库中除了工业数据之外，还包含了用户在使用平台应用数据的信息，如查看的频率、下载的次数、关注的内容及销售的数量，通过开发有针对性的工具可按照行业、区域等维度并结合用户需求和定位进行精准推荐，不仅能找到满足产品需求的采购件，还能从价格、可供应性、供货周期、可替代性等维度方便用户进行采购件的综合分析，从而快速找到合适的采购件。

第三节　工业软件的根：内核引擎技术，使能工业软件强大健壮

内核引擎技术由多种技术组成，铸就了工业软件生存与发展的强大根基。

几何建模引擎位于工业软件产业链上游，是模型之根基；几何约束求解引擎自动计算模型各元素之间约束关系，是工业形体定型之根基；数据转换引擎是不同工业软件系统之间数据解析及重构之根基；几何前处理和网格剖分引擎是 CAE

仿真过程真实有解之根基；高性能数值计算引擎是工业软件具有大型集群超大规模算力的根基；模型轻量化引擎是工业软件跨平台移动化应用之根基；工业图形渲染引擎是工业场景可视化逼真展现之根基。

一、几何建模引擎

在工业设计制造领域，基本的设计制造过程是工程师将设计好的几何模型或图纸交给生产人员进行加工制造。几何模型需要通过几何建模软件设计并绘制，几何模型的质量和精度完全由建模软件决定。几何建模引擎是几何建模软件的核心，就像汽车的发动机一样，代表了软件功能的上限。几何建模引擎中封装了各种建模功能的实现算法及管理机制，用户通过点击建模软件中的命令，调用引擎中的相关算法，实现建模命令等一系列操作。

几何建模引擎是整个工业软件产业链的最顶端，是各种工业设计、分析、加工软件产品的技术核心，被广泛应用于面向机械、汽车、船舶、航空航天、建筑、机加工等行业应用的工业软件系统的开发。成熟的 CAD\CAM\CAE\BIM 等研发设计类工业软件平台必须建立在成熟强大的几何建模引擎的基础之上。

1. 几何建模引擎简介

几何建模是采用数字化模型表示几何的过程，包括几何信息和拓扑（Topology）信息。任何几何图形都由点、线、面要素组成，这些要素的坐标和形状等称为几何信息，要素之间的邻接或相切等位置关系称为拓扑信息。几何建模引擎提供建立、存储并处理几何模型等共性基础能力，对外提供接口以方便上层 CAD 软件构建几何模型和几何模型的前处理等。图 4-6 所示为几何建模引擎的功能流程示意图。

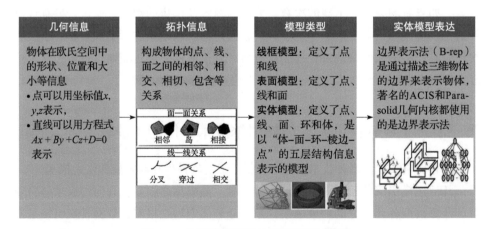

图 4-6　几何建模引擎的功能流程示意图

20世纪90年代，国外主流厂商已经完成了几何建模引擎布局，掌握了一到两种自主可控、功能完善且被市场验证的几何建模引擎，确保自身在竞争中能继续保持优势地位。目前世界上相对知名的且应用较为广泛的内核，基本由国外工业软件巨头垄断，例如，1）德国西门子的Parasolid内核。它在行业的应用广泛，行业认可度高，集成了130多家软件供应商的产品，同步建模在业界处于领先地位。2）法国达索的CGM及ACIS内核。CGM内核在曲面的建模和造型能力业界领先。ACIS内核可提供高质量3D应用程序开发框架，已在350多个应用程序中得到成功运用。3）法国CapGemini的OCC内核。它通过开源被大量集成。

国内也在几何建模领域有了一定的研究积累及应用，如中望软件的Overdrive内核、华天软件的DGM内核等。不过，国产几何引擎在功能完整度、产品稳定性、能力边界、技术组件化等方面尚有待完善，目前仅在少数几个领域、平台及项目中得到了部分应用。几何引擎是制约国产研发设计类工业软件发展的因素之一。

2. 几何建模引擎关键技术

几何建模引擎的能力边界是衡量其强弱的一个重要技术指标，直接决定了其上层应用系统的设计能力及稳定性，是整个产品的核心能力。几何建模引擎是对建模数据的支撑及基于建模数据的各种建模算法的实现，它支持：1）面向工业设计的各种几何对象的数据创建和拓扑结构的表达；2）基础数学算法、基于几何对象和拓扑结构的基础几何算法和高级建模算法；3）多系统数据交互及数据修复；4）面向离散制造业、BIM及流程工厂等不同行业复杂场景的建模能力。成熟的几何建模引擎不仅需要计算准确，而且还要满足计算精度的要求，同时还需要有成熟的容错机制以及对模型构造历史信息的管理。一个强大可靠的几何建模引擎应能够支撑建模软件实现复杂的建模操作，得到高质量稳定的建模结果。它包括的关键技术如下。

（1）几何对象的数据表达与创建技术

三维几何对象的数据定义与创建能力是三维几何建模技术的数据基础和基础能力之一。从数学定义和对三维CAD系统的研究分析来看，三维几何对象经历了多个发展过程，也存在多样化的几何对象，它们都对应了不同的工业设计需求。现有几何建模引擎一般是基于统一NURBS（非均匀有理B样条）表达来实现曲线及曲面的创建，这样能够统一管理几何表达模型，如图4-7所示。

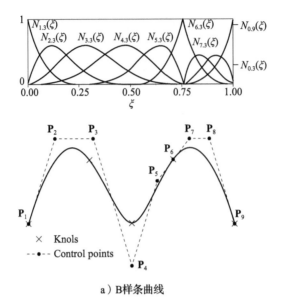

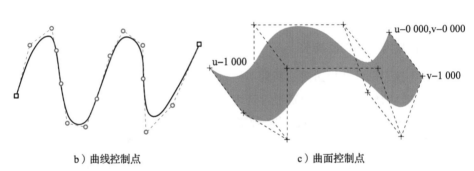

a）B样条曲线

b）曲线控制点   c）曲面控制点

图 4-7　几何表达与创建

（2）几何算法库实现

三维几何对象构成了几何建模引擎的底层数据基础，基于三维几何对象实现各种典型的几何算法是构建一个三维几何建模引擎的基础之一，也是该三维几何建模技术的核心算法库之一。几何算法库中典型的几何算法包括：1）各种基础的数学运算；2）基于多类型几何曲线表达的基础几何运算；3）基于多类型几何曲面表达的基础几何算法支持；4）基于曲线和曲面的高级算法支持。

（3）拓扑关系表达技术

在计算机中表达三维世界实体模型的常用方法是构造实体几何法（Constructive Solid Geometry，CSG）与边界表示法（Boundary Representation，B-rep），其中边界表示法被国际主流的几何内核引擎广泛采用。边界表示法是实现三维实体建模的一种方法，通过描述包络边界，间接表达三维实体。在三维欧氏空间里，零件实体占据了一部分空间。这部分有材料的封闭子空间与周围的空间以边界表面（Boundary Face）区分。只要记录这一系列相互连接的表面以及其朝外方向，即可以完整表达零件实体的形状。因此，为了表达图中的曲面顶方块，最终计算机内存或硬盘保存的是6张曲面以及它们之间的邻接关系，如图4-8所示。表面之间的邻接关系又称为拓扑关系，这是边界表示法中的核心信息。

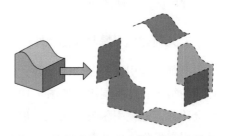

图 4-8　边界表示法、实体与边界的关系

（4）三维建模技术

三维建模技术是工业设计中的常见技术之一，广泛用于通用机械设计、各种零配件设计等。三维建模技术及其能力边界是衡量一个几何建模引擎及系统的基础技术指标之一。建模算法的实现通常是基于底层实现的各种几何算法和基础拓扑的操作、构建和优化各种建模算法，如图4-9所示。三维建模技术基于多类型建模算法的实现，从而支持应用层各种建模操作。

基础几何体创建	拉伸	旋转	布尔
双轨实体放样	杆状实体扫掠	扭转偏移拉伸	圆角
方形包络体	拔模	加厚	……

图 4-9　常用的三维建模功能

几何建模引擎是国产工业软件的根技术组件，除了要实现核心技术的研发突

破外，还应具备通用性和良好的可拓展性，支持多平台，适配国内外主流操作系统、处理器等硬件，支持云部署，满足广泛应用及技术发展的需要，助力打造良性发展的国产软件产业生态。

3. 几何建模引擎与其他软件的关系

几何建模引擎是整个工业设计软件最为关键的能力组件之一，会被工业设计环节的很多软件所调用，如图 4-10 所示。CAD/CAE/CAPP/CAM 等软件应用系统都会跟几何建模引擎发生关联，形成直接的调用关系。同时，几何建模引擎会与其他引擎发生一定的数据交换关系，如几何建模引擎在零件和结构件进行具体的拉伸、形变操作时，需要使用约束求解引擎的能力。

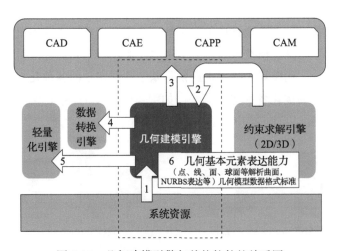

图 4-10　几何建模引擎与其他软件的关系图

4. 国内几何建模引擎的发展趋势

（1）持续提升通用性和可拓展性

一方面，参照国外主流几何建模引擎在绝大多数软件中成功应用的经验，国内几何建模引擎在发展过程中，对建模功能的定义正在从与特定工业行业强耦合逐步向基于提供原子级别建模工具转变，以提高行业应用覆盖率和通过不断迭代架构设计以达到更好的拓展性。另一方面，鉴于国内电子信息行业的快速发展，国内几何建模引擎正在积极地进行国内新生硬件平台和操作系统方面的支持工作。

（2）坚守基本场景，进军复杂应用场景

国内几何建模引擎在简单场景、非大型系统性工程中已有多年的应用经验，但在复杂场景建模的精度系统设计、建模能力的边界和嵌入复杂系统方面存在不足。国内厂商在守住几何建模基本盘的基础上，持续加大研发投入，提升功能的健壮性，同时持续从汽车、船舶、航天领域等复杂场景中的外围区逐步向核心功能区渗透，弥补不足，逐步打破国外几何建模引擎在高端设计制造行业的垄断。

（3）积极探索几何建模新技术

传统的几何内核采用边界面表达与可裁剪非有理样条几何来共同定义，并提供基于这类表达的上下游几何建模计算。近年来，国内几何建模引擎厂商积极拥抱新的几何表达，采用 T- 样条、T- 样条网格等来表达几何和几何计算方法，比如代数几何、隐式化方法等。此外，在高校与研究机构中，针对几何建模的新方法研究相较于国外更为活跃，产学研互动也更为频繁。

二、几何约束求解引擎

CAD 的设计本质上是约束满足问题，即根据给定功能、结构的约束描述来求得满足设计要求的设计模型。在建模软件广泛采取参数化表达的背景下，几何约束求解引擎作为参数化设计的关键技术，被广泛应用在草图轮廓表达、零件建模参数表达、装配约束以及碰撞检查等场景中，为快速确定设计意图表达、干涉检查、运动模拟提供了强有力的支持，可帮助用户提高生产效率。

1. 几何约束求解引擎简介

几何约束求解引擎也是研发设计工业软件的关键组件之一，是 CAD/CAM 系统的核心组成部件，广泛应用在草图轮廓表达、零件建模参数表达、装配约束以及碰撞检查等场景中（见图 4-11），为快速确定设计意图、干涉检查、运动模拟提供了强有力的支持，可帮助用户提高生产效率。

二维/三维草图绘制	几何约束表达	几何约束计算求解	运动仿真验证
用户使用一组参数来约定尺寸关系，通过添加、修改参数来绘制、修改模型	建立几何体之间的约束关系，包括平行、重合、共线、同心、相切、对称、距离等	在给定一组功能和一组约束的情况下，产生一个或一组计算解（模型的位置以及几何参数的调整建议）	提供图表或者几何运动动画，表达位移、空间占用情况等，验证几何约束求解计算结果的正确性。例如，装配仿真

图 4-11 几何约束求解引擎应用场景

　　几何约束求解可以理解为几何作图和计算的自动化，软件系统依据给定的设计草图尺寸和拓扑关系自动生成相应的设计图。几何约束求解引擎定义并储存了模型各元素之间的约束关系，可加速模型的构建；在几何作图和计算的自动化中给定了设计草图的若干尺寸和拓扑约束关系，几何约束引擎将约束元素的平面或空间相对位置关系，自动生成相应的设计图。

　　几何约束求解引擎是公认的 CAD 参数化设计的关键技术，其技术难度大，可靠性要求极高，目前被国外垄断。自英国剑桥大学 Owen 教授创办 D-Cubed 公司开发约束求解器 DCM 以来，长期占据求解器市场垄断地位。DCM 市场并不大，但其在产业发展中属于"卡脖子"工程。为了在竞争中保持优势地位，西门子公司于 2006 年全资收购了 D-Cubed，引发了业内震动，DCM 也逐渐成为最成功的商用几何约束求解引擎，占据 70% 市场。达索则收购了几何引擎 ACIS 和多领域约束融合技术公司 Dymola，实现了几何建模与功能建模的融合，在多领域融合引擎技术上占得了先机，并推出了 CATIA V6 3D EXPERIENCE。在西门子公司收购 DCM 后，AutoDesk 在新一代云 CAD 开发中，抛弃了 DCM，自行开发几何约束引擎 VCS。

　　国内的 CAD 和 CAE 软件厂商，绝大多数使用国外几何约束求解引擎，其中以使用 D-Cubed 2D/3D DCM 产品居多。国内的 CAX 厂商也结合自身的实际或是引进国外技术进行深入开发或是独立自主研发出了相应的几何约束求解引擎。但是国内已有的约束求解引擎，受限于开发厂商产品本身的适用范围和市场占有率的局限，通常仅在少数几个领域得到了应用。

2. 几何约束求解引擎关键技术

　　几何约束求解引擎约束定义了几何元素之间的关系，在数学上是一个线性或非线性方程。几何约束系统在数学上看是一个非线性方程组，几何约束求解本质上就是非线性方程组的求解问题。因此，几何约束求解引擎应至少包括以下两个关键技术。

　　（1）底层数学算法库支持技术

　　求解约束的本质是解方程组。一般来说，除了比较简单的方程组可以用线性方法求解，其他情况下求解的都是非线性方程。约束求解中用到的线性算法主要是矩阵的分解算法，用于求解方程组的解。求解方程组时需要分解矩阵，需要根据矩阵的特点选择不同的分解变换算法，约束求解器需要提供常用的矩阵分解算法如 QR 分解、高斯约旦分解，针对被分解矩阵的特点还需要提供不同的矩阵变换算法如 Householder 变换和 Givens 变换等。

线性算法求解的结果可能偏移最优解很远，这时需要用非线性算法优化，在线性算法单次求解的基础上迭代寻优。约束求解器需要提供常用的牛顿迭代法、LM算法等。

除了上述算法，在求解拖拽操作时还需要用到积分算法，比如龙格库塔方法中的ODE23、ODE45，这需要求解器提供相应的积分算法，并根据求解的初值、步长选择积分算法。

（2）基于多种求解模式的求解框架技术

针对不同的应用场景需求，几何约束求解引擎通常可以支持不同模式的求解，主要包括一般求解模式、诊断求解模式、动态求解模式、自动约束模式、自动标注模式。在诊断求解模式下，约束引擎可以进行自由度分析（包括良约束分析、欠约束分析和过约束分析），可以对欠约束几何进一步分析几何对象当前的自由度。在动态求解模式下，存在位置移动的几何会被特殊处理，通过积分方法跟踪鼠标移动，保证求解过程中几何移动的鼠标跟随性。自动约束模式与自动标注模式会使用基础约束与尺寸标注，根据几何之间的位置结构关系自动建立几何约束与尺寸标注，简化用户的工作量，并且更改基础约束和标注产生的影响也较小，保证了求解后几何位置的最小变化。

3. 几何约束求解引擎与其他软件的关系

目前，CAD类工业软件是多个技术的综合应用，比如，CAD和CAE涉及几何建模、几何约束求解、数值运算、模型轻量化、网格剖分、前后处理、图形渲染等技术。几何约束求解引擎是支持CAD应用的基础引擎之一，它工作在操作系统之上，为CAD等应用场景提供基础能力，它们之间的关系如图4-12所示。

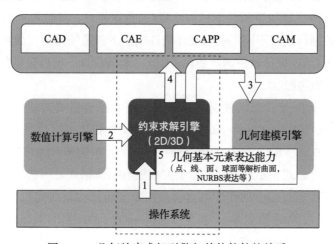

图4-12　几何约束求解引擎与其他软件的关系

4. 几何约束求解引擎发展趋势

（1）更加关注与 CAD 技术间的共通点

国内约束引擎厂商已经充分认识到，约束求解引擎需要结合国内 CAD 产业发展的需要，与 CAD 产业共同持续研发迭代，并让约束引擎与建模引擎有更多的互动，从而提炼出更多的共通底层技术，提升研发效率。几何约束求解引擎使用了大量的矩阵运算、数值算法、样条几何运算、图论算法等，而这些技术在 CAD 中也有着广泛的应用。

（2）积极探索新技术与新应用

几何约束引擎的研发是一个复合学科的问题。现在厂商也认识到，约束求解技术并不仅仅是在微分和代数领域的恰定方程系统求解问题，而在工业智能的背景下，还需要更广泛环境中的几何约束求解问题。尤其是在多领域约束融合的设计领域，约束求解技术已从面向几何建模的静态几何约束求解（代数方程系统）迈向面向功能建模的广泛联合动力学系统求解，实现向多领域约束融合方向发展。

三、数据转换引擎

1. 数据转换引擎简介

工业数据是工业软件的核心输入和产出，数据转换是指利用工具或调用接口将工业设计软件产生的不同格式的 3D 模型、2D 图纸文件，通过数据解析、信息提取、数据转换、数据修复等步骤进行相互转换的过程。目前，产品全生命周期设计、分析、制造一体化协同的趋势日益显著，但由于各软件的底层数据表达形式不一致，无法直接传递和共享异构 CAD 的数据格式，导致协同设计过程的数据流中断。数据转换在不同厂家的设计软件或上下游系统之间完成数据流转及信息交换，这在 CAD 设计软件国产替代、工艺/制造仿真、模型轻量化展示等场景中是必不可少的功能。

从数据源头区分，三维数据分为第三方商业私有格式数据（CATIA、NX、Creo、SOLIDWORKS、Revit、AutoCAD 等）和中性标准格式数据（STEP、IGES、STL、DWG、DXF、SAT）。3D 设计软件品牌和版本众多，大多数主流 CAD 设计软件均有私有格式，不对外开放，要完成所有主流格式之间的转换具有较大挑战。目前，主要通过现有的商业数据转换引擎实现异构系统间私有数据的交互，并由此形成了成熟的商业第三方库，如 InterOP、Datakit、TransMagic、Hoops Exchange 等。中性标准格式是国际标准组织制定的一系列数据交换标准，从通用性和兼容性角度，中性格式描述包含了基础的几何拓扑信息、属性信息、三维标注信息等。商业 CAD 设计软件一般都支持多种中性文件的数据交换。但中性格式无法涵盖所有场景，其支持的数据类型、数据内容存在一定限制，如 IGES 不能表示参数、约束、特征、PMI、装配等，STEP 也没有表达参数化、特征建模历史等相关数据，这导致设计意图在中性格式中存在部分缺失。

2. 数据转换关键技术

数据转换引擎是随着 CAD/CAE/CAM/CAPP 发展起来，其应用场景比较成熟。数据转换技术的关键是对不同系统之间的 3D 数据的解析及重构，从解析的质量到解析的效率都存在一系列的关键技术及难点。

（1）统一管线处理技术（Pipeline）

不论是第三方私有格式还是中性格式，每种数据格式的拓扑结构都有相应的规则。统一管线处理技术能够实现将其他数据格式的拓扑数据转换成符合一定规则的拓扑数据。拓扑规则常见的差异有数据格式描述面的边界、环的定义、环的封闭性等。统一的管线处理技术是以面为单位进行处理，输入是底层曲面和曲面的边界曲线，这些数据都是 NURBS 数据。根据输入，对于周期性曲面，通过旋转，避免边界曲线出现跨接缝或极的情况，从而避免额外的面分割；如果输入的曲面边界曲线是三维的，那么需要把这些边界曲线投影到对应曲面的参数空间中，并且根据二维参数曲线，生成符合要求的环。该部分会对数据进行一些修复（延长、裁剪等），增加新的二维边界曲线，将一个环分成多个环，对环进行分类（区分内外环）等，从而实现对不同 3D 格式的统一解析。

（2）关联导入技术

协同合作越来越重要。关联导入如图 4-13 所示。上游用户使用 CAD 软件绘制图纸，然后将图纸发送给下游用户；下游用户使用 ZW3D 导入图纸，进行编辑。这时，上游用户发现原图纸需要修改，也进行了编辑，并将编辑好的图纸发送给下游用户。对于下游用户来说，传统做法只能是导入上游用户修改后的图纸，再在新导入的图纸上重新进行编辑；而关联导入技术可以实现自动合并上游用户的修改，避免了重复工作。关联导入技术的核心是利用 CAD 图纸中的永久命名。CAD 软件的任何对象都会存在一个唯一的永久命名，不同软件的永久命名机制不同，但都能保证唯一性。关联导入技术就是把两个 CAD 系统的永久命名关联起来，通过这种关联，自动实现合并操作。很显然，如果上下游用户同时操作同一个对象，那么合并就会冲突，但这不妨碍不冲突部分的合并。

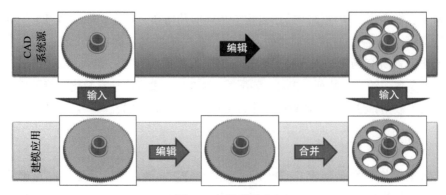

图 4-13   关联导入

（3）容差模型导入技术

容差模型如图 4-14 所示，左边是精确模型，右边是容差模型。由于容差模型的顶点和边存在局部容差，所以如果按照常规的以面为单位导入再缝合的逻辑，无法得到一个实体。容差模型导入技术是在导入时，利用原始模型的拓扑信息，记录原始边和原始顶点信息，缝合时首先根据记录的原始信息，进行顶点和边的合并，从而形成一个符合容差规则的完整实体，以更好地支持后续的模型设计及更改。

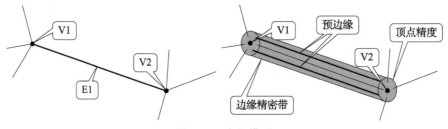

图 4-14   容差模型

（4）并行导入技术

对于大型的模型文件，采用高效智能分配的多处理 / 多线程技术，将各子块数据内容进行并行转换，这样就可以利用多核 / 多线程并行处理，大幅提升数据导入和转换速度。关键技术是对模型文件的结构进行智能的分组 / 分块、拼装、组合技术；要能将文件分成独立可处理的组 / 块，并且利用多核 / 多线程技术并行处理后，还需要将转换结果进行拼装，得到最终完整的数据模型。

3. 未来发展趋势

随着工业设计软件的不断发展和国产化替代的推动，云、AI、并行计算等技术日趋成熟，数据转换引擎的技术发展集中在利用新兴技术提升软件性能和体验方面。一方面使用商业巨头软件数据格式的壁垒越来越大，历史包袱也越来越重。从国产化替代以及业务连续性角度，急需实现异构系统数据之间带参转换。对于当前 3D 模型来说，设计参数（草图、特征、属性等）的保留有助于设计师之间的交流和协同，也是 3D 模型数据共享的关键支撑；要实现设计参数的保留，需要有支持设计参数交换的数据文件格式定义以及相应的数据交换技术方案，并且在不同软件和系统间支持定义好的技术规范。另一方面，特征识别是数据转换的重要技术，分为基于边界匹配和基于立体分解的特征识别方法。这些识别方法仅仅利用零件实体进行特征识别，较少考虑其他设计语义信息如特征信息、属性信息等。随着深度学习等 AI 技术的不断完善和发展，基于深度学习的特征识别技术逐渐成为研究热点。

四、几何前处理和网格剖分引擎

网格离散化是 CAE 仿真的基本思想，通过对几何模型的网格离散化，将复杂结构用简单结构的集合来替代，将无解的方程变成有解方程的集合，从而让任意复杂结构的物理问题变得有解。通过完成物理场求解和计算结果的处理，获取分析对象的物理量分布，最终达到对复杂工程问题的分析、模拟、预测、评价和优化。在这个过程中，网格质量和属性决定了数值计算的精度和效率。

网格离散化属于前处理范畴，主要包含几何前处理和网格剖分。几何前处理需要提供针对 CAE 多学科的几何建模和几何清理功能，其处理能力直接影响网格剖分的效率和质量。网格剖分是 CAE 仿真前处理过程中的关键环节，网格生成的鲁棒性、效率与网格质量直接关系到后续求解计算能否成功。几何前处理和网格剖分引擎就是实现上述逻辑的核心软件模块。

1. 几何前处理和网格剖分引擎的发展现状

网格剖分的算法和技术经过几十年的发展，已取得许多重要成果，形成了独特的方法论体系。网格剖分算法研究有如下特点。

- 与其他研究领域一样，网格剖分算法也经历了一个进化过程，一些算法的研究与应用出现停滞，而另外一些算法则不断深入、完善和发展，成为适应性强、应用范围广泛的通用方法；此外，高阶数值方法、等几何分析等新型数值计算框架的提出，为网格生成提出了新的研究课题和挑战。
- 研究重点从理想几何的网格剖分转移到"脏几何"的缺陷检测、缺陷缝补算法相结合的复杂几何剖分问题。
- 从三角形网格自动生成到四边形网格自动生成，从四面体网格自动生成转移到六面体网格、多面体网格自动生成。

- 随着处理问题的复杂化，相应地在并行网格生成、自适应网格生成、基于网格质量检查的网格优化等方面亦取得许多重大进展。

- 由于具有优异的几何适应性与工程适应性，二维 / 三维非结构化网格生成在 CAE 领域仍然占据主导地位，该算法在网格质量、性能、规模，以及可靠性与协同性等方面仍然有许多难点需要努力克服。例如，快速四边形网格生成、复杂曲线 / 曲面协同网格生成、复杂多体网格协调生成、多尺度多腔室四面体网格生成、高可靠边界恢复算法等。

实际工业产品的构型复杂、细节特征多且大概率存在几何缺陷，而求解器要求高质量的网格，不同的学科对网格有不同的要求，如何针对复杂构型高效率地生成求解器可接受的高质量网格至今仍是巨大挑战。

从表 4-3 和表 4-4 所示的 CAE 前后处理软件 / 网格剖分引擎现状，可以看出国产工业软件水平大幅落后于国际，在隐藏于各大工业软件背后的核心引擎方面更是完全空白。网格剖分引擎作为 CAE 仿真的核心，由于开发难度大、研发投入高，国内目前尚未形成专门的网格剖分引擎可供各类软件技术公司使用。其中大部分国产仿真软件技术公司，主要通过外部技术合作，少部分自主研发网格划分方法，以支撑其仿真应用。

表 4-3　国外 CAE 前后处理软件 / 网格剖分引擎现状

国外前后处理软件 / 网格剖分引擎	优点	缺点
HyperMesh	• 以结构网格为主，也可以通用于流体、声学、电磁等学科 • 特别适用于工业复杂模型的网格处理 • 几何修复 + 网格剖分强交互、网格手动编辑是核心优势 • 支持基于几何特征的网格流程化剖分技术 • 支持基于几何直接生成中面网格的技术 • 模型 Morphing 网格变形技术 • 焊点、焊缝、胶粘、螺栓等各类连接的快速构建能力 • 提供数十种几何模型接口、数十种 CAE 求解器接口	• 面网格剖分方面，Hyper-Mesh 剖分网格速度要明显比 ANSA 要慢 • 流体网格能力低于 ANSA
ANSA	• 支持结构和流体网格，也可用于声学、电磁学科 • 几何清理、修复及构型简单方便 • 网格与几何相关联 • 具有丰富的连接管理器，能方便地处理有限元模型的各种连接 • 对显卡要求低	• 对于曲面比较复杂的几何，ANSA 很难控制质量

（续）

国外前后处理软件／网格剖分引擎	优点	缺点
ICEM CFD	● 流体软件，也可用于结构、声学、电磁等学科 ● 四面体网格自动化程度较高 ● 独特地映射技术的六面体网格剖分功能 ● 支持针对"脏几何"的包面网格	● 虽然 ICEM 提供了几何创建的功能，但是操作性能与专业 CAD 软件相比稍显逊色
Fluent Meshing	● 流体网格 ● 具备极为高效的体网格生成技术 ● 基于马赛克技术的 Poly-Hexcore 体网格生成方法，能够使六面体网格与多面体网格实现共节点连接（即无接口面） ● 支持针对"脏几何"的包面网格	● 局限于流体网格
Ansys Meshing	● 能够为不同的物理场（结构、流体、电磁、声学等）提供网格 ● 自动化网格剖分工具，能够生成四面体网格、六面体网格、棱柱体网格、笛卡尔网格	● 手动和自动的网格编辑和自动化优化功能弱 ● 处理有限元各种连接的能力弱

表 4-4　国内 CAE 前后处理软件／网格剖分引擎现状

国内前后处理软件／网格剖分引擎	优点	缺点
安世亚太 PERA SIM PreCFD	● 流体网格软件 ● 针对大规模、结构复杂的几何模型能够快速自动化生成网格 ● 支持针对"脏几何"的包面网格	● 几何修复功能较弱
大连理工 MeshGeneV5	● 在复杂组合曲面网格生成、复杂流形／非流形几何体四面体网格生成方面最有很大优势，达到国际领先水平 ● 结构化网格生成方面，基于叶状结构、亚纯微分、等数学理论，在复杂拓扑模型上能够生成高质量的网格	● 四面体网格生成效率与国际水平有差距
浙江大学算法库 TIGER	● 支持几何处理、表面网格生成、附面层网格生成、四面体网格生成、单元疏密控制	
杭州电子科技大学理论研究	● 重点研究确保特征多约束高质量四边形结构网格自动生成、六面体网格奇异结构简化、高阶网格生成、各向异性网格生成、网格处理与优化	● 主要为理论研究
上海格宇 ArcherMesh	● 结构网格软件 ● 具有一定的几何清理、修复和简化工具功能，并发展了基于离散几何的容错修复技术 ● 在国内 EDA 产品研发方面，实现了正交六面体占优的全自动网格生成算法及多层级的网格压印技术等	● 缺陷几何的自动化处理较差，主要使用于结构网格

正视挑战，直面未来，我们需要从根本上解决网格剖分引擎的"卡脖子"问题。从用户中来，利用系统验证，回到用户中去，通过用户试验及工程结果进行验证，确认网格剖分算法可靠性和鲁棒性，真正做到满足用户真实工程需求。从

软件工程角度，通过逐一实现网格剖分需要的复杂算法并进行抽象与封装，为通用或专用网格剖分软件产品的开发提供核心基础底层支撑，最终形成网格剖分引擎标准接口，为工业软件的系统化和标准化发展提供基础支持。

2. 几何前处理功能介绍

为了提高网格剖分的速度和质量，需要支持几何前处理操作。几何前处理主要包含面向 CAE 仿真的通用几何建模、面向 CAE 仿真物理场的专业几何建模、几何修复与简化等功能。面向 CAE 仿真的通用几何建模功能包括直接建模、草图构建、三维特征建模、标准几何运算等。面向 CAE 仿真物理场的专业几何建模包含针对结构学科的焊点、焊缝、抽梁、抽中面等、面向流体学科的包围盒和连通域抽取、面向电磁学科的空气域抽取等操作。几何修复与简化功能包含对细缝、狭长面、重复边、缺失面、搭接面等缺陷进行检测和识别，对孔洞、倒角、凸台、法兰边等小特征进行检查以及对以上缺陷和特征的清理与简化。

虚几何提供一种修改模型拓扑但不影响底层几何表示且不改变原始实体模型的方案，包含合并和分割几何以及产生新的虚几何实体的能力，虚几何操作通常被用于调整拓扑以满足映射（mapping）、子映射（sub-mapping）、扫略（sweeping）网格生成方案（见图 4-15）。应用虚几何的优势之一就是所有操作都是可逆的。应用虚几何修改命令，修改后原始实体模型拓扑容易恢复。应用虚几何，一旦模型被网格化，虚几何可以被删除。虚几何的特性极大地增强了几何前处理的能力和灵活性。

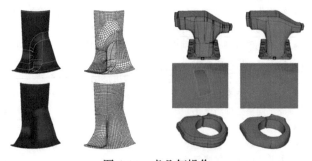

图 4-15　虚几何操作

3. 网格剖分功能介绍

网格剖分是前处理的核心功能，主要包含网格控制、通用网格剖分、专业网格剖分、网格编辑优化、网格质量检查等。网格引擎需要搭建核心网格剖分功能接口，在纵深方向解决网格剖分的通用和关键问题，同时在广度方向上，允许接入第三方网格算法，以保证扩展性和包容性。以下从网格剖分核心功能介绍网格剖分引擎的组成。

（1）网格剖分控制

对于网格剖分控制，其算法能够支持渐变网格剖分，具备多种可选偏置方式。根据仿真分析的需求，网格能够疏密有致。此外，需要具备全局和局部网格控制参数，对于大多数区域，通过全局参数设置，便可实现较为理想的网格剖分。而对于其他曲率变化较大，易出现应力集中的位置，需要通过局部网格控制实现较为细密的网格剖分。

（2）通用网格剖分

在工业领域的数值仿真分析中，复杂的多物理场系统通常包括点、线、面和体。这就要求网格剖分引擎具备对各个维度的结构和物理场离散的功能，且对网格剖分的要求不一样。对于面模型，需要支持四边形网格、三角形网格以及这两种混合的网格生成方式；对于体模型，网格剖分引擎需要支持四面体网格、六面体网格、多面体网格、金字塔网格及混合网格；同时还有流体学科所需的各向异性附面层网格等。

工业模型通常是比较复杂的几何模型，包含直线、曲线、平面、空间任意曲面、三维任意几何形状（比如流形 / 非流形、多尺度、多腔室几何模型）以及这些组合和装配体等。网格剖分需要满足各类行业工业产品的复杂拓扑结构，通用网格技术示例如图 4-16 所示。

图 4-16　通用网格技术示例

（3）专业网格剖分

针对结构、流体、电磁等特定场景提供专用网格，如结构中孔洞周围创建垫圈型混合网格、流体中的附面层网格、"脏几何"的包面网格、叶轮机械专用多面体网格。专用网格技术示例如图 4-17 所示。

（4）网格编辑优化

对于复杂结构的网格剖分并不能确保一次成功。网格剖分引擎还应考虑必要的网格编辑及优化技术、具体包括网格交互编辑与修补、网格一维 / 二维 / 三维转换技术、网格重构技术、网格光顺平滑技术、自适应网格调整技术，以及网格变形功能。

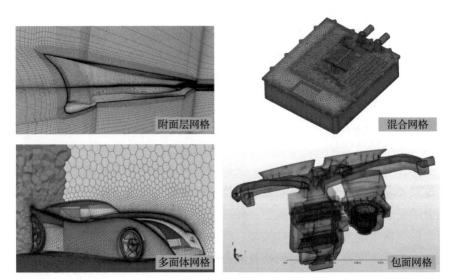

图 4-17　专业网格技术示例

工业模型通常是大型复杂结构装配体，往往由多个零部件构成。各零部件之间的连接关系复杂，需要具备网格连接、匹配建模功能以及网格协调共节点能力。此外，由于工业模型尺寸巨大、结构复杂，还存在多尺度问题等，需要千万级、上亿级且高效率的网格剖分能力和并行网格生成能力。

（5）网格质量检查

网格剖分完成后，需要提供网格质量评估功能对网格进行质量检查，以验证网格是否达到所需的仿真要求。一套网格在一组边界条件和载荷下给出了好结果，但在另一组边界条件和载荷下可能给出糟糕结果，因此，需要提供不同的网格质量度量，每个度量评估单元的不同特征，也就是说以不同的度量对网格质量进行评估。此外，还要对网格其他信息进行检查，比如网格穿透、网格重叠等，以确保生成的网格满足要求。

综上所述，几何前处理和网格剖分引擎组成了 CAE 前处理。为了推动国产软件拓展更多工业场景，需要集中精力解决复杂几何的清理与修复、高质量多学科网格剖分及引擎，形成面向 CAE 前处理的通用基础能力，以缩短国产工业软件的差距。

五、高性能数值计算引擎

高性能数值计算引擎是工业软件的核心计算模块，提供工业软件所需的矩阵、向量等基础数据结构，定义工业软件底层的数据和接口。它通过矩阵向量运算、线性方程组求解、非线性方程组求解、时间离散、最优化以及区域分解等基础算法，可实现 CAD/CAE 软件在结构、流体、电磁以及多物理场耦合等众多仿真领域的建模与计算分析。

如果把工业软件看成是一个机器人，那么高性能数值计算引擎就是机器人的芯片大脑，负责整个工业软件链条中的高性能数值计算与分析。工业领域的业务发展对工业软件提出了更高的诉求，例如，如何实现覆盖整个业务场景的系统级仿真？如何开展推演应用场景的全生命周期仿真？如何提供指导工艺设计的高精度数字化仿真？针对上述业务发展的诉求和痛点，工业软件中的高性能数值计算引擎难点在于如何利用计算资源和硬件提高仿真的计算效率和计算精度。

原始的单机计算受到计算资源和硬件的限制，只能处理零件级别的简单模型。高性能计算引擎将工业软件高效地移植到大型集群上，通过优化的并行计算架构高效地调度集群计算资源，能够接收并处理超大规模整装模型的数据，使得系统级的业务场景仿真成为可能。另外，高性能计算带来了计算效率跨数量级的提升和计算时间的大大缩短，从而可实现应用场景的全生命周期仿真。工艺设计领域大都是高精尖的制造装备，这些精密装备需要严格的高精度的数据支撑，借助高性能计算引擎，充分利用计算资源提高计算速度的优势，以及更高精度的并行算法与数字化仿真，为工艺设计提供真实可靠的数据并应用到工艺设计的数字化仿真流程中。

高性能数值计算引擎作为工业软件的芯片大脑，对不同数值模型的计算能力直接决定了 CAD/CAE 软件在结构、流体、电磁等众多领域仿真计算的精度和计算效率。单一的算法只是针对某种问题的基础实现，无法满足工业软件对于不同场景的数值计算需求，不具备跨平台下的统一适配与异构并行架构，解决不了复杂模型中出现的奇异和病态矩阵问题，且算法的稳定性以及计算精度与效率也都达不到工程应用的级别。

1. 高性能数值计算引擎的发展

国外成熟行业的仿真软件在数值算法应用领域和解决问题类型方面各有独特优势，其中 ANSYS、ABAQUS 和 COMSOL 等几款代表性的大型通用软件在核心数值算法上具有较好的收敛性和稳定性。ANSYS 提供稀疏直接求解法和迭代法求解大型稀疏矩阵，还提供非线性方程求解的牛顿 – 拉夫森法以及支持非对称求解的非对称法，这些算法支持共享内存和分布式并行。ABAQUS 具有隐式求解器、显式求解器和并行求解器，提供直接线性方程求解器、迭代线性方程求解器等，以及增量法、直接迭代法、牛顿 – 拉夫森法、Riks 弧长法等非线性算法。

COMSOL 集成了 MUMPS、PARDISO 和 SPOOLES 等直接法求解器和 GMERS、FGMRES、BiCGSTAB、CG 等迭代法求解器，支持 ILU、SOR 等多种预条件器。利用 ARPACK 可进行特征值计算和非线性问题的牛顿迭代法等。

国外的数值仿真起步较早，很多大型的科研院所开发了数值算法的开源库，例如 BLAS、LAPACK、Intel MKL、SuperLU、MUMPS、Petsc、Trilinos 等，这些开源库在国内外的科研和工程领域得到了广泛的应用。

BLAS 最早发布于 1979 年，用 Fortran 语言编写，可进行向量和矩阵等基本线性代数操作，是许多数值计算软件库的核心。BLAS 库在高性能计算中被广泛应用，由此衍生出大量优化版本，如 Intel MKL、AMD ACML、Goto BLAS 和 ATLAS 以及利用 GPU 计算技术实现的 CUBLAS 等。

LAPACK 提供了求解线性方程组的矩阵分解（LU、Cholesky、QR、SVD、Schur 等）、最小二乘、特征值求解、奇异值问题的函数库，可处理稠密矩阵和带状矩阵。Intel MKL 是一套高度优化和广泛线程化的数学库，提供 C 语言和 Fortran 语言接口，在英特尔硬件上具备很好的多线程计算效率。

Petsc、Trilinos 是美国国家能源部的开源项目，用于偏微分方程模型的科学应用可扩展（并行）解决方案的开源库，支持 MPI 和 GPU（CUDA&OpenCL）以及混合 MPI-GPU 并行，包含大量的并行线性和非线性求解器、ODE 积分、Tao 优化等，支持 Fortran 语言、C 语言、C++ 语言编程。它在结构、流体、声学、材料等领域广泛应用。

国内的 CAD/CAE 软件自主工业化程度越来越高，仿真软件在结构、流体、电磁等专业领域获取得了较大的进展，计算精度和计算效率有了很大的提高。国产软件在高性能数值计算上取得的长足进步和发展大都得益于第三方开源库优越的计算性能与友好的使用方式。国内的 CAE 软件在数值计算求解器方面还处在集成开源软件与解决某一特定问题的算法层面，未形成一套完整的支持各学科仿真计算的高性能数值计算引擎，大型稀疏矩阵求解、矩阵奇异与病态矩阵、算法稳定性与收敛性以及并行计算与 GPU 加速等问题还有待解决。

2. 计算引擎的核心技术

高性能数值计算引擎作为工业软件的计算内核，为 CAD/CAE 等仿真软件提供底层的基础数据结构和求解算法调用。它需要具备支撑数据和算法实现的基础框架、底层的基本数据结构与并行、系统数据 I/O 与统一接口，以及包含直接法、迭代法、预处理、ODE、特征值求解、函数插值、非线性等核心数值算法，是一个完备的可扩展的工业软件科学计算库。高性能数值计算引擎核心技术如图 4-18 所示。

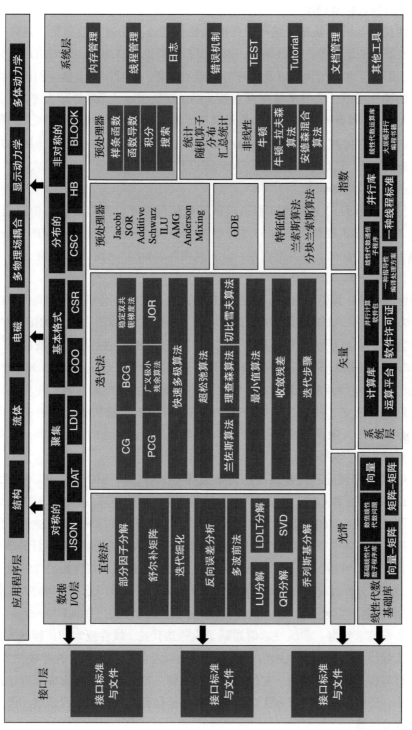

图 4-18 高性能数值计算引擎核心技术

（1）线性代数基础库

线性代数基础库是基于国产硬件的线性代数计算中通用的向量、矩阵数据结构以及基本的运算操作函数集合。函数根据不同的运算对象包含对应的向量线性运算、矩阵与向量的运算以及矩阵与矩阵的运算。基础库定义标注的函数接口及统一的操作规范，支持单精度浮点数（S）、双精度浮点数（D）、复数（C）和 16 位复数（Z）等数据类型，可以使用稠密矩阵、带状矩阵、对称矩阵、对称带状矩阵、压缩存储对称矩阵、Hemmitian 矩阵、带状 Hemmitian 矩阵、压缩存储 Hemmitian 矩阵、三角矩阵、三角带状矩阵以及压缩存储三角矩阵等格式。

（2）并行计算基础库

并行基础库针对大规模方程组求解实现矩阵分区、矩阵重排、矩阵组装、线程管理、分布式通信以及异构并行等功能模块，提供支持 OpenMP、thread、MPI、CUDA、OpenCL 等共享内存、分布式内存与异构并行的编程环境。

（3）数值求解算法

高性能数值计算引擎的中间层是 CAD/CAE 等软件计算分析过程的具体算法实现，算法基于底层的基础数据结构，提供可供工业软件直接调用的统一的接口方式。

- 直接法。直接法分为高斯消去法、三角分解法、追赶法与多波前法。直接法利用 LU 分解、Cholesky 分解、LDLT 分解、QR 分解、Schur 分解、SVD 分解等矩阵分解方法，对工业软件仿真问题中的对称、非对称、正定、非正定、稀疏、稠密矩阵进行求解计算。直接法占用和消耗较大内存。对于大规模线性方程组得到的系数矩阵，迭代法的适用性和计算效率远远大于直接法。

- 迭代法与预处理。常用的迭代法包含 CG、PCG、BICGSTAB、GMRES、FGMERES 和 QMR 等。对于复杂模型产生的病态矩阵，迭代求解方法结合预处理器（SSOR、ILU、GMG、AMG 等）对矩阵进行预处理，通过降低矩阵的条件数来提高病态或大规模系数矩阵迭代求解的收敛速度和计算效率。

- 特征值求解器。特征值求解器应用在电磁学、机械、结构振动等领域，通过求解方程对应的特征值和特征向量解决模态分析等问题，常用的方法包含 QR 分解、兰索斯算法（Lanczos）和分块兰索斯算法（Block Lanczos）等。

- 非线性求解器。非线性求解器基于牛顿迭代法（线性搜索和信赖域方法），依赖线性求解器解决结构、流体、电磁以及多物理场耦合的非线性方程、材料以及接触等问题。它包含牛顿、牛顿－拉夫森、安德森混合等迭代方法，还包括线性搜索方法以及与非线性迭代计算相关的迭代步数、误差与收敛性等。

另外，中间算法层还提供区域管理、时间积分、最优化、ODE、函数差值与统计等算法，可增加高性能数值计算引擎在工业软件中的通用性。

3. 高性能计算引擎的挑战

随着仿真技术与计算机硬件的不断发展，每秒数十亿次运算的计算机与机群系统出现，数值计算领域的问题趋向于高度非线性与大规模化，高性能计算用来处理工业软件在仿真、建模、计算和渲染等环节中的计算密集型任务。

（1）共享内存

单一的工作站通过共享内存方式进行多线程计算，计算内核通过内存的全局地址访问内存，利用多个处理器的性能实现工业软件的加速计算。共享内存方式支持 CPU 端的 OpenMP、Pthread 与 GPU 端的 OpenCL、CUDA、OpenAcc 等编程模式。

（2）分布式并行

多节点机群通过网络连接，相互协同完成任务。每个节点只访问本地内存和存储，节点之间的信息交互与节点本身的处理是并行进行的。通过区域分解、节点通信等算法将大规模矩阵计算转化为多个子任务分发给各个节点，分布式并行支持 MPI 编程模式，可以求解数值仿真的 E 级计算问题。

（3）异构加速计算

随着 GPU 的不断发展，GPU 在计算密集型任务中体现了超高的计算优势。当前，CPU 与 GPU 的异构体系在工业软件领域已经得到了部分应用，在流体和结构等领域的计算性能都得到了较大提升。下一代高性能计算架构将出现分解架构和异构系统的爆炸式增长，不同的专用处理架构将集成在单个节点中，在模块之间可实现精密、灵活的切换。工业软件的高性能计算引擎也需要同步高性能计算硬件的发展，充分调用和匹配更高性能的硬件架构和计算资源。

高性能数值计算引擎是基于不断发展的超级计算机硬件，将高精度、高效率地实现超大规模的数值仿真计算，使得工业软件可以高速完成整车、整机等问题的全流程仿真，而不是仅仅停留在子零件、子结构的单点仿真。在基础算法层面，需要提高适配国产硬件环境的矩阵向量乘的计算效率，以改进大型稀疏矩阵求解的优化算法与自适应，提高奇异矩阵与病态矩阵的计算稳定性等。另外，高性能数值计算的超大规模计算能力需要达到 E 级甚至更高的计算规模，基于天河一号、天河二号、济南超算等国家超级计算中心以及曙光、华为等国产硬件生态环境，可实现支持不同并行架构体系下的 GPU 加速、异构并行。

六、模型轻量化引擎

在生产制造企业中，设计、仿真、工艺、加工、采购、质检、营销、售后等各种岗位都需要查看产品模型，并基于模型进行各种沟通交流和协同工作，3D 数字化模型贯穿于产品全生命周期的各个环节。

原始三维 CAD 模型文件比较笨重，尤其是大型模型文件（GB 量级），如果将这么笨重的原始格式模型直接应用在产品全生命周期中，会带来诸多问题，例如：原始三维 CAD 模型文件过大，不便于网络传输；非专业人员电脑上没有安装三维 CAD 软件，无法打开模型文件；各种三维 CAD 模型格式繁多，无法打开所有不同文件格式；大型产品模型数据量超大，打开缓慢，操作卡顿；在移动设备上没有软件可以打开原始三维 CAD 模型；将原始三维 CAD 模型发送给外部人员，难以管控数据安全等。在三维 CAE 领域也存在同样的问题，CAE 仿真结果文件往往达到了几个 GB 到十几个 GB 的量级，这么大的数据量对仿真结果存储、仿真结果可视化、仿真报告查看等都带来问题。

模型轻量化引擎可以帮助解决以上问题，它是满足产品全生命周期数字化应用需求的关键核心技术之一。

1. 模型轻量化引擎简介

模型轻量化引擎是指在保留 3D 模型基本信息和保证必要的精确度的前提下，将各种三维 CAD 或 CAE 软件产生的不同格式 3D 模型通过数据提取、处理、压缩等技术转成一种更轻巧的和轻量化文件格式，可更轻便、灵活地显示与应用，以帮助企业实现产品全生命周期三维数据的有效共享和协同。

模型轻量化引擎主要包括模型轻量化转换器（Converter）、模型轻量化查看器（Viewer）。模型轻量化转换器借助数据转换引擎读取各种格式的三维 CAD 或 CAE 模型文件，经过简化和压缩处理后，保留模型中几何拓扑对象的结构和关联信息，并转换生成轻量化模型文件，如图 4-19 所示。模型轻量化查看器可以读取轻量化模型文件，并实现 3D 模型的加载、显示、浏览和交互操作，不再依赖于专业的三维 CAD 或 CAE 软件。

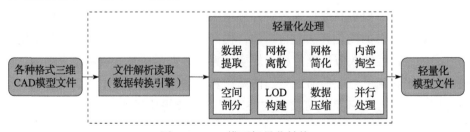

图 4-19　3D 模型轻量化转换

模型轻量化引擎是工业软件和工业云服务平台普遍使用的一种内核引擎，PDM、PLM、CAPP、CAE、CAM、MES、BIM 等工业软件以及云制造、云工厂、3D 打印、工业品电商等工业云服务平台都可以通过调用轻量化引擎实现 3D 模型可视化。如图 4-20 所示为模型轻量化引擎示例。

图 4-20　模型轻量化引擎示例

2. 模型轻量化引擎的技术要求

模型轻量化引擎应满足以下技术要求。

（1）支持各种模型文件格式的轻量化转换

支持各种主流工业软件的模型文件格式，包括 MCAD 软件、ECAD 软件、建筑 BIM 软件、二维 CAD 软件、CAE 软件等。支持各种常用的私有文件格式和中性标准文件格式。

（2）轻量化模型数据定义支持多样性数据表达

工业产品 3D 模型的数据具有多样性，与产品模型相关的数据包括模型结构树、几何、拓扑、属性、尺寸标注、材质、动画等。轻量化模型数据格式定义要求能够支持多样性数据的表达，并支持业务系统自定义扩展数据。

（3）支持高压缩比的模型轻量化转换

轻量化压缩比是指原始三维 CAD 模型文件大小与转换后的轻量化模型文件大小的比例。为了更好地满足网络传输模型和移动端查看模型的需求，要支持高压缩比的轻量化转换，理想的压缩比可达 80 : 1 ～ 100 : 1。

（4）不依赖于三维 CAD 或 CAE 软件，不需要安装任何专业软件 / 插件

模型轻量化转换和模型轻量化查看均不依赖于三维 CAD 或 CAE 软件，而是采用独立的数据转换引擎，可以读取各种模型文件格式。采用最新的 WebGL 技术，直接基于网页浏览器查看 3D 模型，用户不需要安装任何 CAD 软件或插件。

（5）支持多种设备终端，方便用户使用和交流

能够支持各种设备终端上方便查看轻量化模型，包括 PC、iOS 手机、安卓手机、Pad 平板、智慧大屏等。

3. 模型轻量化查看器的主要功能

模型轻量化查看器提供强大的 3D 模型查看和交互功能，包括显示设置、视图操作、结构树、剖切、批注、爆炸、测量、属性、PMI、动画等。

（1）显示设置

支持多种显示模式：带边线上色、上色、线框、隐藏线消除、隐藏线可见、透明等。

（2）视图操作

常规的视图操作包括平移、旋转、缩放、局部放大、缩放到适合视图大小、正交 / 透视投影等。

（3）结构树

可显示与隐藏产品装配结构树；在结构树上可以对零部件进行选取高亮、隐藏、显示；在视图区选中零部件时，结构树对应的节点会高亮显示；可进行部件搜索；在结构树或视图区域选中部件后，具有突出显示、单独显示、隐藏显示、透明显示、属性查看、设置颜色等功能。

（4）剖切

可以单面剖切、多面组合剖切、盒剖切，剖切面任意位置和角度调整，剖切面隐藏 / 显示，反向剖切，剖面视图查看。

（5）爆炸

具有自由爆炸、沿轴向爆炸、分级爆炸、局部爆炸等功能。

（6）批注

具有添加文字、图片、图形、语音批注等功能，可设置批注的形状、颜色、粗细。

（7）测量

具有距离、长度、角度、半径、面积、体积、壁厚、包围盒测量等功能。

（8）属性

可在工具栏、结构树、展示区选中零部件，查看该零部件的 BOM 属性。

（9）PMI（产品制造信息）

在模型中查看三维尺寸和标注信息，可显示或隐藏 PMI 信息。

（10）动画

支持原始模型导出的动画和基于轻量化模型创建的动画播放，提供播放、暂停、循环播放、播放速度调整等操作。

4. 模型轻量化引擎的应用场景

模型轻量化引擎在制造企业的研发设计、工艺规划、生产制造、营销服务等各环节都有广泛的应用场景。

（1）研发设计场景

- 协同评审与技术交流。将模型轻量化引擎应用到协同评审与技术交流中，可实现产品设计模型和仿真模型的在线分享与协作；基于浏览器快速查看轻量化模型，不依赖原始 CAD/CAE 软件。研发设计人员基于产品设计模型，可以方便地与其他设计人员、生产人员、售后技术人员、合作伙伴、客户进行实时沟通和交流，大大提高技术沟通效率和沟通质量。
- PDM/PLM 系统中模型可视化浏览。在 PDM/PLM 系统中，需要支持对不同格式的 3D 模型、2D 图纸进行浏览和查看，项目管理、生产制造、采购、质检等非设计工程师岗位不需要安装原始设计软件即可查看轻量化模型数据，以方便进行设计评审和数据流转。

（2）工艺规划场景

- 工艺规划设计与虚拟仿真。将模型轻量化引擎应用到工艺规划软件中，可实现基于轻量化模型的工艺规划设计、虚拟仿真。在装配工艺软件中规划三维装配工艺路线，模拟仿真三维装配动画、三维线缆管路插件动画；在机加工艺软件中规划三维机加工艺路线；基于复杂机电产品三维数模的工艺规划设计、虚拟仿真。

（3）生产制造场景

- 3D 数字化工厂。基于模型轻量化引擎进行生产线 3D 虚拟装配、设备虚拟试装、虚拟试制、虚拟验证，构建 3D 数字孪生工厂，通过 Web 端和移动端可实时监控工厂设备运转状态，从而实现 3D 可视化的智慧车间和智慧工厂管理模式。
- 云制造服务平台。将模型轻量化引擎应用到云制造、云工厂、3D 打印、技术众包等服务平台中，实现在平台上在线快速查看 3D 模型，基于产品设计模型高效、准确地进行技术沟通并快速报价，提升需求方与服务方对接的效率。模型轻量化引擎主要用于浏览查看、技术沟通和快速报价，而生产制造中还是使用原始三维 CAD 模型。

（4）营销服务场景

- 3D 产品电子手册和产品使用手册。将模型轻量化引擎应用到产品电子手册展示中，使表现力一般的平面电子手册变成直观、逼真、高清、互动、全方位的 3D 数字化产品样本，产品展示则更形象更直观，助力企业产品营销。生成 3D 产品使用手册，指导用户进行产品安装和使用，降低售后服务成本，提高用户满意度和品牌形象。

- 工业品电商平台中的产品 3D 展示。将模型轻量化引擎应用到工业品电商平台中，在商品详情页面植入 3D 展示效果，使商品展示更加形象、生动、直观，买家能更加充分、准确地了解商品的详细信息，用户可以在线进行工业品选型，提升对接的效率，促进产品的线上销售，同时提升产品的品牌形象。

5. 模型轻量化引擎的发展趋势

当前，国内外模型轻量化引擎的发展趋势如下。

（1）从传统的桌面轻量化控件转向基于 Web 浏览器的轻量化引擎

传统的轻量化引擎是基于桌面的控件，用户需要安装相应的控件后才能使用。随着 HTML5 和 WebGL 技术的发展与成熟，在 Web 浏览器上不需要安装控件即可显示 3D 模型。基于 WebGL 的轻量化引擎代表了最先进的技术和方向，不仅适用于各类 Web 浏览器，也适用于移动 App 应用，可支持电脑、手机、平板等多种设备终端。

国内外软件厂商已经推出了多款基于 WebGL 的模型轻量化引擎产品，例如 TechSoft3D 公司的 HOOPS Communicator，Autodesk 公司的 Forge，国内的新迪 3D 轻量化引擎、华天 SView 等，使用 JavaScript 显示引擎可在网页中实现 3D 模型的显示和交互操作。

（2）从传统的单机功能转向云原生的 SaaS

传统的轻量化引擎主要支持单机、单体软件应用，随着工业软件架构逐渐转向云化和 SaaS 化，模型轻量化引擎需要支持云化部署，支持公有云、边缘云、私有云等多种部署方式，并提供 SaaS 化能力。基于云的 SaaS 化，除了考虑轻量化服务功能之外，还需要考虑支持大用户量并发访问，支持弹性伸缩计算。

华为云工业软件开发工具链中集成了多种 SaaS 化能力，其中包括轻量化引擎服务能力，并接入到华为云工业软件 SaaS 中心，可以为工业软件开发者提供模型轻量化转换服务。

（3）呼唤统一的轻量化模型格式标准

目前与 3D 模型表达相关的国际标准有 ISO 10303 STEP 标准、ISO 14306 JT 标准、Khronos glTF 标准等。这些现有国际标准都存在一些不足，不能完全满足基于 Web 和云原生的模型轻量化应用需求。

国内外各厂商都有各自的轻量化模型格式定义，但是格式不公开，缺乏统一的、满足云原生应用需求的轻量化模型数据标准。我国需要建立自主的 3D 模型轻量化格式标准，打破国外 3D 模型标准的垄断，填补国内标准空缺，解决现有格式标准支持表达内容不齐全、不适合 Web 高效传输和渲染等问题，降低研发和数据集成的技术壁垒，实现三维产品模型数据的高效发布、数据共享与协同，促进 3D 模型数据在研发设计、生产制造、营销、服务等领域的深度应用。

目前，广东省数字化学会正在组织开展我国自主开发的模型轻量化格式标准的制订工作。

（4）支持超大规模 3D 模型的轻量化显示和交互

复杂产品装配模型（如飞机整机）、大型楼宇建筑模型包含几十万乃至上百万个零部件，显示面片数可达亿级，所需的网络传输时间长、Web 端加载渲染量巨大，受设备内存和显存的限制，无法加载整个模型到内存中绘制。因此，国内外正在研究超大规模 3D 模型的轻量化技术，建立模型的最优空间分解，以实现流式加载、内外存数据动态调度和渐进式显示；还在研究基于云端的渲染显示技术，以保证模型的显示效率和交互的流畅度，实现超大规模 3D 模型的显示与交互。

七、工业图形渲染引擎

渲染（Rendering）也称为绘制，渲染引擎则是一系列科技计算及逻辑关系算法的集合，是将计算机抽象的模型或场景以及动态数据等转换成直观可见、可形象理解的图形。随着应用场景不断扩展、工业可视化及交互应用的需要，渲染正从非实时向实时渲染应用进阶，以实现工业软件从基础设计、开发应用、仿真分析到孪生全生命周期的应用。

工业图形渲染有别于传统渲染应用需求，更加注重物理现场还原度的完整性、准确性以及工业软件数据实时驱动下呈现的连贯性，这就对渲染引擎底层数据的打通能力及场景快速搭建、融合能力提出了新的要求。

渲染引擎需要同时兼顾视频和音频处理、排序、物体捕捉及跟踪反算、色域转换、网格布尔运算、碰撞检测、动画、烘焙、光效等综合算法，结合不同的应用软件、操作系统、图形学、内存管理、着色语言、GPU 硬件接口、多线程管理等，实现三维图形图像实时渲染。

　　通过兼容不同设计软件格式模型，在原有模型的基础上进行处理、渲染，添加材质、光照、阴影、链接各类实时数据等，最后渲染输出至交互终端。图 4-21 所示为不同材质的渲染效果。

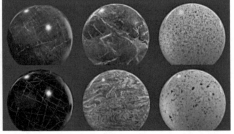

图 4-21　不同材质的渲染效果

　　图 4-22 所示为工业图形渲染应用框架。工业三维图形引擎也是提供建模、渲染与仿真的核心技术平台，支撑数字化显示底层模型数据的搭建。广义的工业图形引擎泛指工业软件领域的几何建模内核以及娱乐领域的动画、游戏建模引擎内核等。在实际的应用中，工业图形引擎处于底层硬件算力资源以及上层应用之间的中间层，它负责通过 3D 图形 API 调用底层算力资源，实现对象的造型建模、图形建模、仿真计算，演化出在泛工业（制造、建筑、特种应用、智慧城市等）场景的丰富应用，它也是三维图形开发领域的"中间件"。

　　随着工业领域对三维图形实时显示技术应用需求的增加，工业领域使用的主流引擎有游戏引擎和 3D GIS 引擎。游戏引擎具有非常优秀的三维图形处理模块、AI 模块、物理模块、渲染模块等。但是，针对主流游戏引擎，国内企业只能通过授权经营方式来使用相关技术，大多数企业基本不具备自主可控的核心技术，只能在国外产品的基础上进行二次开发或生产定制化产品。而 3D GIS 引擎借助优秀的地理信息获取能力可实现 3D 大场景的快速搭建，但是对于工业范围内小颗粒度的设备、产线还原则需要借助第三方建模软件的能力来综合实现。

　　国内现有的三维实时渲染引擎产品主要有两大类别：第一类为部分拥有自主知识产权的三维实时图形渲染引擎，此类引擎是通过开发自主代码构建的，但是对比国外成熟引擎产品，在渲染效果、模型优化处理能力、各类模型格式标准接入、基于现实物理运动的效果展示、数据模型联动显示等模块，都缺乏相应成熟的集成算法；第二类为基于国外引擎的二次封装或开源代码开发引擎，此类引擎并不完全具备自主核心代码，也不能提供标准化的开发接口供第三方应用厂商进行二次开发，产品覆盖领域相对单一，无法提供底层接口进行第三方产品拓展。

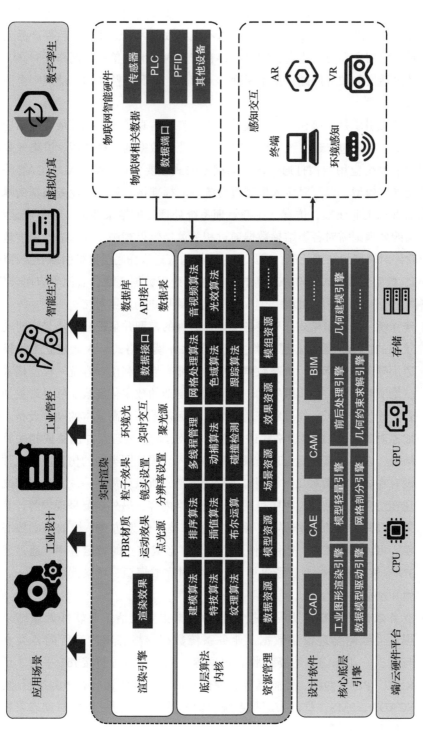

图 4-22　工业图形渲染应用框架

　　长期以来，我国底层渲染引擎算法处理技术及通用软件开发工具等关键技术一直依赖于国外图形引擎及技术平台，这不仅导致国内关键技术及软件产品创新能力不足、使用者学习门槛高，同时也存在产品内容形式单一、制作耗时久、可应用性的灵活度欠缺等问题，技术层面"卡脖子"情况日益加剧，信息安全隐患也日渐凸显。

　　工业渲染引擎是串接相关工业设计软件、科学仿真及可视化等最终显示应用的核心技术，主要包含建立统一的模型格式、业务数据的承接调用、渲染效果的处理以及云原生应用架构打通。统一的模型格式主要负责获取 CAD、CAE 等工业软件建立的模型，以及对接入模型进行统一的标准格式处理；业务数据的承接调用则需继承工业建模、仿真、业务管理系统处理后的结果数据，并集成显示；渲染效果的处理则需对各类结果数据通过相关渲染效果算法，以求最大程度地还原工业软件对模型的结果处理；云原生应用架构打通依托底层渲染引擎各类算法，借助 5G、数字主线、AR/VR/XR 等技术传输、处理数据，融合云原生应用架构，提供各类上层应用调用的 SDK 工具，实现与最终用户的应用对接。

- 建立统一的模型格式。串接各类工业软件的模型并呈现最终场景实时动态状态的渲染，需要实现各类主流工业软件模型格式导入，建立工程模型通用导入格式标准，提高数据与模型的兼容性；利用兼容统一模型格式的三维实时图形渲染引擎驱动，使大型、复杂的数字化场景能够呈现更加符合实际计算结果、物理状态的效果，且无须采用更高成本的硬件设备。例如，对各类 CAD 模型格式进行格式转换、优化处理，并能集成相关算法结果，以及仿真前后处理结果模型的接入。国外同类型的仿真应用软件都没有在渲染层面对几何模型有进阶的调整，所以就需要一款实时引擎来实现在仿真的后处理过程中可视化呈现三维内容，另外还要呈现求解计算结果以及用户交互操作界面。将渲染引擎技术作为仿真系统的基础核心组件，可由其他 CAE 应用软件进行调用，形成独立的特定应用。通过建立 3D 框架标准和模型及场景格式，可实时完成模型、场景读取、写入、编辑和预览。

- 业务数据的承接。所需承接的业务数据主要包括工业软件处理结果数据、边缘侧物理设备数据、业务系统数据、静态物体运行的各类参数与数据，动态物体的姿势状态数据等。例如，通过链接 IoT 平台，运用 RFID、PLC、OID、传感器等软硬件获取物理实体运行态势并进行监测；SCADA、PMS、机器人巡检系统等业务系统，通过三维实时动态可视化呈现系统当前运行状态。

- 渲染效果的处理。对工业软件输出的模型融合渲染算法，以进一步完善纹理、视觉、几何等要求，使其满足真实 3D 场景效果。实时渲染技术用于确认模型化反映物理实体的正确性及有效性。渲染将获取到的物理实体的数据信息在数字世界中进行孪生模型搭建，赋予其与现实物理世界相对应的数学属性、物理属性，并呈现出尽可能真实的视觉效果。
- 云原生应用架构打通。按照云原生架构要求提供可跨平台、多终端适配的图形渲染引擎普适调用组件，可实现各类云端三维可视化通用服务、接口化调用、大规模集成渲染、资产标准化管理、仿真数据与三维模型动态集成、数字化场景快速搭建、仿真预演应用等；还可根据上层应用调用需求，提供各类 SDK 以及特定功能的算法组件，用于组成具有完整功能的应用程序供最终用户使用。

国产工业渲染引擎发展任重而道远，具有建模引擎能力的工业软件厂商以及图形引擎厂商也主要在模型数据搭建环节扮演输出建模能力的角色，而渲染引擎则作为融合模型计算结果数据、物理状态实时显示、业务系统可视化呈现等最终输出展示的核心技术节点。未来工业渲染引擎将更加注重打通与其他工业软件、平台的数据进行文件格式的串联、承接，凭借其实时渲染能力和交互能力，实现工业应用场景的数字化还原及融通。工业渲染引擎作为数字化展示应用的最后一公里，将在工业数字化发展中起到越来越重要的作用。

第四节　工业智能的根：大数据大模型，促进作业提质增效

AI 是一种推动工业软件提质增效、快速迭代发展的强大力量。近年来 AI 与工业软件的融合速度正在加快，尤其是 AI 大模型技术进入实用阶段之后。CAD 融合 AI 技术，可以帮助人类找到人类大脑无法解决的问题的解决方案，创成系列化优秀设计方案；CAM 借助 AI 实现智能刀轨路径技术、智能化工艺参数技术，极大地提升加工质量；EDA 通过机器学习方式快速给出最优布局方案，大幅缩短芯片设计时间，减小版图面积；MOM 与 AI 大模型结合，可以更合理地利用全部资源，实现全流程、全链路协同，提高企业决策水平和竞争力。

一、AI 赋能 CAD，创成式设计自动完成拓扑结构优化

AI 已经进入到人们生活的方方面面，CAD 也不例外，AI 已经在无处不在地改变着整个设计行业。在 CAD 软件中融入 AI 的主要目的是通过智能技术辅助设计工作，使得设计者可以将注意力放在宏观的构思与设计上，而减少在重复性与细节

性的枯燥工作上花费的时间与精力，进而帮助设计者更高效、更精准地完成设计。AI-in-CAD 的远景目标是使设计过程快速化、轻量化、智能化，即缩短设计验证的重复步骤和次数，在给定边界条件的情况下，将设计过程完全或部分自动化，在人类思维模式之外引入计算机思维模式。

1. AI 赋能 CAD 已成为新趋势

早期 CAD 软件主要在自动化以及快速错误检测和解决等方向使用 AI，但目前已经逐渐影响其他多个关键领域，包括几何图形的自动约束、基于当前设计的后续操作预测、基于历史命令的后续操作预测、自适应用户界面、通过手绘图形生成 CAD 草图的快捷设计功能以及创成式设计功能，等等。

欧美的 CAD 厂商也已经陆续推出了各自包含 AI 应用的商业版本。

SOLIDWORKS 在 2018 年便将 AI 整合到了其 XDesign 工具中，帮助工程师在给定任务内创造最佳的形状。使用 XDesign 的草图功能，用户将创建自由形式的草图，然后将设计智能功能应用于这些草图。有了 AI 技术的 XDesign 可以利用设计师输入的信息来提供关于设计形状的建议，它帮助工程师从设计底层几何图形中解脱出来，从而做出更好的决策。

西门子数字化工业软件于 2020 年推出人工智能 CAD 草图绘制技术。新款 NX 草图工具通过改变底层技术，不需要提前定义参数、设计意图与关系的情况下就可绘制草图。通过使用人工智能实时推断关系，用户可以摆脱纸张和徒手绘制。这项技术极大地提高了概念设计草图绘制的灵活性，可以简化使用导入的数据，利用历史数据实现快速设计迭代，并在单一草图内处理成千上万的曲线。

PTC 的 3D CAD 软件自 Creo7.0 版本开始，就包含了使用 AI 优化后的创成式设计技术。它结合了 AI 提供的强大功能，使仿真无缝地接入到日常工作中，设计的零件和产品比传统的 CAD 软件设计的零件和产品更轻、更坚固，使用的材料也少得多。通过将 AI 与工业创造能力结合起来，探索传统和先进的制造技术，以获得差异化的产品，提升生产力和竞争性。

人工智能可以运用强大的知识和推理等功能促进 CAD 产品的开发和设计，从根本上影响了 CAD 系统的使用和实用性，这已经成为未来 CAD 技术发展的新趋势。

2. 命令预测提高设计的易用性和效率

CAD 软件在预测栏中会预先存在一些命令，这些命令可能来自开发者的先验知识，且在工程师不断使用软件进行设计的过程中预测栏中的命令也会不断丰富。在推理预测的过程中，预测栏对不同命令的偏好是明显不同的。使用频率较高的命令和普遍意义上使用频率较高的命令（如直线，拉伸等）更容易出现并长时间出现在预测栏上。

这种特性既可以是模型在训练过程中自然得到的，也可以通过对数据集中不同命令赋予不同权重来实现。用户近期使用较频繁的命令和普遍意义上使用较频繁的指令具有优先级更高的权重。命令预测功能意图追踪用户的操作习惯以动态调整与定制 UI，该功能模块可在设计者使用程序的过程中根据设计者的命令序列进一步对自身模型进行优化，即在用户端继续对模型进行训练。

在使用 CAD 软件进行设计时，设计者使用命令的逻辑不一定是一成不变的。在命令预测功能中如何区别处理不同环境、不同文件下的命令，实现不同环境、不同文件下命令使用逻辑的合理的归类、切换与继承是一个重要的问题。需要根据运行环境的不同，对命令数据进行分类，并且分别对模型进行训练。在不同环境中，设计者第一次打开文件时预测栏预先存在的命令是不同的，同时，当设计者切换设计环境时，预测栏中的命令也会随着改变。而在相同环境中，设计者在不同文件中进行设计时，预测栏中的命令是始终相同的。

3. AI 赋予创成式设计新生，助力设计智能化

创成式设计（Generative Design）起源于建筑领域，也称为"生成式设计"或"衍生式设计"，在建筑领域，人们习惯称它为"参数化设计"。近十年，它在建筑设计和视觉艺术领域得到了广泛应用。

随着增材制造与 3D 打印技术在工业制造中的应用，创成式设计逐渐被应用于工业制造领域。创成式设计能够创造出手动建模所不易获得的设计方案，它们拥有复杂几何结构，而增材制造技术在工业制造中的应用优势之一是制造复杂的结构，可以说创成式设计与增材制造技术是天生的"好伙伴"，创成式设计进一步释放了增材制造的应用潜能。用于工业零部件设计的创成式设计软件也正在变得更加符合制造需求，例如，Autodesk 发布的 Fusion 360 创成式设计 2.5 轴版本将 3D 打印与传统的 CNC 铣削实现了更好的结合。该软件实现的设计打破了创成式设计所为人熟悉的"仿生学外形"，外形上看上去更接近传统的设计。

创成式设计将一定的约束信息（空间信息、性能要求等）作为输入，通过特定的算法，迭代生成所有可能的设计方案组合并选择最优设计。它可以极大地降低设计门槛，使设计人员不需要具有专业的结构、材料等知识，仅需了解约束条件便可进行设计，而且能够通过优化使产品得到最佳的拓扑结构。

创成式设计能够自动完成拓扑结构优化，但是创成式设计绝不仅仅是拓扑优化，而是一种支撑整个正向设计过程的系统性的数字化方法（见图 4-23）。创

成式设计作为一个新的交叉学科，与计算机技术深度结合，使得很多先进的算法和技术应用到设计中来。得到广泛应用的创成式算法包括参数化系统、形状语法（Shape Grammars）、L- 系统（L-systems）、元胞自动机（Cellular Automata）、拓扑优化算法、进化系统和遗传算法等。还有很多受生物和自然系统启发而开发的算法被移植过来用作仿生生成设计或优化的算法。

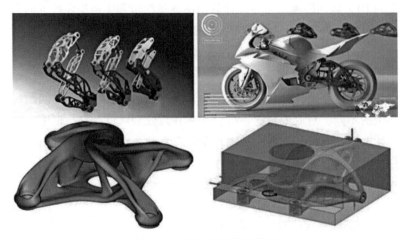

图 4-23   创成式设计示意图

人工智能驱动的创成式设计正在为传统 CAD 技术梦寐以求的高度优化产品铺平了道路，引领未来的 CAD 技术发展方向。AI 打破了创造力的限制并最大限度地减少了人为错误。在传统的产品设计到制造、试用过程中，当用户测试阶段出现问题时，会导致代价高昂的召回和设计变更。而人工智能驱动的创成式设计使产品设计开发具有更大的灵活性，设计人员可以考虑更多高风险的想法，而不需要考虑召回和原型设计失败的时间和金钱影响。因此创成式设计可以通过创建人类无法想象的可加工几何形状来提高生产力。如果再结合强大的云处理能力，创成式设计能够高效地生产具有更高效率和更高性能的产品。

我们要认识到，人工智能是增强工程师和设计师的能力而不是取代他们，使他们能够做出更好、更快、更明智的设计决策。AI 将使重复的、耗时的和低层次的任务自动化，同时给工程师和设计师更多的时间专注于设计的人性化和美学元素。结合了 AI 的 CAD 软件将具有先进的复杂功能，使用户可以完成常规方法无法实现的各种任务。

AI 是一种趋势，一股推动 CAD 的力量。CAD 软件的开发要融合这些先进技术，以降低产品开发和系统风险，使 AI 找到人类大脑无法解决的问题的解决方案，从而帮助用户消除传统障碍，大幅提高生产力。

二、AI 赋能 CAM，有效提升面向复杂零件的加工能力、精度与效率

CAM 是机械制造自动化领域的核心技术之一。数控加工技术的研究与应用水平已成为衡量一个国家工业制造水平的重要尺度，并且关系到装备制造业的振兴和国防安全。近年来，在国家有关政策的引导与积极支持下，我国在数控加工领域，尤其是在数控装备与机床硬件研制方面取得了重大技术进步。

数控加工技术除了机床本体与数控系统以外，数控加工自动编程技术也是重要内容，其对应的产品就是 CAM 软件。CAM 软件根据 CAD 模型的几何信息，自动规划与计算数控加工轨迹、仿真加工过程、处理加工干涉，并由后置处理模块生成数控加工代码，驱动机床进行数控加工。CAM 软件的功能与技术水平直接影响零件的加工质量、加工精度与效率。

20 世纪 90 年代以来，随着三维 CAD 技术的迅速发展与逐渐成熟，数控编程技术与三维 CAD 系统相集成，即 CAD/CAM 集成技术成为各大 CAD 公司的主流发展方向。各种商业化的 CAD/CAM 软件被陆续开发并推向市场。CAM 技术经过数十年的发展，传统的轨迹规划策略与刀轨计算方法已比较成熟，其发展的高级阶段是向智能化发展。目前，应用较为广泛的通用 CAD/CAM 软件包括 NX、CATIA、Cimatron、SolidCAM 等，这些 CAM 软件都已具备 2 ~ 5 轴数控编程 CAM 功能，并且各大公司都在探索各种新的智能加工模式，并无一例外把智能加工模式块作为衡量其 CAM 功能先进水平的重要标志，并给予了高度重视。智能化数控加工的核心内容在于 CAM 软件对零件加工特征的智能识别、面向加工特征的轨迹规划与优化，即通过引入基于 AI 的智能计算与优化技术以生成更加灵活、高效、安全的加工轨迹。

近年来，随着我国数控机床的日趋成熟和普及，数控加工中的一些深层次问题逐步显现出来。这突出表现在数控机床的高速加工特性与传统加工方法之间的矛盾。高速加工不仅对机床、夹具、刀具等提出了更高的要求，对刀具运动路径拓扑几何形状和动力学性能的要求也极为严格，而融入了 AI 的 CAM 软件则有效地满足了上述需求。例如，如果没有合理排布走刀轨迹，则材料去除率的剧烈变化势必影响加工的效率与质量；同时，如果轨迹不连续或存在过多的路径转接，将不可避免造成频繁的抬刀或加工方向的突然改变而引起刀具的振动。CAM 的智能化刀轨是解决此类问题的有效途径。例如，SolidCAM 推出的智能化 CAM 解决方案 iMachining，利用智能化刀轨路径技术，生成面向加工特征的摆线切削路径，可动态调整进给速度和切深，并通过对最大接触角的控制，保证刀具所受的载荷恒定，减少加工过程对刀具的冲击；另外，iMachining 提供的智能化工艺参数技

术，可以基于切削材料性能、刀具性能、机床性能、几何数模自动推算出合理的切削参数（转速、可变进给、可变切宽、恒定每齿进给量），从而降低编程难度。有实验表明，采用 iMachining 的典型零件能够提升加工效率达 70%，并且同等条件下能够显著降低刀具磨损，并可以使机床功率降低 13% 左右，从而延长主轴使用寿命[一]。在国内，华南理工大学自主研制的 CAM 内核的自适应变半径摆线技术，能够根据加工过程材料去除率的变化特征智能识别危险加工区域，并在危险加工区域插入变半径摆线轨迹与常规的环切、行切轨迹光滑连接，从而实现了在维持整体切削力稳定的同时，有效降低了轨迹的冗余，获得了更高的整体加工效率[二]。图 4-24 所示为复杂型腔的 CAM 轨迹规划示意图。

图 4-24　复杂型腔的 CAM 轨迹规划示意图

另一方面，随着六自由度工业机器人在制造业的广泛应用，如何将其应用于复杂构型零件以实现灵活、高效的高精度加工，这是智能 CAM 轨迹规划面临的一个新挑战。复杂构型零件广泛存在于船舶、汽车、新能源制造领域的高端装备中（如风电装备中的轮毂/机舱、水轮机中的闭式叶轮、大型车桥架、装备壳体等），也广泛应用于五金卫浴行业的各类高附加值产品中。这些零件的共同特征是兼具复杂的曲面外形与拓扑结构、加工空间狭窄。将工业机器人应用于这些复杂构型零件的铣削、抛磨加工是一个新的应用领域。与数控机床相比，工业机器人加工具有工作空间大、高柔性、配置简单的优点；通过复杂构型零件的结构特征的智能分析、加工特征的智能识别，并综合机器人运动学特征，形成面向复杂构建制造的智能 CAM 轨迹方法，可以充分利用机器人的灵活性即"深入内部""以小博大""分区协同"，实现传统数控装备难以实现的复杂构型加工；利用其工作范围大的特点，结合使用变位机，可以为大型复杂构型零件的加工提供低成本、

⊖　引自：邹左明，陈世辉. 基于 iMachining 的高效铣削加工试验研究，航空精密制造技术，百度学术，2020.

⊜　引自：Wang Q H, Liao Z Y, et, al. Removal of critical regions by radius-varying trochoidal milling with constant cutting forces, International Journal of Advanced Manufacturing Technology, 2018, 98: 671-685.

柔性化的解决方案；利用机器人配置简单、可多机协作的特点，可实现复杂构型零件的分区域协同加工。

　　高性能的机器人加工轨迹除了要在几何学层面考虑轨迹的拓扑排布、加工精度、避免各类干涉并实现轨迹工件曲面的完全、均匀覆盖之外，还必须在机器人运动学和动力学层面充分考虑加工姿态的光顺性。为了支持复杂零件的机器人制造，一些主流 CAD/CAM 软件厂商将原本面向数控编程的 CAM 功能延伸至工业机器人编程，推出 CAD/CAM/Robotic 集成方案，利用 CAD/CAM 软件中的丰富的 CAM 轨迹规划资源，识别加工环境、提取加工特征、智能分割加工区域、计算零件的加工轨迹，并通过机器人运动学反解计算，得到各关节角度；其中解算方案存在多种结果，可进一步根据机器人实际运动控制条件、工艺条件等对机器人运动与动力学特性进行优化，从而为机器人加工提供智能化的编程与仿真解决方案。图 4-25 所示为复杂构型零件的机器人加工示意图。

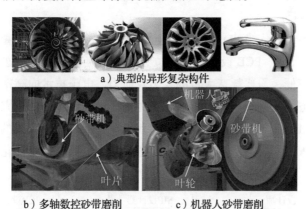

a）典型的异形复杂构件

b）多轴数控砂带磨削　　　　c）机器人砂带磨削

图 4-25　复杂构型零件的机器人加工示意图

三、AI 赋能 EDA，自动布局布线大幅提升电路板空间利用率

　　过去十几年，在集成电路产业智能化浪潮推动下，半导体产业取得了长足的进步，EDA 工具也经历了发展史上最为繁荣的阶段。EDA 工具是集成电路行业的必备工具，EDA 工具用不到百亿美元的市场规模，支撑起了几千亿美元集成电路产业的欣欣向荣。在 EDA 软件行业，谁掌握了 EDA 的话语权，谁就掌握了集成电路设计的命门。随着人工智能算法的突破，使得人工智能辅助芯片设计（AI for EDA）的技术路线获得了广泛的关注。研究表明，AI 用机器学习的方式可快速给出芯片设计最优的布局方案，大幅缩短了芯片设计所需时间，提高了性能，减小了版图面积。利用先进的机器学习技术为片上系统（SOC）、系统封装（SIP）和印刷电路板（PCB）打造统一平台，开发完整集成的智能设计流程，从而集成

电路设计更加自动化、智能化。

人工智能（AI）是结合了计算机科学和强大数据集的领域，包括机器学习和深度学习等子领域，这些子领域经常与人工智能一起提及。这些学科由 AI 算法组成，这些算法旨在创建基于输入数据进行预测或分类的专家系统。由于深度学习和机器学习这两个术语往往互换使用，因此必须注意两者之间的细微差别：深度学习和机器学习都是人工智能的子领域，深度学习实际上是机器学习的一个子领域。当前最具代表性的深度学习算法模型有深度神经网络（简称 DNN）、循环神经网络（简称 RNN）、卷积神经网络（简称 CNN）。DNN 和 RNN 是深度学习的基础。在 EDA 设计领域，为了实现版图自动布局布线，研究者将版图布局布线作为一个强化学习问题，开发了一种基于边缘、能够学习丰富版图设计且可迁移表示的图卷积神经网络架构。这种方法能够更好地利用以往的经验，从而更好更快地解决问题的新实例，使得芯片 / 封装 /PCB 版图设计由比任何设计师具备更多经验的人工智能体执行。

从芯片到系统的传统 EDA 设计流程（见图 4-26）需要不断地重复迭代修改和检视，且 SOC、SIP、PCB 设计环境独立，采取人工布局布线及迭代的方式，设计周期长，效率低，需要耗费大量的人力及财力。电子技术向高精尖发展，电子产品向小型化方向发展，产品的要求越来越高，面临更多的信号完整性、电源完整性、EMC/EMI、散热等设计挑战，如果继续采用人工布局布线的方式，前期需要投入大量的人力资源与资金对相关人员进行培训，同时还需要花费大量的时间

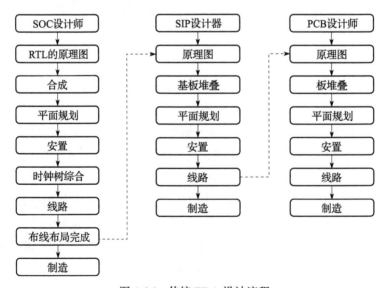

图 4-26　传统 EDA 设计流程

进行练习才能完全熟练掌握专业技能。采用 AI 赋能的 EDA 设计流程（见图 4-27）通过前期收集大量的原始设计数据，以及利用智能化仿真驱动的模式，再通过 24 小时不间断地进行人工智能和机器学习训练，得到相应的模型，使软件成为专业知识的载体，快速高效地完成布局布线设计，同时构建片上系统（SOC）、系统封装（SIP）和印制电路板（PCB）统一平台，实现从芯片到系统设计的迭代。

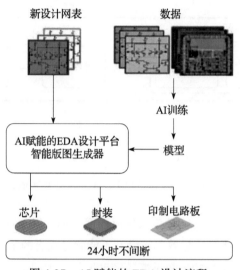

图 4-27　AI 赋能的 EDA 设计流程

　　AI 赋能的 EDA 设计平台，可以进一步解决设计复用问题，基于一些已有的组件模块，比如可用的封装、SiP 用的 die、SoC IP，自动生成设计网表，提供智能化自动版图工具进行物理设计。智能化自动版图工具根据输入的用于模拟 IC 设计的 Netlist、用于数字 IC 设计的 RTL、用于 SIP 的结构、Netlist 和用于 PCB 的结构、Netlist，以及已有的复用版图，可快速优化其输出模拟电路、数字电路、多个集成电路模块（Chiplet）、系统级封装和印刷电路板的版图设计，综合信号完整性、电源完整性、EMC/EMI、散热等设计要求，进行 IC-Package-PCB 设计迭代，使得系统的整体性能达到最佳，设计和制造的总体成本也降至最低。AI 赋能的 EDA 平台设计复用流程如图 4-28 所示。

　　AI 技术在 EDA 产品中的具体应用，以 PCB 设计流程为例。随着电子技术向高精尖方向发展，电子产品小型化方向发展，产品的要求越来越高，给 PCB 设计带来以下挑战。

- 信号速率越来越高导致无法回避传输线效应问题，信号线上的信号已不是理想的数字信号，而是被当成微波来对待，单纯的逻辑正确的原理图已无法保证信号的正确实现。

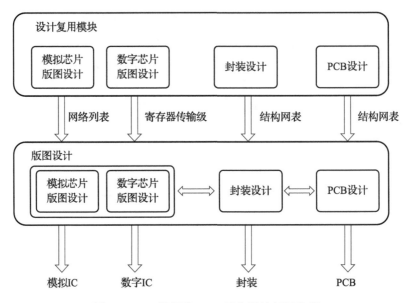

图 4-28 AI 赋能的 EDA 平台设计复用流程

- 越来越复杂的电路功能使单板集成程度增加，但是其工艺水平受生产设备限制不能马上提高，导致单板设计不能满足现有的工艺水平。
- 控制成本导致单板的层数不能随密度增加而无限加大，以及尽量使用低价格器件，导致 EMC 和系统信号完整性面临更大的挑战。
- 激烈的市场竞争导致产品开发周期缩短，客户没有多余时间和财力进行重复开发，单板必须尽可能一次成功。因此在第一次的 PCB 设计中就必须能够满足可生产性、可测试性、可维护性的要求，并且需要通过各专业机构的测试认证。

另外，不断缩小的特征尺寸也是当前电子产品面临的设计挑战，必须满足电子产品设计及市场的基本条件，当前主流的 PCB 设计流程如图 4-29 所示。

传统 PCB 布局布线普遍存在以下问题。

- 在规则管理器中设置常规规则，遇到特殊要求时，则需要人为控制。
- 基于已往的经验进行布局，无法达到最优的空间利用率。
- 需要经验丰富的工程师按照要求去检视布局和布线是否满足设计要求。
- 不断重复迭代修改和检视，直至检视完全合格。
- 针对尺寸比较小且要求比较高的电子产品，需要增加层来达到设计要求，导致空间利用率无法达到最优。

运用传统方式进行 PCB 设计与布线既复杂且费时，运用 AI 技术支持相关作业极具潜力，可望大幅提升 PCB 布局、布线的效率，有效地提升电子产品的空间利用率，实现制程简化与成效改善，从而为 PCB 制造业打造新局面并开创巨大商机。随着 PCB 尺寸日益缩小，对于元件摆放位置的要求也越来越高，基于 AI 技术的 PCB 元件精准布置模式，可使元件在 PCB 的摆放位置达到最佳化，在提升 PCB 的效能表现与组装效率的同时可大幅提升电子产品的空间利用率。

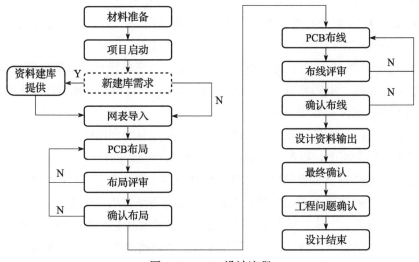

图 4-29　PCB 设计流程

AI 赋能 EDA PCB 自动布局布线流程如图 4-30 所示，具有以下优点。

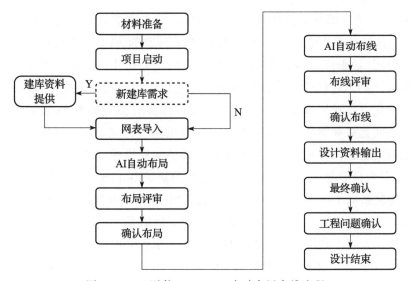

图 4-30　AI 赋能 EDA PCB 自动布局布线流程

- 减少互联工程师重复工作，减少布局布线的重复操作。
- 基于 AI 的仿真驱动自动布局、布线技术，工程师可以节省时间去专注解决其他问题。
- 布线速度快，可以缩短产品的开发周期，实现产品按时完成，抢先一步占据市场。
- 减少设计过程中对布局和布线进行人工评审的次数。
- 提升 PCB 布局效率，可以有效提高空间利用率，更好地实现小尺寸产品的市场需求。

AI 赋能的 PCB 设计工具可满足系统装配、系统热设计、系统电源完整性、系统信号完整性、电磁兼容/电磁辐射等综合要求，再根据系统设计要求给出最佳解决方案。该方案利用多物理场路结合仿真驱动模式和基于机器学习的算法，可加速设计过程、提高效率、减少 PCB 面积、提高拼版利用率，从而有效提高电子产品的空间利用率，给产品的结构和性能提供可改善的空间。在很多电子产品设计时需要考虑 PCB 的散热效果，PCB 中热量的来源主要有三个：一是电子元器件的发热；二是 PCB 本身的发热；三是其他部分传来的热。在这三个热源中，元器件的发热量最大，是主要热源，其次是 PCB 板产生的热，外部传入的热量取决于系统的总体热设计。热设计的目的是采取适当的措施和方法降低元器件的温度和 PCB 的温度，使系统在合适的温度下正常工作。这时就可以通过系统仿真驱动的 AI 布局布线技术，来满足系统的热要求，同时也可以最大程度利用空间，大幅提升电子产品空间利用率。

AI 通过神经网络与遗传算法赋能 EDA，使得布局布线器能够通过自我学习，快速高效地找出最优解。基于大数据仿真驱动的 AI 自动布线利用已有训练的 SI/PI 设计数据库、DFX 数据库，结合电磁电路仿真求解器，可自动进行高速链路设计的迭代优化与电源平面的设计迭代优化。利用工业云 AI 平台，可快速自动化完成满足 DFX 要求的布局布线设计。AI 赋能的 EDA 设计工具，解决的核心问题是智能化自动版图生成，即在电路设计完成之后可智能化、自动化完成版图的设计。AI 赋能 EDA 设计工具的实现目标是"设计过程中无人干预"，在混合信号集成电路、多个集成电路模块（Chiplet）、系统级封装和印刷电路板等复杂电子技术设计过程中，通过利用 AI 大量数据训练的模型，以及遗传迭代算法，自动实现芯片版图、封装版图、PCB 版图的生成，在这个过程中尽可能减少人工干预及人工设计。目前 SOC、SIP 和 PCB 的设计流程在大部分环节都非常依赖于专业设计人员的知识输入，专业知识的载体是技术人员。AI 赋能的 EDA 工具的特点是通过收集大量的原始设计数据，以及利用智能化仿真驱动的模式，通过人工智能和机器学习的方法训练得到模型，进而将模型导入统一的智能化自动版图设计工具中，通过智能化自动版图设计工具 24 小时不间断地完成混合信号集成电路、多个集成电路模块、系统级封装和印制电路板等的设计。AI 赋能的 EDA 工具是专业知识的载体，设计周期短，自动化、智能化程度高。

在通往无人集成电路设计的道路绝非一片通途，我们在探索 AI 提高生产率方面还有相当长的路要走。今天我们所看到的改变，也仅仅这一领域神秘面纱的一角。但不管怎样，机器学习已经开始在 EDA 领域发挥重要作用了，未来，机器学习还有更多提供颠覆性突破来解决集成电路设计难题的机会。

四、AI 赋能 MOM，大模型极大优化生产物流和计划调度

制造运营管理（MOM）是制造执行系统（MES）的演变，包括制造执行系统和分析制造过程，关注订单的计划、管理和执行、生产批次的可追溯性、与 ERP 系统的连接、质量管理和制造智能等。它可实现对制造计划、进度、质量、资源等所有制造信息的监控和反馈；对在制品加工过程的全程信息化监管和质量追溯；对不同行业的质量要求建立闭环的过程控制和预警机制。通过信息化集成实现产品全生命周期过程信息化的整合；实现车间的管理透明化、实时化和数字化建设目标。有多种不同类型的 MOM 软件，但它们都具有某些共同的特征和特性，例如它们能够提供实时信息、用于情境或历史分析的指标。

制造运营管理的核心目标之一是实现全局协同和资源调度最大化，以增强市场竞争力。但企业全局优化需要考虑所有制约因素、各环节的交叉及融合，以及现在和未来的变量互相制约等，这种海量因素环境下的复杂问题难度和规模巨大，仅通过人力很难实现最优解。比如大量的质量检验数据沉睡，不能发挥应用的业务价值。很多质量决策谈不上科学化，也很难实现质量缺陷诊断预警。执行过程数据滞后，不能达到透明化监控，无法实现实时化分析预警。设备状态不透明、运行过程数据缺乏监控，OEE（设备综合效率）低。出现质量问题无法与设备运行状态进行联动分析。

生产制造中面临的业务问题，一般是"多约束 × 多变量"规模的组合优化问题，问题矩阵稠密、数值问题严重，要求分钟级输出最优解。

通过大模型应用于制造运营管理业务，企业在量化决策和精细化运营中，能够充分且合理地利用全部资源，提升资源利用率；还能实现全流程和全链路协同，提升运转效率；同时提高决策水平和竞争力，显著提升盈利能力。AI 应用在预测模型中的流程如图 4-31 所示。

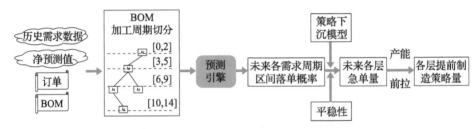

图 4-31　AI 应用在预测模型中的流程

（1）大模型使能需求计划平稳和生产计划排产

大模型通过"优化计划→智能感知→动态调度→协调控制"闭环流程来提升生产运作适应性，以及对异常变化的快速响应能力。大模型可整体掌控生产状态，及时修正业务偏离，图形化绩效对智能产品可能发生的故障和事故进行预警与及时任务调度。大模型还能实现智能生产计划与调度，促进企业协调控制。

- 需求感知引擎。该引擎可进行多变量大波动时序预测，提升生产计划准确率，还可实现从全球要货预测到供应中心计划、集成计划、全球主需求计划、资源中心辅料预测，再到采购计划、加工计划。从后端往前端完成计划域需求预测模型覆盖，预测工具化沉淀需求感知引擎。

- 排产调度引擎。该引擎可实现多目标优化大模型使能自动排产调度，拉通前端供需模拟和后端采购制造，求解多级变量优化难题，使能高效稳定加工计划。订单引擎拉通多工厂，共用物料分配模型、加工网络优化模型，一次排产到线体，支持双向模拟、排产到线、主计划削峰填谷、原材料回流、排产延期可解释性分析、手工任务令模拟／增量排产。

（2）大模型使能工厂仓储物流

通过构建基于大模型的物流仿真场景，对产能、物流资源利用、物流路径及瓶颈、物料暂存、物料投料策略等进行定量分析和优化，获得最佳的生产物流方案，包括仓储库存、物料分拣、物料配送、成品装箱等业务过程。

- 多级库存优化。多级库存优化基于自动化仓库流通加工场景，通过构建物料仓储及分拣仿真大模型，再最优化编排订单的拣料、拣选和理货顺序，在缩短批次完成周期前提下，可实现生产节拍平稳和仓库吞吐率的最大化。大模型的多目标优化可预测急单分布的提前制造量，制定多级库存策略，打破 ABC 分类，以数据驱动替代规则公式，指导各级半成品提前制造储备。多级库存优化在基本维持现有满足率的基础上，大幅降低半成品库存，提升系统自动执行比例。

- 工厂物流仿真。随着生产任务的增加，车间需要基于车间生产物流，在大模型中引入双向模拟技术，实现分钟级"What-If"最优模拟，场景覆盖面广。工厂物流仿真以零部件物流规划数据表内的参数为基础数据，并根据物流规划方案中的物流配送流程来进行仿真，以验证物流规划方案的合理性。工厂物流仿真还可定位瓶颈资源设备、定量评估物流效率、优化投料最佳间隔时间和投产顺序，从而优化物流资源配置，改进生产计划，实现产能和生产效率的全面提升。

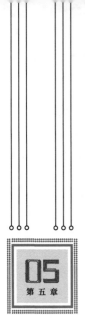

捅破天：智慧云工厂，定义工业数字化赛道产业升级新范式

工厂是第一次工业革命最重要的产物，也是工业最核心的存在形式。数百年以来，工厂运行在地面，操控在物理空间。当新一代工业软件托起新一代工厂，当工业范式发生根本性改变，工厂也走向云端。智慧云工厂作为未来工厂的新形态，它充分利用各种自主可控的新一代工业软件以及共享产业数字化平台，极大地降低了企业创业创新难度，有力地提质增效，促进产业链结构优化，产生剩余价值，迈向产业升级。

第一节　重新定义产业转型范式：新工厂新产链，产业稳升级

一、产业升级面临的困境

在数字经济时代，随着市场竞争关系从单个企业转向产业链，如何利用数字技术把产业的各要素、各环节进行产业升级三个一体化即数字化、网络化和智能

化（见图 5-1），推动业务流程和生产方式重组变革，进而形成新的产业协同、资源配置和价值创造体系，是产业升级面临的重要课题。

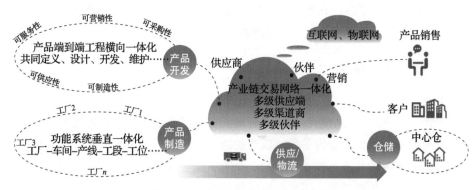

图 5-1　产业升级三个一体化示意图

随着云、大数据、5G、IoT、AI 等数字技术的发展，同时伴随人口红利减少、生产成本增加、市场趋于饱和，再加上定制化等柔性需求的出现，传统工业面临着数字化转型的历史机遇和挑战。少数大型企业凭借其自身强大的技术、资金和人才等优势，走在了数字化转型前列，一切业务数字化、数据即业务，形成了以数据为处理对象，以 ICT 平台为生产工具，以软件为载体，以服务为导向的数字化生产模式，为企业创造新的价值。但 90% 以上的中小企业在数字化竞争中，面临着提升客户满意度和营收增长、提升核心运营能力、降本增效，以及进行流程创新、模式创新等的诸多挑战。

第一，缺资金、缺人才。在我国 5000 万左右企业中，90% 以上的是中小企业，它们作为我国经济"金字塔"的塔基，量多面广，单个企业营收规模较小，一般年销售额在几百元到几千万元的区间，很难像大企业投入过亿元的资金进行数字化转型和对"营 – 销 – 研 – 制 – 供 – 服"等进行全方位数字化变革。当前数字化人才的人力成本也比较昂贵，中小企业没有大量的资金投入，对数字化人才吸引力不够。同时数字化人才一般也希望在大企业的平台上发展，加上中小企业一般也欠缺地理优势，不在生活配套比较完善的核心区域，这些都一定程度上加剧了人才获取的难度。此外，中小企业也很难长期留住培养的人才，经常一些用几年时间培养的高级人才，最后被大厂引流。

第二，缺顶层设计，重复性建设。大部分企业生产效率低，抗风险能力弱，且受限于资金、资源不足等因素，在寻求适合自身发展的数字化转型之路时，面临着"不会转""不敢转"的困境。有些企业为解决某个业务领域的问题，不断购买单点功能的软件包以解决单一领域问题，从企业的整体运营效率来看，这样做的效果不明显，企业内部数据不通，各领域数字化重复建设。数字化解决方案提供方给出的方案也大多是卖单点软件或者云基础设施，只能解决单点的问题，这在一定程度上助力了客户在各领域建数字化"烟囱"，没有从企业整体运营效率上系统性解决客户业务不通、数据不通的数字化转型问题。

二、智慧云工厂的定义

面对产业升级的困境，智慧云工厂范式应运而生。智慧云工厂是一种新型工业化范式，一种网络化的新制造生产模式。它以产业数字化平台为载体，以价值服务驱动业务一体化融合为手段，以产业链、产业集群升级为目的，产业明白人牵头，建设面向某类特色产业集群的产业数字化公共平台。它提供标准定义、数字化工具链、工业资源库、品控、原材料供应、可信数据交换、产业链协同、人才培养、数字金融等价值服务，聚合产业生态，使能细分功能企业接入即实现数字化转型，高效协同，产生剩余价值，进而推动产业结构进一步分工优化，形成有竞争力的技术和商业生态体系。

从技术层面讲，智慧云工厂是产业的数字孪生体，是元宇宙的产业；从商业层面讲，智慧云工厂的核心是协同和共享，产生剩余价值，通过"数字平面 + 实体平面"双轮驱动（见图5-2），培育产业新业态，使制造业与制造服务业同步发展，从而形成有竞争力的新制造生态系统。

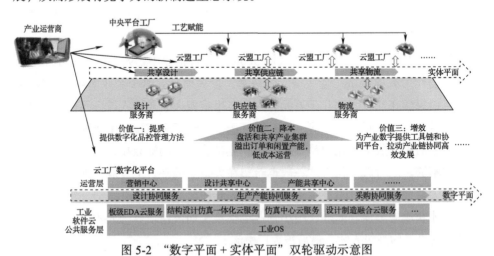

图 5-2 "数字平面 + 实体平面"双轮驱动示意图

1. 智慧云工厂的实体平面

过去，产业链中的大部分企业都是分散型的。在产业发展初期，没有明显的产业牵头企业，大部分企业依托当地政府，依循"就地办厂"原则，缺乏产业布局的整体战略，导致产业链中的企业星罗棋布。随着企业的进一步发展，分散型的空间布局成为产业发展的严重阻碍，具体有以下问题。

- 产业链缺乏有效的分工与合作。产业链上下游企业之间缺乏有效的分工与合作，往往企业需要自建完整的产品设计、生产制造及供应体系，企业间更多的是竞争关系，导致企业在能力建设上不断重复投资，商业上不断低价竞争。
- 产品质量参差不齐。受到企业质量管理水平参差不齐和市场恶性竞争等因素影响，各企业的产品质量存在差异，难以形成品牌效应。
- 重复构建基础设施。企业都需要自建其所需的基础设施，比如仓储、物流、污水排放、复杂装备等设施，重复投资，资源利用率不足。

在智慧云工厂的模式下，构建新型产业集群的实体平面，由行业明白人指引，通过构建以中央平台工厂云盟工厂的实体产业群，细化产业结构分工，打造实体平面的现代化产业园区，并逐渐带动周边领域产业伙伴加入，再通过共享数字平面实现高效协同发展。

在智慧云工厂模式下，产业发展将带来如下变化。

- 产业结构优化。智慧云工厂实体的产业结构分工逐步清晰，产业运营商负责统一营销、统一工程能力和集中采购；中央平台工厂和云盟工厂负责制造，而且每家云盟工厂可以根据自身的优势专注于某种工艺能力的制造，而不需要构建完整的制造工艺能力；采购供应商负责规模化采购；数字化平台提供商负责数字化平台建设和数字化赋能；每个环节均通过专业化和规模化提升效率和能力，从而提升整个智慧云工厂产业链的效率。
- 标准统一，品质提升。制定智慧云工厂的统一工程工艺标准、质量标准，以及相应的品质控制管理流程和方法，提升云盟工厂的质量管理水平和产品质量。
- 数字化工厂建设高效。在智慧云工厂实体平面，产业运营商构建统一的工程能力中心来提供先进的生产工艺赋能，以辅助云盟工厂的数字化建设，提升云盟工厂的数字化、自动化制造能力。
- 物理基础设施共建共享。在智慧云工厂的实体平面下，共建现代化的新产业园区，共享基础设施，比如 PCB 的生产企业都需要建设废水处理设施、危险品存放仓储，那么在 PCB 云工厂模式下的新型产业园区内，可建设统一的废水处理设施及危险品存放仓储。
- 产业金融精准服务。在智慧云工厂的实体平面下，通过产业聚集和产业数据汇聚，可以为银行的贷款风险管理提供支撑，还可通过银行和企业的创新合作，加强产业链内企业的金融保障。

2. 智慧云工厂的数字平面

数字技术提供方协同产业运营商，以"国产化 + 数字化""产业升级 + 产业韧性"驱动，构建可支持实体平面产业转型升级的数字平面，一切业务数字化，业务即数据，数据即业务。数字平面主要包含以下几方面。

- 工业软件云底座。智慧云工厂的数字化平台基于国家对工业软件信创化的战略思路，提供自主可控的国产化新一代的工业软件云底座，比如系统设计仿真云服务、单板电子设计自动化云服务、结构设计仿真自动化云服务、仿真中心云服务、产品设计与制造融合云服务等。这些云服务拥有统一的框架、标准的 API 接口、规范的数据模型及数据处理范式，融合行业 Know-How，为产业数字化转型提供 IT 载体。

- 产业链协同的数字化服务。为支撑产业链的高效协同运作，加强产业链韧性，实现产业升级，基于国产化的工业软件云底座，构建了产业链协同的数字化服务（营销服务、设计协同服务、生产协同服务、采购服务等），实现了产业链企业间的高效数字化协同。营销服务支持数字化营销活动，比如从机会点到订单的数字化管理。设计协同服务为设计企业提供研发工具链支持，在高效地设计产品的同时，支持上下游的交易协同。生产协同服务主要将订单分发到适合的云盟工厂，并监管订单及时交付和相应的质量检验。采购协同服务指供应商认证和采购执行等，比如元器件和零部件的采购、原材料集采等。

- 工业云小站。大部分的云盟工厂数字化成熟度较低，在智慧云工厂的模式下，在云盟工厂设置一个软硬一体的国产自主可控的工业云小站。工业云小站预置一套标准的适用于企业数字化转型的解决方案，即软件管理在云，化云为雨，业务和数据在工厂，帮助云盟工厂快速进行数字工厂改造，并向智慧云工厂数字化平台按需交付数据，实现订单制造高效协同。用户也可根据自身需求，从云端购买新的工业软件并部署到工业云小站，以服务中小企业数字化制造全生命周期。

- 工业商城。构建商品交易数字化平台，使能企业入驻平台，运营国内外用户，通过平台开展合作，依托平台开展销售、采购、品牌展示、方案研发、应用设计、售后服务、人才培训等，以促进产业链生产要素在平台上的自由流通。工业商城引进金融机构，为企业提供供应链金融服务。工业商城汇聚企业对关键材料的采购需求，以集中采购方式提高供应链整体谈判优势。依托平台还可高效开展检测认证及实验服务，提质增效，降低相关测试认证成本。

- 工业知识搜索。基于公共知识平台，工业知识搜索可帮助企业快速有效地找到所需的各类器件库、模型库、材料库和工艺库等的各种工业资源，由此工程师能快速精准地查询并使用这些数据，提高工作效率，进而掌握对应实体的价格、库存和交期等情况，极大地提高产品设计、采购和制造的效率。
- 工业数据交易所。构建可信数据交易空间，实现工业数据的安全交易。通过建立产业数据标准、数据集成技术、数据资产管理、数据市场、数据安全保护等相关机制和技术标准，促进产业链上下游的数据共享和协同利用，保障产业上下游之间相关数据的汇聚与流通；再利用区块链等先进技术挖掘数据价值，实现数据流向可追溯、数据安全有保障，提升实体平面的生产效率和产业竞争力，探索数据价值变现。

3. 价值创造体系核心角色

过去，中国移动、中国联通等是通信产业的运营商，华为、中兴等是通信产业的设备提供商，它们共同合作，不断推动通信领域的产业升级。在智慧云工厂的生态系统中，还有综合服务商、细分的产业运营商、数字化平台提供商等核心角色，如图 5-3 所示，以提供价值服务为牵引，实现设计、制造、供应、物流、金融等业务共享与数字技术共享。各角色在产业链上各司其职，发挥专长，提供优质服务，获取价值。

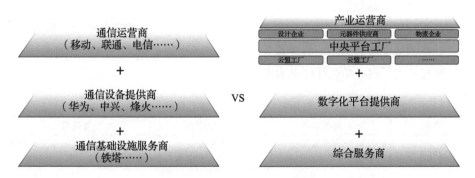

图 5-3 智慧云工厂的生态系统

- 综合服务商为智慧云工厂的实体平面提供设备安装以及场地、物业、水电、网络、仓库等公共服务。
- 产业运营商即产业明白人，是政府控股的企业，是有权威性的龙头企业组建的联合体，是模式创新的引导者，是产业群有竞争力的可持续发展的引领者，是产业数字化、数字产业化的推动者。产业运营商通过提供先进工艺知识、品控、商业模式创新、标准定义、人才培养、金融保障等价值服务，使能产业上云、产业上楼，使整个产业集群业务在云工厂数字平台中高效运转，高品质产品提供，分享产业链、产业集群效率和质量提升、成本下降带来的回报。

- 数字化平台提供商是数字化平台建设主导者，是智慧云工厂数字技术赋能的提供者，是产业数字化、数字产业化的支撑者，不仅承担了云工厂数字平台的建设，还通过提供数字平台与数字赋能服务，获得对应的收益。

- 中央平台工厂是样板数字化工厂参考者，是高峰产能溢出者或核心工艺、核心产品生产服务的提供者，是产业运营的参与者。它具有核心产品生产加工能力以及较强的订单获取能力，通过获取闲置产能，提升波峰期的供应效率。

- 云盟工厂是制造服务的提供者，通过接入云工厂数字化平台，可实现低成本运营并获取新增制造订单，盘活闲置产能。它依托智慧云工厂数字化平台提供的数字化能力，可低成本实现工厂的数字化、智能化和自动化，真正实现提质、降本和增效。

- 设计服务商是产品研发服务的提供者，通过接入云工厂数字化平台，低运营成本获取设计订单，并共享使用智慧云工厂数字化平台提供的工业设计类软件服务，如硬件设计软件（EDA）、结构设计软件（CAD）、工业仿真软件等，达到显著增效。

- 供应服务商是供应服务的提供者，通过接入云工厂数字化平台，低运营成本获取原材料的供应订单服务。

智慧云工厂核心角色详情见表 5-1。

表 5-1 智慧云工厂核心角色

角色	角色职责	提供服务	价值获取
综合服务商	• 基础配套设施的提供及服务者	• 设备安装服务 • 园区公共服务	• 通过提供设备安装及公共服务获取回报
产业运营商	• 模式创新的引导者 • 产业群有竞争力的可持续发展的引领者，产业数字化、数字产业化的推动者	• 商业模式创新 • 标准定义 • 公共价值服务	• 通过商业模式创新和创新价值服务分享产业链、产业集群效率和质量提升、成本下降带来的回报
数字化平台提供商	• 数字化平台建设主导者 • 数字技术赋能提供者 • 产业数字化、数字产业化的支撑者	• 数字化平台 • 数字技术	• 提供数字化平台和数字化赋能价值服务获取回报

（续）

角色	角色职责	提供服务	价值获取
中央平台工厂	● 样板数字化工厂参考者 ● 高峰产能溢出者或核心工艺服务提供者 ● 产业运营商可参与者	● 核心工艺服务 ● 高峰产能溢出	● 获取闲置产能，提升波峰期的供应效率 ● 享受公共数字化服务，提质、降本、增效
云盟工厂	● 制造服务参与者	● 制造服务	● 承接制造订单获取利润 ● 享受公共数字化服务，提质、降本、增效
设计服务商	● 研发设计服务提供者	● 产品设计服务	● 承接产品设计订单获取利润 ● 享受公共数字服务，提质、降本、增效
供应服务商	● 供应服务提供者	● 元器件、原材料等的供应服务	● 承接采购订单获取利润 ● 享受公共数字服务，提质、降本、增效

三、智慧云工厂的价值

智慧云工厂作为新型工业化范式，促进产业数字化、数字产业化，使能产业升级。

- 自主可控。通过新一代工业软件在智慧云工厂内各实体企业的全面使用，实现设计、仿真、制造管理等系列工业软件的自主可控，彻底解决工业软件卡脖子问题，增强中国制造的韧性。
- 产业上云。在数字平面上，产业链上下游各企业接入即实现业务高效协同，各业务运行在云，实现产业集群整体数字化升级。
- 产业上楼。在实体平面上形成集约型的产业集群地，一个园区、一栋楼就是一个产业，产业链上下游就是产业的"上下楼"，实现产业链高效协同。
- 践行数字经济。业务在数字平面产生大量可信数据，通过数据治理、数据共享、数据价值挖掘，探索数据价值变现，诞生新的数字经济体。
- 产业提质、降本、增效。通过工程标准、工艺标准和质量标准的定义，以及贯穿于研发、制造和供应链的质量管理流程体系，实现产品过程中的质量管控。通过提供产业链的数字化协同，促进服务和数字化工具链，降低产业成本运营，提升产业协同，促进高效发展。
- 产业结构优化。聚集一批企业，通过数字化平台服务商和产业运营商专业化的数字化平台建设，使传统企业的"小而全"转变为"大而专"的产业分工，从而优化产业结构，最终实现集聚发展进一步提高和结构优化进一步提升的良好发展局面。

- 产业人才聚集。实体平面为产业人才的培养提供了更好的土壤和环境。同时，也吸引产业的各类专业人才集聚，如产业的设计类人才、工程能力类人才、生产制造管理类人才、供应类人才等。

四、智慧云工厂的运营

为促进产业转型升级和产业生态繁荣，智慧云工厂通过精准产业画像和价值服务驱动，基于共享模式，汇聚产业生态。

- 共享设计服务。个人设计师可以通过免费共享设计工具服务、资源库的方式加入智慧云工厂生态；小型设计企业可以共享设计订单，免费或低成本使用工具服务、资源库；中型设计企业可以通过平台的共享服务模式，共享设计师，平衡波峰波谷设计资源，降低成本，提高人力效率；大型设计企业可以以共建资源库、插件服务的形式共享收益。盘活设计师、企业与好产品三方的资源协作，就可形成完整的资源共享链条。

- 共享制造服务。中小工厂普遍存在制造工艺能力单一、产能分散问题，智慧云工厂通过接入多种工艺能力的云盟工厂，构建完整工艺能力的制造体系和规模产能，使智慧云工厂能够接多种工艺订单和规模化订单，显著提高工厂制造能力。先进中央平台工厂可以提供先进工艺，共享大型复杂装备，共享波峰订单，低成本获取闲置产能；云盟工厂可以低成本获取数字化转型方案、先进工艺、订单，共享闲置产能。同时，智慧云工厂还构建统一的工程能力中心，实现工程能力的共享，解决工厂工程能力不足和工程成本高的问题。该工程能力中心不仅能实现订单的工程审查、订单工程工艺制定等工作，还提供工厂产线数字化和自动化改造等咨询和实施服务。

- 共享供应服务。智慧云工厂为客户提供元器件/零部件的采购服务，并将采购订单汇集成规模采购订单，降低采购成本并确保采购交期。对于零散买家，可以通过工业商城，获取丰富的原材料资源库和工业成品；大型原材料供应商可以共享原材料，积少成多，低成本获取聚合订单；大型物流供应商可以共享数字化物流服务，低成本获取订单。此外，智慧云工厂还构建统一的工业资源库，不仅将该资源库与常用工业设计软件集成到一起，还以该资源库为基础构建元器件/零部件商城服务，实现了设计、采购和制造的闭环，显著提高产品设计、采购和制造的效率。

第二节　PCB 云工厂

电子产品广泛应用于各行各业，在制造业中占据重要地位，PCB 是电子产品的关键组件，本节将分析 PCB 行业的现状和挑战，并提出相应的 PCB 云工厂解决方案。

一、PCB 行业现状与挑战

印制电路板（Printed Circuit Board，PCB）是指在通用基材上按预定设计形成点间连接及印制元件的印刷板，起中继传输的作用，是电子元器件的支撑体，被称为"电子产品之母"。它主要应用于通信、计算机、消费电子、汽车电子、工控、医疗、航空航天、国防、半导体封装等领域。PCB 的制造品质直接影响最终电子产品的功能和可靠性，因此 PCB 是电子信息产业中基础且重要的子产业。

随着 5G 通信、消费电子以及汽车电子等下游产业增长拉动，全球与中国 PCB 产值一直保持稳健增长，预计 2026 年全球 PCB 市场规模将达到 913 亿美元，中国 PCB 市场规模将达到 486 亿美元，年复合增长率超过 5%，如图 5-4 所示。

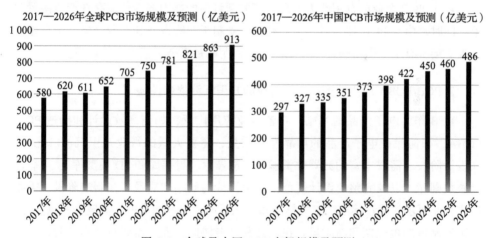

图 5-4　全球及中国 PCB 市场规模及预测

PCB 的产业链（见图 5-5）中上游原材料包括铜箔、环氧树脂、玻璃纤维布、铜球、金盐油墨、半固化片、浊刻液、木浆纸等。中游电路板制造基材主要指覆铜板（CCL），覆铜板由铜箔、环氧树脂以及玻璃纤维布等原材料加工制成，主要包括纸基覆铜板、特殊材料基覆铜板、玻纤布基覆铜板和复合基覆铜板，是制造 PCB 的重要基材。下游的应用领域，主要涵盖消费电子、汽车电子、通信设备、工业控制、计算机、航空航天、医疗等领域。

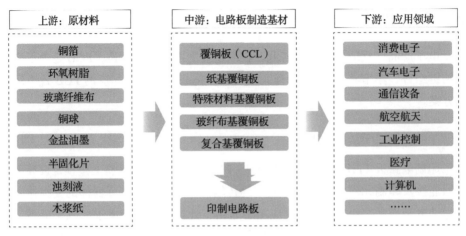

图 5-5 PCB 产业链全景图

在 PCB/PCBA 行业快速发展的同时,企业也面临着以下挑战。

1. 普遍存在产能分散、产能闲置问题

中小 PCB 企业的营销能力不足,获取新订单的能力弱,普遍存在产能闲置现象。同时,由于 PCB 种类多,工艺复杂,受制于产线设备和企业规模,中小企业很难承接所有工艺类型的订单和规模订单,尤其是复杂工艺类型的订单。

2. PCB/PCBA 应用范围广,对行业的知识沉淀依赖性强

PCB 作为电子产品的基础,在各行业应用广泛,如何高效设计和制造 PCB/PCBA,如何保证电子产品的可靠性和质量,需要大量的行业知识沉淀。比如,在设计阶段,需要丰富的元器件资源库(符号库、封装库和 3D 模型库)、可靠性检查规则库,以及完整的设计规范,确保设计的效率和质量。在制造阶段,需要适应行业要求的质量标准、工程标准和工艺标准,以及相应的工具链和测试方法,以确保制造的短交期和高质量。在设计和制造协同方面,需要有从样品验证、小批量试制到大批量量产的敏捷迭代流程等。

3. PCB/PCBA 工序繁多、制程复杂,对工程能力设计要求高

PCB/PCBA 工序繁多,制程复杂,工程能力是核心环节。工程能力既包括对设计文件的可制造性审查(DFM)能力,也包括各种专项能力,如电路仿真能力、信号完整性分析能力、电磁兼容性分析能力等。这些工程能力,需要多年的技术积累和人才储备。

4. 随着下游场景的不断丰富，定制化需求日趋增多，对柔性制造要求越来越高

随着物联网、5G以及智能化的发展，电子产品已经越来越多地应用到各行各业，尤其是工业控制、消费电子、医疗、汽车等领域的电子产品基本是经济规模不大的小批量电子产品。同时，由于电子产品的更新换代频率加快，导致"多品种、小批量"的PCB订单日趋增多，订单的交期要求也越来越短，这就对PCB厂商的设备、软件、管理和人员等方面提出了较高要求。PCB厂商需要引进智能制造装备和综合化信息系统，以提升柔性制造能力和产品切换能力。

5. PCB/PCBA的原材料品类多，质量要求高

PCB品种多，包括刚性板、挠性板（FPC）、刚挠结合板、高密度互连板（HDI）和IC载板等，PCB制造所需要原材料品种更多，既包括铜箔、环氧树脂、玻璃纤维布和金盐油墨的基础原材料，也包括蚀刻液等加工原材料，这些原材料质量直接决定了PCB/PCBA的质量。同时，由于上游原材料行业集中度较高，需要在确保原材料质量的同时，还需要确保原材料的可靠供应。

二、PCB云工厂解决方案设计

为了解决PCB行业链存在的以上挑战，我们提出了PCB云工厂解决方案。通过构建PCB云工厂集群以及新一代工业软件作为支撑，可实现PCB工厂的弹性扩展，充分盘活闲置产能，同时通过头部PCB厂家示范效应和管理能力带领整个行业的进步。

1. PCB云工厂解决方案架构

PCB云工厂解决方案由以下核心部分组成，如图5-6所示。

（1）工业云底座

工业云底座包括板级EDA工具链云服务、结构设计工具链云服务、工业仿真云服务、设计制造融合云服务、工业数据管理、工业资源库和工业内核引擎。这些云服务融合了PCB的行业Know-How，为PCB设计企业、制造企业、测试认证企业、供应商提供新一代的工业软件。

（2）PCB产业链数字化协同服务

- 营销协同服务。PCB产业订单入口包括设计订单、生产订单、元器件采购订单等；为企业提供线索管理、机会点管理、合同管理、订单管理等功能，支撑位订单自动报价、成本自动核算和在线交易管理等。

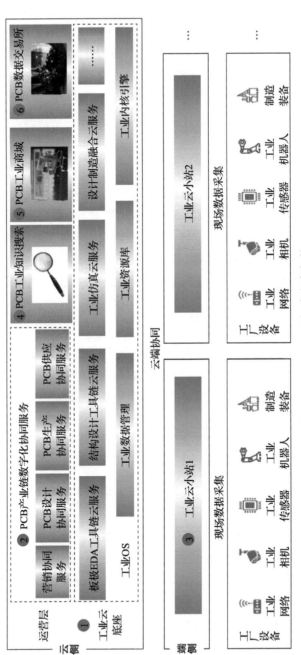

图 5-6　PCB 云工厂解决方案架构

- PCB 设计协同服务。该服务包括原理图设计、PCB 设计（版图设计）和电路仿真（信号完整性仿真、电磁仿真等）服务等。设计师可以免费获取 EDA 设计工具服务。PCB 设计过程中，通过提供设计资源库资源和开发插件服务来获取价值。云工厂通过统一的设计和验收标准，以及自动化的检查工具，大大提升设计服务的效率和质量。

- PCB 生产协同服务。为制造企业提供产品生产协同功能，通过可制造性审查可提前发现可制造性问题，显著提升投板成功率，缩短产品上市周期。云工厂通过提供生产工艺审查、可制造性设计、云盟工厂精准匹配等服务，大大减少产品的制造缺陷，并且让设计匹配云盟工厂的产线特点，降低产品的生产成本、提升生产效率和产品质量。

- PCB 供应协同服务。云工厂通过提供丰富的元器件资源库、工业商城、小批量采购拼单、物流配送等服务，将小批量订单汇集成批量元器件集采订单，通过规模化、专业化的元器件集采服务，既降低了元器件采购的直接成本，也降低了元器件采购的间接管理成本。

（3）工业云小站

PCB 云工厂场景下的工业云小站部署在工厂侧，主要功能如下。

- PCB 生产订单分发。自动接收云工厂分发给云盟工厂的生产订单，并与云盟工厂的 ERP 或 MOM 系统对接，实现云工厂订单的自动流转。

- 生产进度自动上报。可采集 PCB 云盟工厂的订单生产进度信息，并将这些信息自动上报给云工厂数字平台，让运营人员和客户及时掌握云盟工厂的 PCB 生产订单的状态。

- 工业 App。PCB 工业商城提供丰富的工业 App，用户可按需订阅工业 App，即买即用。工业 App 可通过订阅形式下沉到工业云小站，工业云小站为工业 App 提供运行底座和安全防护。

（4）PCB 工业知识搜索

构建电子行业的各类工业资源库，包括电子元器件库、工艺参数库、仿真模型库等。其中，电子元器件库提供业内最新、最全的电子元器件的原理图符号、封装、3D 模型等资料，并提供相应电子元器件的主要销售商的价格、库存和交期等信息。用户可以通过 EDA 软件访问这些资源库的数据，也可以直接登录 PCB 工业知识库门户获得这些数据，这样，设计人员不用再到处寻找元器件资料，也方便采购人员寻源和采购，显著提高了设计、采购和制造的效率。

（5）PCB 工业商城

PCB 云工厂的工业商城，提供了 PCB 行业一系列的工业商品，包括原材料、各类覆铜板、元器件、工业标准件、工装夹具、PCB/PCBA 成品等，为 PCB 行业提供高效的供需采购交易。

（6）PCB 数据交易所

在 PCB 云工厂业务场景下，形成大量的方案设计数据、制造工艺数据、元器件质量数据。基于这些业务数据，构建 PCB 可信数据交易空间，服务于产业链各个环节的融资租赁、项目投资等产业链金融服务等。通过这些数据交易服务，实现了 PCB 产业链从销售、研发、采购、制造和售后服务的全流程数字化，以及 PCB 产业链上下游之间高效协同，显著提升了 PCB 产业的生产效率和产品质量。

2. PCB 云工厂运营模式

PCB 云工厂以共享价值服务为核心，驱动商业生态系统构建。

- 共享版图设计服务。个人设计师可以通过免费共享 EDA 设计工具、板级仿真工具、元器件资源库的方式吸引加入 PCB 云工厂生态；小型设计企业可以共享版图设计订单，免费或低成本使用 EDA 设计工具、元器件资源库；中型设计企业通过平台的共享服务模式，共享设计师资源，平衡波峰波谷设计资源，降低成本提高人力效率；大型设计企业可以用共建元器件资源库、EDA 设计插件服务的形式共享收益。

- 共享 PCB/PCBA 制造服务。不同的行业对 PCB/PCBA 的工艺要求不一样，PCB 云工厂通过接入多种 PCB/PCBA 制造工艺能力的云盟工厂，构建分级分类的工艺能力的制造体系和规模产能，使 PCB 云工厂能够承接多种工艺类型的制造订单和不同规模化订单，显著提高工厂制造能力。先进的中央平台工厂可以共享先进的工艺能力，共享波峰时的生产订单，低成本获取闲置产能；云盟工厂可以低成本获取数字化转型方案、先进工艺、生产订单，共享闲置产能。同时，PCB 云工厂还构建统一的工程能力中心，实现生产工程能力的共享，解决工厂工程能力不足和工程成本高的问题。该工程能力中心不仅能实现订单的工程审查，订单工程工艺制定等工作，还提供工厂产线数字化和自动化改造等咨询和实施服务。

- 共享元器件供应服务。元器件品种多，零散采购成本高，PCB 云工厂为客户提供元器件的采购服务，通过将客户的采购订单汇集成规模采购订单，降低采购成本并确保采购交期。对于元器件的零散买家，可以通过 PCB 工业商城，购买所需要的元器件；大型元器件供应商可以共享元器件，积少成多，低成本获取元器件的集采订单；大型物流供应商可以共享数字化物流服务，低成本获取订单。此外，PCB 云工厂还构建统一的元器件资源库，不仅将该资源库与 EDA 设计工具集成到一起，还以该资源库为基础构建元器件商城服务，实现了设计、采购和制造的闭环，显著提高了产品设计、采购和制造的效率。

第三节　3D 打印云工厂

一、3D 打印行业现状与挑战

自 1986 年 3D 打印技术作为一种增材制造概念提出，区别于传统减材和等材制造，3D 打印通过快速成型技术在生产上具有优化产品结构、节约原材料和节省能源等优点，极大地提升了制造效率，同时实现了"设计引导制造"理念。

经过 30 多年的技术迭代与产业化，3D 打印已广泛应用于航空航天、医疗器械、建筑、汽车、能源、珠宝设计等领域。与传统制造技术（减材制造）相比，3D 打印不需要事先制造模具，不必在制造过程中去除大量的材料，也不必通过复杂的锻造工艺就可以得到最终产品，具有"去模具、减废料、降库存"的特点。

在生产上，3D 打印可以优化结构、节约材料和节省能源，极大地提升了制造效率，适用于新产品开发、快速单件及小批量零件制造、复杂形状零件的制造、模具的设计与制造等，同时也适用于难加工材料的制造、外形设计检查、装配检验和快速反求工程。区别于传统加工技术理念"制造引导设计"，3D 打印另一个显著的优点是可以实现"设计引导制造"，完全实现创意驱动，制造出符合特定消费者需求的产品。

全球 3D 打印产业区域结构占比显示，目前美国以 40% 的比例占据 3D 打印行业的主导地位，第二位德国占 22.5% 的市场份额。中国在全球 3D 打印产业中占 18.6% 的市场份额，大约是美国的一半。日本和英国在全球 3D 打印行业的市场份额占比大于 5%，位居中国之后。

2015 年以后，我国增材制造产业在"中国制造"引导下迎来高速发展契机，《中国制造 2025》、"十三五规划"、《智能制造发展规划（2016—2020 年）》、《增材制造产业发展行动计划（2017—2020 年》等一系列产业政策描绘了增材制造行业的发展路线图，并相继成立了基于企业、科研机构及高等院校合作的研究中心和技术联盟，有力地促进了这一技术在各领域的应用。

从产值角度看，目前 3D 打印行业增长率超过 20%，在中国年均增长率甚至超过 25%，根据相关机构预测，未来五年内还将快速增长。

3D 打印是近些年来发展最快的新制造技术，在发展过程中也面临着如下挑战。

1. 生产制造成本较高

3D 打印技术具有制造复杂结构、一体化、轻量化等优势，但受制于 3D 打印的加工方式和加工效率，以及工业级 3D 打印制造设备和使用材料的高昂价格，零部件的制造成本较高，在涉及规模化生产时，仍需依靠传统的铸造、锻造、机加等工艺。降低制造成本是增材制造技术实现规模化应用的关键要素。

2. 应用场景和规模待提高

尽管 3D 打印技术已经取得了非常令人瞩目的发展，但目前增材制造行业规模有限，市场化程度相对有限，难以形成产业集群效应，对应的应用标准体系仍需完善。产业规模的提升取决于下游领域中使用增材制造技术的广度和深度及其所带来的未来增量市场。

3. 产品质量参差不齐

3D 打印是近些年来发展起来的新制造技术，行业缺乏标准化生产流程。3D 打印不同于大多数传统制造技术，3D 打印有很多工艺变量，工艺、材料和几何结构之间存在高度耦合关系，传统的工艺开发和优化范式已经不能适应 3D 打印高度复杂的工艺特点，产品的质量参差不齐。

二、3D 打印云工厂解决方案设计

从 3D 打印的行业发展和趋势来看，3D 打印行业的研发和供应链得到极大程度的重视。在云时代的背景下，整个工业体系从产品经济向服务经济转型，而服务经济中有两个明显的特征：技术服务化与服务开放化，技术服务化是产品不再是用来销售的，产品是服务的载体；服务开放化是指服务不仅仅由供应商来提供，全社会都可以参与提供服务内容。

基于工业互联网技术，构建基于增材思维的先进设计与智能制造生态，对 3D 打印云体系进行改造，使系统、软件、工具可以在工业云上进行运行，同时可以为用户提供服务，还可以建立社会化的生态，形成更大范围的业务形态。这种基于工业互联网的 3D 打印云生态以及基于 3D 打印云生态构建的 3D 打印云工厂的最终目标就是为 3D 打印上下游的全产业链进行赋能。3D 打印解决方案如图 5-7 所示。

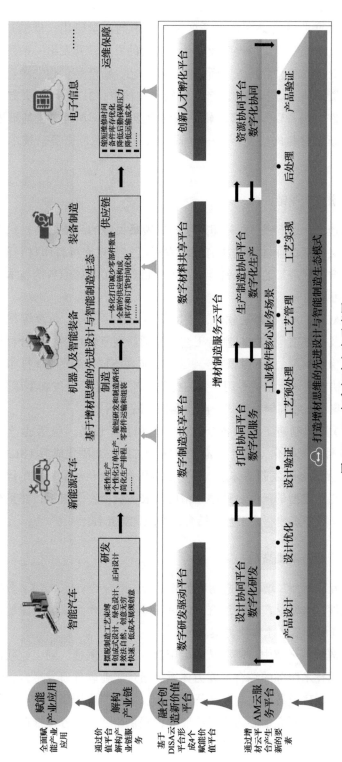

图 5-7　3D 打印解决方案示意图

　　整合增材产业链关键资源，开展关键技术的产学研用，借助 CAD、CAE、流程管理、数据管理等新一代工业软件云应用的方式，开发出一系列具有突破意义的增材制造新技术、新装备、新材料、新工艺、新产品，建立涵盖全链条的增材制造技术资源体系。从增材的产业链资源方面看，3D 打印解决方案涵盖了材料、基础部件、设备以及配套的软件系统及服务，一方面加强基础硬件设备的研发生产、新型材料的研发，另一方面加强配套的软件服务，技术服务及教育服务。

1. 整合增材产业链资源

　　增材制造专用原料是 3D 打印产业链发展最关键的环节之一，只有解决了原料问题，增材制造产业才能健康有序地发展。完善现有可打印材料的基本性能，评估可用于增材制造工艺的原料范围，解决目前不可打印原料的技术难题，实现材料的真正可用性。

　　通过 CAD、CAE 等相关软件，借助华为云在线设计、仿真等技术应用，开发新的材料及与之适应的增材制造工艺，包括新型复合材料、混合材料、高熔点合金材料、梯度材料、稀贵材料等，尽可能实现不同材料的 3D 打印并建立相关数据库；加快制定增材制造专用原料的行业规范及标准；开发新型绿色环保材料，寻求新的收集、回收与储存方式，降低能耗，减少污染。

　　整合 3D 打印制造工厂的各个打印工艺和打印设备，包括选择性激光烧结（SLS）、选择性激光熔化（SLM）、激光熔覆（LCD）、光固化成型（SLA）等多元化 3D 打印系统及装备研发制造体系，面向多应用领域提供可靠稳定的国产自主可控装备，提高产品成型的速度、效率、精度及表面粗糙度等指标，并且需要开拓新的产业模式，与传统的制造工艺相结合，实现优势互补。

2. 形成产业链聚集高地

　　搭建"互联网＋"增材制造创新服务平台，整合 CAD、CAE、数据管理等新一代工业软件，与增材产业链结合，以灵活多变的合作方式为全国的重点工业企业提供整体增材制造技术解决方案。

　　在产业链服务环节中，需要从基础资源、设备、制造，到工业软件应用以及配套设计仿真技术服务的综合的能力体系。通过工业软件研发平台、组织促进工业软件研发，创建设备研发与制造研究中心、材料与应用研究中心、创新应用研究中心、打印服务研究中心为增材产业应用提供研究和服务，推动增材技术的发展及与传统行业技术的融合实践，引领产业发展。

3. 赋能产业转型升级

面向未来产业布局，各行业不断涌入 3D 打印这一新兴市场，行业应用场景不断拓展。从 3D 打印上游原材料及零部件的研发制造，到中游的各技术类型的 3D 打印设备的研发，再到下游的打印服务，增材制造产业数字平台通过 CAD、CAE、工艺处理、数据管理等新一代工业软件在线应用的方式，支持产品设计、设计优化、设计验证、工艺预处理、工艺管理、工艺实现、后处理、产品验证等多个业务场景的数字化作业，全面服务于传统制造企业的转型升级。

第四节　小家电云工厂

小家电是指除了大功率输出的电器以外的家电，一般小家电占用比较小的电力资源，或者机身体积也比较小。随着家庭生活中的电子产品越来越多，小家电所涵盖的范围也越来越广泛，分为厨卫小家电、生活小家电和数码小家电。

一、小家电行业现状与挑战

小家电的特点是品类多、规模小、单价低、更新快；伴随人们对生活质量的要求越来越高，小家电的市场需求呈现爆发式增长，根据相关机构调研，小家电的家庭渗透率不足 15%，属于蓝海市场，小家电企业纷纷抢占市场。和大家电不同的是，小家电还没有形成稳定的市场格局，小家电制造企业规模普遍较小，中长尾企业数量大，单个企业产值普遍不高。

小家电行业起步较早，在生产制造环节已形成了完整齐备的上下游产业链配套（见图 5-8），但随着产业界线日益模糊、家电家居一体化加速、智能家电智慧家居成为潮流，以及消费数字化、制造智能化成为趋势，影响小家电行业进一步发展的因素越来越多，单纯地分析小家电生产制造链条已不能解决整个产业转型升级的方向需求，因此需要从产业链、价值链、供应链、创新链等多维度去梳理分析家电产业各个环节的作用及相互之间的协作关系，寻找痛点和突破口。

小家电产业发展现状分析如下。

1. 多数小家电企业以 OEM/ODM 模式为主

以佛山顺德为例，长期以来家电产业都是顺德的支柱产业，顺德被誉为"中国家电之都"，被业界公认为是全国最大的小家电生产基地之一。根据国家统计局数据，2019 年全国家电产业规模以上工业销售产值为 14 956 亿元。同期，顺德家电产业规模以上工业销售产值为 2900.18 亿元，约占全国的 19.39%。顺德家电产业中除了美的等少数龙头企业外，大多数家电企业主要以 OEM 和 ODM 为主，外销出口主要依靠贴牌生产，出口贴牌规模占到顺德家电整体出口规模的 80% 以上。例如，格兰仕集团在外销出口方面贴牌生产占到 85%；海信科龙集团国外业务占其产能的 50%，其中有 40% 是贴牌生产；新宝电器主要以出口为主，贴牌外销占据其产能的 85%。同时，顺德也有大量专注于 OEM/ODM 的家电企业，大多数都属于中小企业，例如亿龙、威博、长兴等，以高效率的生产模式和高品质的产品赢得了国内外知名家电品牌商的信赖，也获得了长足的发展。

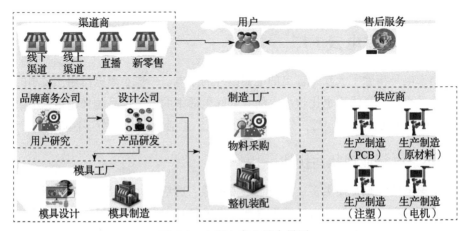

图 5-8   小家电产业链全景图

2. 企业分层格局明显，龙头企业不断增强，中小企业布局松散，生存压力大

目前，顺德拥有家电生产制造及配件加工企业共 3000 多家，其中 2020 年高新技术企业 200 多家，年工业总产值超亿元的整机制造家电企业 80 多家，并形成了以"美的""格兰仕""海信科龙""万和"等大企业为中心的产业集群。从企业规模来看，95% 的企业属于中小型企业，为上述大企业进行配套或 OEM，年产值在几千万元到 5 亿元不等。正是这种轮轴结构，导致顺德家电行业内部竞争激烈、垂直一体化程度较高，区内中小型家电企对龙头企业依存度较大，也增添了顺德整体产业的风险系数。

随着规模效益和技术优势的显现，顺德家电行业的"马太效应"越发明显。规模以上家电企业业务领域的不断壮大，以及顺德土地资源的趋紧已无法满足企业不断扩张的用地需求，不少大型企业逐步将部分生产和加工要素向外扩张和辐射，在全国甚至全球范围内进行分工布局。而大量的中小企业热衷于劳动密集型加工，技术创新积累不够，以及对 OEM 或代工产生路径依赖，当前随着原材料价格持续上涨、用工成本日益增加、下游客户品质要求日趋严格等，其生产和发展将面临更多挑战。但从地区产业稳定而言，也需要从全产业链来统筹布局。

在小家电行业不断发展的同时，也面临着如下挑战。

1. 缺乏 IT 行业基因和多元化的产业生态

随着 AI 物联网技术和传统功能家电的紧密结合，智能家电兴起，数字化消费与智能化生产成为趋势，小家电产业的发展后劲受到极大的制约。同时，小家电企业大都专注于产品制造，整个产业集群缺乏产品研究、消费类的大数据挖掘分析、产业资本运作、科技创新孵化、商业模式探索等有利行业发展的环境，也将对未来顺德多产业融合发展形成掣肘。

2. 自动化生产普及率不高，制造效率有待提升

小家电行业的自动化生产普及率不高，除了少数大型企业布局智能制造外，大量的中小企业并没有将生产技术向智能制造和"互联网＋"方向转变，且对云平台的认识不够，存在很多担忧，不愿意上云进行资源信息共享。这将导致大企业与中小企业之间的产业协同无法同频合拍，整个产业的生产效率不能有效提升，产业创新呈现两极分化，大量的中小企业将跟不上大企业的步伐而被"锁定"在低层次的加工水平，进而限制了小家电产业的整体竞争力提升。

3. 产业发展空间面临瓶颈造成大量产业外移

小家电行业起步早，且早期不断无序扩张。随着产业集群扩大，企业数量增加、产业规模扩大，同时众多中小型家电企业在代工模式下生产空间日益狭窄，这些企业迫切需要离开旧环境，进入新环境，重新确立自身在家电产业中的地位和角色。因此，产业集群出现了一股外迁风潮。大型企业考虑全球或全国布局，纷纷在外设立研发机构、生产基地；中小企业受限于生产成本压力，逐步将生产制造迁移至成本更低的中西部地区。虽然小家电的产业基础雄厚，但若外迁成风，容易造成整个行业的信心流失和本地创新投入不足，将不利于小家电产业的长远发展。

二、小家电云工厂解决方案设计

为了解决小家电产业所存在的种种挑战，我们提出了小家电云工厂解决方案，通过汇聚前端流量，整合后端设计、生产、供应资源，以订单为驱动，达到产业级的供需均衡。小家电云工厂重新定义产业链各领域的协同模式，构建适合小家电行业的数字化转型方案，通过"样板点"为中长尾企业提供咨询、学习和落地指导，中长尾制造企业接入即实现数字化转型，从而完成整个产业链的数字化升级。

云工厂模式下，将家电产业链分为七大角色：需求方、产业运营商、产业数字化平台提供方、产能共享方（产能集群即中央工厂+云盟工厂）、设计共享方（设计集群即设计个人、团队、公司）、原材料供应方、物流供应方。解决方案目标是建设一个全栈自主可控的产业数字化平台，承载小家电云工厂的价值创造和价值传递。实现对小家电行业供应链的需求方、设计共享方、产能共享方、原材料供应方、物流供应方进行数字化整合管理，打通整个小家电云工厂业务全景。

小家电云工厂数字化平台包括云侧和端侧两部分，云侧作为云工厂作业平台，端侧作为工厂侧数字化变革一体化解决方案，云和端两侧数据协同。

在云侧，构建面向客户的下单界面及营销中心、设计协同中心、生产协同中心、供应协同中心。整个产业数字化平台，是基于华为牵头打造的完全自主可控的工业软件云平台构建，在数据建模方面，使用工业数字模型驱动引擎平台，快速为小家电云工厂中的营销数据、产品研发数据、生产制造数据等进行建模，提升平台开发效率。在结构设计和仿真服务方面，提供几何建模引擎、网格剖分引擎、工业数据转换引擎等，为设计和仿真服务提供安全、可靠、高效的基础能力，提升设计服务开发效率。在产品结构设计过程中，可以通过平台提供的3D模型库、元器件资源库、工艺资源库等工业资源库，不需要从零开始设计，提升产品研发效率。

在端侧，以家电行业整体解决方案为基础，选定典型配备版本工业软件，并配套工业云一体机，打造一套适用于家电制造企业数字化转型的软硬件一体化方案，具备简单、安全、便捷等特性。同时，工业云一体机作为布局入口，既能够打通云端，又能做到核心数据不出厂，解决企业用户业务上云的后顾之忧。同时用户也可根据自身需求，自行从云端购买新的工业软件产品并部署到一体机，服务中小企业数字化制造全生命周期。

第五节　模具云工厂

模具是指通过一定外力的作用，将坯料制作成为特定形状制件的工具，是最基础的生产装备，广泛应用于各种工业生产中，此节将分析模具行业的现状和挑战，并提出相应的模具云工厂解决方案。

一、模具行业现状与挑战

模具几乎是"工业之母"，是一切制造业的根基，通过模具可以将特定的原材料加工成为产品所需的特定结构、精确尺寸的部件，广泛应用于家电、电子、汽车、机械、航空、航天、交通、建材、军工等各个领域的零部件加工制造中。

模具制造的水平，直接决定了其生产零部件的成形产品的品质，因此模具也是衡量制造业发展水平的重要标志，是工业产品保持竞争力的重要保障。模具是工业效益的放大器，其工业产值带动比约为1：100，即模具产值发展1亿元，其带动的相关产业可发展100亿元。

近年来，随着汽车、电子、家电、通信等行业的快速发展，模具作为核心工艺装备，也持续保持着稳健的增长。据统计，2022年我国模具行业销售收入3416.14亿元，是2010年的1288亿元的2.65倍。2022年国内模具市场规模3118.96亿元，是2010年的1367亿元的2.28倍。

在模具行业快速发展过程中，同样面临着以下严峻的困难和挑战。

1. 大产业小企业，产能闲置问题严峻

中国的模具企业超过30 000家，其中小微企业超过80%，中国模具行业产值已超过3000亿元，但年产值超过2000万元的模具企业仅约5000家，绝大多数企业以生产中、小型模具为主，基本以交付国内市场为主。而随着产品工艺、精度要求的提升，众多小微模具企业难以满足市场的高品质要求，加之疫情影响、用工成本增高等诸多因素影响，小微模具企业接单越来越困难，逐步出现大量闲置产能，面临着被淘汰的风险。

2. 行业Know-How积累不足，设计效率低

模具的设计和制作过程，不仅需要根据复杂制品的结构、精度进行合理设计，同时还需要考虑原材料加工过程对模具的影响，需要设计者同时具备制图、加工工艺、材料、结构、软件、加工装备等多个领域的知识和能力，这些知识和能力沉淀为大量的标准件库、原材料库、模型库、刀具库等资源库。目前国内市场，模具制造企业大多围绕自身业务范围，构建自己的资源库，在不同企业之间缺少共享和交流，导致存在重复建设、门类覆盖不全等问题，国外丰富的资源库又对企业的设计成本造成较大挑战，导致在模具设计过程中，无法充分利用行业经验，高质量、高效率地完成模具设计。

3. 数字化能力弱，制造管理能力差

随着先进的装备，以及大数据、AI等技术的发展，企业数字化已经逐步成为模具企业弥补在设计、研发、生产以及整个企业管理方面的能力的重要手段。国内模具行业是一个传统行业，企业规模小，数字化能力整体较弱，使用数字化管理企业及模具制造过程的企业占比极低，部分企业为了数字化转型，在某个环节上使用

一些单点的管理工具，虽然完成了一些信息化的展示，但是缺少产业链上的打通，无法充分发挥数据的价值，无法对生产制造过程反哺，对企业发展收效甚微。

4. 原材料良莠不齐，采购成本高，模具质量风险大

为满足多样化的模具制品要求，模具的原材料选择尤为关键，而市场上的原材料供应企业众多，材料质量参差不齐，对模具制造企业的产品质量带来较大的风险。且中小模具制造企业一般采购量通常较少，无法通过采购量获得更低的采购价格，对企业制造成本造成较大挑战。

二、模具云工厂解决方案设计

为应对模具行业发展的痛点问题，实现模具产业链的数字化升级，提升模具企业产品竞争力，实现企业的降本增效，我们提出模具云工厂解决方案。通过打造模具云工厂，以自主可控的产业数字化平台为载体，实现模具设计制造过程中的设计协同、制造协同及供应协同等，并通过头部的模具制造企业示范效应，带领广大中小模具企业完成数字化升级，实现企业降本增效，打造高品质、高产能、高效率的模具产业集群。

1. 模具云工厂解决方案

模具云工厂解决方案如图 5-9 所示。

（1）工业云底座

工业云底座核心特征是深度沉淀模具行业 Know-How，具有自主可控的国产化工具链，主要包括结构设计工具链云服务、工业仿真云服务、设计制造融合云服务、工业数据管理和工业资源库等，通过各类工具链为模具产业上下游提供模具设计、模具制造、模具仿真等服务。

（2）模具产业链数字化协同服务

- 营销协同服务。模具产业订单入口为客户和供应商提供设计交易、制造交易、供应链服务交易等业务支撑；从用户登录浏览服务和查看需求开始，营销中心提供线索管理、机会点管理、合同管理、订单管理、财务管理等功能，支撑订单自动报价，在线交易和金融服务管理等。
- 模具设计协同服务。从客户下单到客户最终确认交付件，设计协同中心提供需求评审与管理、设计进度管理、设计文档在线查看与评审、设计文档存档管理，设计交付件验收和售后服务等功能。同时，设计协同中心还提供模具设计、模具仿真所需的工具链服务，有效支撑设计师高效工作。

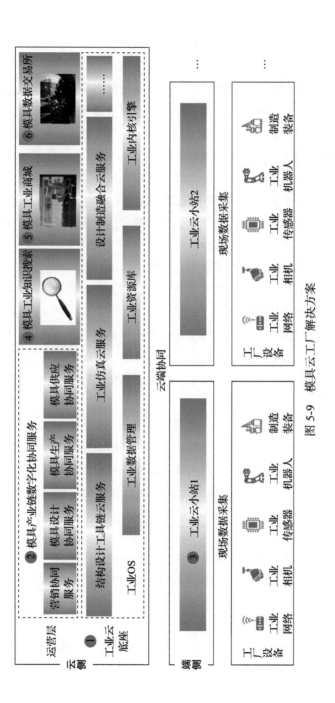

图 5-9 模具云工厂解决方案

- 模具生产协同服务。为模具制造企业提供产品生产协同功能，根据模具类型、所属行业、优势产品、产能现状、排产计划等多维度综合评估，并匹配需求详情，为云盟工厂进行订单智能调度。同时制造协同中心还提供模具加工所需的自动编程工具。
- 模具供应协同服务。为模具企业提供原材料集采服务和物流服务，通过集采降低原材料价格，从而降低模具企业制造成本；通过与物流供应商签订长期合作协议，降低物流成本，提高运输交付效率。同时供应协同中心还提供供应商认证管理和仓储管理等。

（3）工业云小站

模具云工厂场景下的工业云小站部署在云盟工厂侧，主要功能如下。

- 模具生产订单分发。自动接收云工厂分发给云盟工厂的生产订单，并与云盟工厂的管理系统，如 ERP、MES 等对接，实现云工厂订单的自动流转。
- 生产进度自动上报。可采集模具云盟工厂的订单生产进度信息，并将这些信息自动上报给云工厂数字平台，让运营人员和客户及时掌握云盟工厂的模具生产订单的状态。
- 工业 App。模具工业商城为模具企业提供丰富的工业 App，用户可像使用手机一样，按需订阅工业 App，即买即用，工业 App 可通过订阅形式下沉到工业云小站，工业云小站为工业 App 提供运行底座和安全防护。

（4）模具工业知识搜索

构建模具行业的工业资源库，包括标准件库、案例模型库、刀具库以及行业标准库等，特别是行业标准库，将模具企业的厂标、企业客户的标准和行业通用零部件封装在参数化模型中，可大大缩短因客户标准不熟而导致的长周期。设计师可运用 CAD 工具，直接访问资源库的各类资源。用户也可登录模具工业资源库平台→模具工业知识库门户下载各类资源数据。

（5）模具工业商城

模具云工厂的工业商城，提供模具行业的原材料、耗材、设备、紧固件、刀具，以及相关的各类零配件，为模具行业提供品类丰富、质量可靠的交易场所。

2. 模具云工厂运营模式

模具云工厂以共享价值服务为核心，驱动商业生态系统构建。

- 共享模具设计服务。个人设计师可以通过免费使用云工厂提供的模具设计工具、仿真工具、模具相关资源库的方式，加入模具云工厂生态中。小型设计企业可以通过分享中大型设计企业的共享订单，免费或低成本试用模具设计、仿真等工具及资源库。中型设计企业可以基于平台的共享服务模式，共享设计师资源，平衡波峰波谷设计资源，降低成本提高人力效率。大型设计企业可以以共建模型库、标准件库等形式共享收益。

- 共享模具制造服务。不同模具种类的制造工艺、制造过程不相同，模具云工厂通过接入具备不同模具制造能力的云盟工厂，构建不同类型模具的制造能力和规模产能，使模具云工厂能够承接不同类型模具的制造订单。先进的中央平台工厂可以共享先进的工艺能力，共享波峰时的生产订单给云盟工厂，低成本获取闲置产能；云盟工厂可以低成本获取数字化转型方案、先进工艺、生产订单，共享闲置产能。

- 共享原材料供应服务。模具原材料种类多，零散采购成本高，模具云工厂为云盟工厂提供原材采购服务，通过将单个工厂的零散采购订单汇集成规模采购订单，从而降低采购成本，并有效保障了采购交期。模具制造设备厂商或中央工厂，可以共享大型精密模具制造设备，吸引中小工厂租赁使用。大型物流供应商可以共享数字化物流服务，低成本获取物流订单。

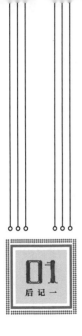

让天下没有难做的产品

工业领域历经多年行业数字化转型酝酿，在当前工业产业升级大趋势、中美科技阻断的大背景下，众多国企、央企、高科技企业都迫切需要兼备"端到端数字化转型＋全栈自主可控"双重属性的工业云平台。在这个背景下，我们有了"打造国产工业软件生态，共建工业云平台，让天下没有难做的产品"这个工业软件云愿景，头部ISV 技术公司、头部甲方企业 +PLM 厂商、行业方案生态伙伴、SI 生态伙伴服务、甲方工业企业各司其职，围绕工业云平台开展相关工作。

让天下没有难做的产品，展望未来，本书中的战略或许都已实现。也许不用十年，世界工业软件格局将会三分天下有其一，美国、欧洲、中国的工业软件齐头并进，卡脖子问题已经解决，中国工业软件与世界工业软件并存，新一代工业软件云将走向兼容，互联互通成为主流，中国工业软件走向全球并被世界认可。中国软件和服务业产业大幅提升，制造业从大国走向强国。中国产生一批工业软件和数字化的名企、名品、名园、名城。

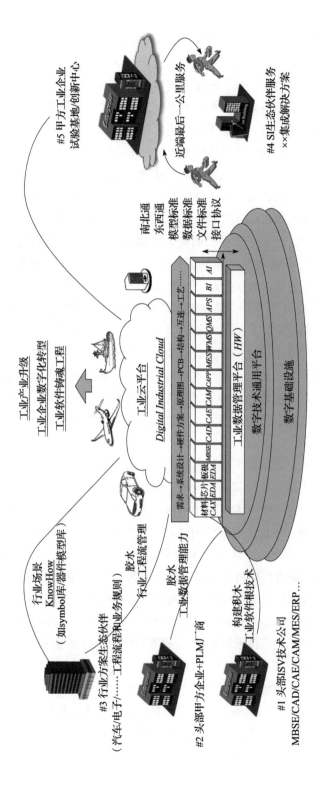

工具，再见！单机工具基本消失，天生云端，架构轻盈，符合用户对于工业软件云的弹性访问，云化软件大幅度提升性能，算力显著增长。工业软件通过XR、AI、IoT、云计算、数字孪生等技术，打通人、机、物、系统等领域的无缝连接，实现数字技术与现实工业结合，促进实体工业高效发展。工业元宇宙被广泛应用，它是赋能工业，促进工业改进、创新，乃至革命的质变因素。在工业元宇宙中，物理世界和数字世界会紧密地交织在一起，为分布式工作提供新的机会，同时也让劳动者可以减少对地理空间的依赖。新的人机交互方式将层出不穷，工具、机器人和机器可以通过人工智能技术完成自主操作，也可以由熟练操作者远程操控，工业软件的高光时刻定会到来，我们将见证这个历史！

本书的出版，历经了太多的曲折，比如书名定为"工业软件战略"还是"工业软件云战略"，大家就争执得不亦乐乎，一字之差，相信看过此书的读者会更有所体会。我们讲的是工业软件云，这跟传统的工业软件不一样，云化技术是核心。

从开始有出书的念头，到本书跟读者见面，整整历时一年多，中间的难点不逐一赘述，但难能可贵的是本书编委会的同仁一直在坚持，很多都是义务参与写作，工业软件这个领域需要真正的坚持，很多人都是十年磨一剑，两鬓斑白者众，这些人为了自己的信念奉献了自己的青春，如果没有国际环境的变化，没有国家政策的东风，很难想象为了国内工业软件那不灭的火种，还有这么一批人在默默耕耘着。致敬，工业软件人，莫愁前路无知己，未来路上，你我将会成为同路人！

很多人问我：数字化工业软件联盟集众智聚众力，推进工业软件云战略，在帮助华为乃至中国工业突破乌江天险和实现战略突围后，中国工业软件的终局会变成怎样？会出现"中国达索""中国西门子""中国 Candence 或 Ansys"吗？

我的看法是，中国工业软件的格局，将变成国产系、欧洲系、美国系三分天下。中国工业软件格局，将会是融合欧美中的"大小平台＋生态软件"的航母战斗群。中国国产软件厂商将会以众多各具特色、适中规模的"军舰""炮塔"等存在，而国产工业软件平台会成为支撑战斗群的"航母母体"。为什么会这样？

第一，工业软件是华为乃至中国工业的乌江天险，过去40年求索的经验和教训证明，推进"工业软件云战略"，是极有可能成功的路径——如果近十年中国工业软件仍然不能突围，那么未来中国百年再无机会——华为没有退路，中国也没有退路。中国抛弃幻想，退无可退，必定成功。

第二，工业软件云战略的核心代表是华为。华为，是被美国逼到绝路、退无可退的境地下只能绝地反击的民营企业。如果未来五年，中国工业仍旧解决不好工业软件的问题，华为的先进工艺和先进硬件，将受到严重的影响。华为是工业软件的深度用户，必定会真买、真用、真攻关。

华为，是具有 30 年丰富工业制造经验、丰富软件开发经验的双实体公司，工业软件的本质是工业知识和软件工程的结晶，是数学、物理、力学、化学等学科理论与计算机科学的结晶。华为牵头助力实现产业架构的顶层设计和布局。

华为，是世界上唯一同时拥有工业软件所依赖的芯片、计算、存储、操作系统、数据库、编译语言、AI、云计算、先进网络、以及工业 Know-How 的公司。华为云作为浮桥，可以拉动华为集团为工业软件成长提供黑土地，可以为工业软件全民协同大会战、工业软件用户方和需求方快速迭代提供环境保障，可以为大生态商业模式闭环提供"产 – 学 – 研 – 用 – 金、研 – 营 – 销 – 制 – 供 – 服"的商业通路。

第三，工业软件成功突围的唯一可能的技术路线是云。世界软件史上鲜有在同一个计算框架下后来者可以超越先行者的。中国工业软件突围，技不如人、人不如人、钱不如人，何以突围？——只有改变科技竞争的逻辑，更换赛道——抛弃单机计算框架，选择云计算框架，才有可能成功。云计算技术必定需要大平台。华为云将不可避免地承担起时代的使命，作为乌江突围的浮桥，成为中国工业软件的平台底座，最终成为中国工业的工业云。

第四，中国工业软件要想突围成功，必然在产业发展方式上走生态的路线。国产工业软件产业整体呈现小而散的状况。近几年上市的一些公司，虽然估值很大，但收入规模、人才规模还是偏小。由于大家都不相伯仲，每家公司都具备潜在上市可能，所以互相并购整合的难度就非常大。在这种情况下，要想实现核心能力突破，最好的思路是系统工程、化整为零、博采众长，定义新一代架构、新一代标准，把一个超级营盘分解到由多个公司来完成，最擅长的公司完成最擅长的事情，最后在云上完成"总装"。

第五，华为不仅作为用户方开放场景并提供工业云底座，还要将多年 IPD 工程经验、数据经验沉淀而成的"工具链"向行业开放，成为"连点成线、串联珍珠"的绳子，与生态工具软件一同出海，为工业软件企业提供高体验、高效率的作战工具链，共同实现商业闭环。

第六，数字化工业软件联盟的企业树苗，从种下去开始，就会持续接受阳光雨露，苗壮成长。粤港澳大湾区持续推进工业软件产业的决心、工业软件产业的营商环境、龙头企业对工业软件的开放度，实属历史空前。良性竞争的、均衡发展的万亿级工业软件和服务产业必将诞生于粤港澳。

第七，工业软件云体系将会生于广东，长于全国。全国工业软件企业将基于工业软件云体系的"通用平台"能力，开展行业工程应用创新（行业知识软件化），构建行业平台。行业平台再赋能各自产业链的上下游，逐步形成 PoP（Platform on Platform，通用平台上的行业平台）模式，生态繁荣、共同发展。

中国工业软件产业的终局，是一个三分天下、兼容并包的生态体系，是一个航母舰队、分工协作的作战体系。愿数字化工业软件联盟，集众智聚众力，共建工业软件云，让天下没有难做的产品。

最后，再次感谢赵敏、杨春晖、彭维、田锋、李笑霜、孙敦旭、刘玉峰、曹荣根、代文亮、龙小昂、李京燕、陈会荣、方志刚、胡华强、胡琳、黄益民、刘倍源、刘臻、牛锦宇、舒仕臣、孙承武、唐兴波、肖博、王博、王建平、王清辉、辛武江、易确强、张广祯、张吕权、张桥、周启航参与本书的写作，谢谢你们！

数字化工业软件联盟秘书长

华为集团工业软件与工业云 CTO

丘水平

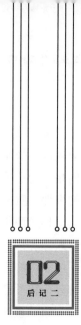

破除三重迷思，抓实三个锚点

作为西门子工业软件的一名老兵，有幸参与和见证了过去 30 年中国引进、消化、吸收西方先进数字化技术的伟大进程。从国产化的视角往回看，早先一批做自主工业软件开发和应用的人才大都被"虹吸"到工业软件跨国巨头或成为其增值服务商，做相关研究的学者也改了研究方向，虽然确有一批"革命的火种"积累了一些独特能力，国产工业软件产业总体来讲是苦苦支撑。直到 2019 年 5 月 16 日，我当时在西门子服务的最大客户华为被无端打压，西门子公司明令禁止向华为提供产品和服务。大家终于明白了"技术有国界"。当我 2020 年底接到华为邀请基于能力外溢做自主可控，随即义无反顾地"超龄"加入华为云。个人自知微不足道、才疏学浅，失败风险极高，但我无法拒绝顺应历史大势并为有意义的大事添砖加瓦的诱惑。当然，信心也来自华为大平台舍我其谁的格局和气度。

但是，空有满腔热情注定无法解决"卡脖子技术"。到底采取什么策略和行动，才能缓解我国在核心工业软件领域被"卡脖子"的尴尬，最后实现同台竞技乃至赶超？这似乎是一个无解的难题。考虑到参差不齐的联盟各成员单位的战略诉求，有为政府的支持和期待，华为云和数字化工业软件联盟 DISA 的同仁们组织了多轮战略务虚研讨会，试图破题。研讨会的主要观点最终汇编成了这本《工业软件云战略》。必须实事求是地讲，部分战略仍然很不成熟，甚至是有些粗糙。但是，为了更好地汲取智慧，我们选择公开我们的观点，以更好地接受来自各方的批评、质疑和建议。

回顾两年多来，大家一边讨论一边实践，"摸着石头过河"，经历了多次迷茫，个人理解，我们主要破除了三重迷思（myth）。这些迷思，对于先进研发工具已经不可获得的企业，可能不是问题，但对于大量暂时仍需获得先进工具的企业，值得分析和考量。

第一重迷思，我们重点是要搞国产化，还是要满足企业数字化需求？强调国产化，可能意味着相当长的时间内让用户用"钝刀"，但企业的核心关键诉求是数字化转型，提高工程师的作业效率和质量，打造核心竞争力。简言之，用户不会为落后买单。从第一性原理出发，我们的愿景不是"国产化"，而是"为世界提供第二选择"，虽然是"被捆着手脚参加比赛"，但必须在约束下求得最优解。我们不能仅仅要看到我们的后发劣势，同时也要看到后发优势，例如计算架构模式革命、摆脱先行者的技术债务、一切为工程的广泛应用的机会，等等。为此，我们要从对未来三十年场景做出战略假设的高度，来重新定义新一代工业软件云战略、相关标准和架构、众多根技术组件的更新开发。

第二重迷思，我们必须先解决业务连续性问题再解决先进性问题？面对困难，传统智慧是"小步快跑"，先解决有无（连续性）问题，再解决好坏（先进性）问题。细审之，这种思路会导致长期落后，"小草无法长成大树"，被锁定在低端市场。深入洞察全球主要厂家的动态，我们完全可以用新技术、新方法、新架构解决老问题，在解决连续性的同时解决先进性。

第三重迷思，我们是要追求国产化替代，还是多元化共存？一谈国产自主可控，人们就容易陷入狭隘的技术民族主义，甚至于把跨国公司在中国输出技术和管理描绘成阴谋论，说人家数十年处心积虑要"卡中国人的脖子"，这完全是无稽之谈。我们必须充分肯定跨国公司的贡献和价值，"卡脖子"的根因在于自主派战略失衡，更何况只有和顶尖高手同台竞技，才可能持续进步。在双循环的大战略背景下，国内大循环和国外大循环是互补的，对工业软件产业而言是同理的，"百花齐放才是春"，中国市场将永远是多元化的，唯有自主可控能力上去了，才能更好地和跨国巨头竞争和合作，为客户创造更大价值。

这是一篇未竟的战略宣言，相信怀疑论者和畏难者仍然有充足和合理的理由——这些问题和矛盾本来就是驱使我们不断思考和努力的动力——我们必须制定科学对策，变不可能为可能，预测未来不如创造未来。号角已经吹响，中国的有关科学家、工程师和企业及用户已经退无可退，追求胜利、获得最终客户认可是唯一道路。

如何落实？个人认为关键是要长期、持续、有效地狠抓如下"三个锚点"不放松。

第一个锚点，人才。成功的商品化工业软件产品是数理科学、计算机科学、工程科学、可结构化的工程经验和实验数据，以及开发者和用户反复迭代的成果，需要睿智的科学家、巧思的工程师和高水平用户的社会化大协作。纵观美国工业软件产业独步全球的历史经验，其技术源头无一例外是聚集政府和私有科研基金、大学科研机构、领军企业的研发能力进行建设，由一小批天才加一大批跨学科的人才所推动。为了在全球范围内吸引"明白人"积极投入，DISA 突破了现有科技创新体系和体制，接受和尊重风险和失败，采取多路径探索、投人不投项目、甚至"千金买骨"等方法，合理合规地运用各项资金，加速传统根技术补课和新技术的开发和应用。

第二个锚点，统一标准和架构。企业数字化需要跨部门和跨企业协同，"小、散、弱"的国产工业软件产业更需要大协作，因此，在个人效率工具的基础上，必须把工具"连点成线"才能支持组织的高效能运作，统一标准和架构是基础。为此，DISA 积极倡导云化和服务化架构，制定系列 CAX 工具的数据、文件、API 标准，并在联盟企业强力推动实施。同时坚持兼容主流国际标准，支持用户企业将国产软件和进口软件工具"连点成线"。

第三个锚点，一手抓传统根技术补课，一手抓前沿技术提升工业软件水平。传统根技术的难点主要是计算几何工程化，包括几何建模引擎、几何约束求解、数据转换引擎、网格剖分和可视化等。为了攻克这一"珠峰"，我们采用基于并购软件改进、云原生开发、开源社区等的多路径探索。可以分享的是，目前的进展已经给了我们足够信心，我们必将突破计算几何工程化这一数十年横亘在中国学界和国产工业软件界的"拦路虎"。前面提到，新一代工业软件云必须超越用户期望，在先进技术要素不可获得的约束下达到这一境界，只有自己争气、探索、逼近和超越极限方能办到。DISA 关注的新技术方向主要包括计算几何领域的新理论和新算法、多尺度建模与仿真、分布式计算。正在采用自上而下项目指南引领多路径探索、自下而上出题公开揭榜等多种灵活形式，吸引全球明白人参与攻关。作为 DISA 领头羊的华为云，也通过自建工业软件云技术实验室、推动华为能力外溢、对外技术合作、风险投资等组合拳，带头"啃硬骨头"，和联盟成员企业一道攻坚克难。

马克·吐温说过，20年后，当你回首往事，你不会因为做过什么而自豪，而是因为想做而没有做而悔恨。因此，赶紧斩断船锚，扬帆启航，去发现和追寻。笔者希望以此和读者共勉，希望更多有情怀、有能力的工业软件人才成批加入我们的队伍，共同奋斗，突破核心工业软件"卡脖子"技术，为中国创造提供先进工具，加速制造业数字化转型，并最终转化为商业成功。

华为云首席专家（工业软件技术领域）

原西门子工业软件大中华区副总裁兼CTO

方志刚博士

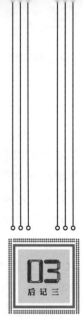

以变应变，决战云端

这个世界唯一不变的就是变化。世界大势如此，科技领域如此，工业领域亦是如此。

一场发端于欧美、以智能为标识的新工业革命，已经席卷全球。一场同样发端于欧美的新隐形世界战争，也已经初具规模，危机四伏。这个世界的变化令人目不暇接。

如果仅仅看工业，就足以眼花缭乱：工业增长规则在变化，工业发展逻辑在变化，工业内容和内涵也在变化。当然，工业品开发手段和交付物本身组成也在变化。

每一次工业革命，都是由一种神秘的外来物件作为"触发器"，引起了连锁反应，波及了工业全域。

上一次工业革命，是由电脑这个新生事物，携带着 0 和 1 这两个最小信息单元，横冲直撞地进入了工业领域，并用比特数据流，解构和重构了一众沉重、僵化、难以变更的物理要素，让工业中的设计、制造、装配、物流、维修等业务环节获得了极大的甚至是根本性的改变。于是，丁字尺、圆规、绘图板等物件消失了，取而代之的是电脑屏和鼠标；一排一排继电器构成的控制单元消失了，取而代之的是 PLC（可编程逻辑控制器）；过去八级技工都加工不了的叶轮，由数控软件精准驱动铣刀而轻易获得；物理实体内部不可见的应力和演变规律，由仿真软件而实现可视化……。工业软件，大举进入了工业领域，开始担负起支撑工业发展的千钧重任。

十年前，又一次新工业革命拉开了序幕。这次的"触发器"是一种叫做"CPS（C 赛博·P 物理·S 系统）"的神秘物种。说它神秘，是因为国内业界众多颇有建树、声名远扬的专家们都说不清楚"赛博"为何物，而美欧一众西方工业强国却十分肯定地认为，CPS 是新工业革命的"赛博脑"，是使能器。作者认为，与几十年前的电脑进入工业领域一样，本轮工业革命中最大的、最有魅力的变数，是 CPS 中的"C"（赛博）。

"C"领域的变化，以近十几年为之最。从芯片、存储、网络、云计算、操作系统、数据库、高级语言、编译器、算法（如 AI）等，到区块链、VR/AR、5G、量子计算等，新技术如雨后春笋，层出不穷。今天的计算框架，已经发生了根本性变革，因此，"C"领域的一个极其重要的成员——工业软件，开始了凤翥龙翔、振翅高飞的快速演变进程，成为决定新工业革命成败的不二法门。因为，工业软件并不仅仅是软件，而是工业知识精髓和工业属性在数字空间的凝聚与映射，工业软件是 CPS 的灵魂。如同大脑与躯体的关系，大脑支配躯体，躯体护育大脑，赛博驱动物理，物理生发赛博，彼此之间是统一的、融合的、缺一不可的。工业软件向何处去，决定了 CPS 向何处去，亦决定了工业向何处去。工业软件的任何闪失或缺位，不仅将导致新工业革命的功败垂成，甚至将影响整个社会的和谐与安定。

"C"既是赛博，也是软件，亦是云，更是 C 位。在当今的诸多工业要素中，恐怕没有哪个要素像工业软件这样位居中央，璀璨发光，夺人眼目，而且快速迭代。

工业软件生存与发展的土壤已经从"地面"延伸到"天空"，从单机和局域网升级到"云端"，其应用的场景和方式，已经从桌面/膝上进入口袋，从鼠标滑动变成指端轻触；工业软件所计算的数据，除了更加汹涌澎湃之外，也已经变得具有引擎作用；超融合架构让数据按照软件制定的规则在全网内自动流动，同时实现接口打通、模型复用、流程拉通，进而深耕专业、资源内置，最终实现高内聚低耦合、普适应用；坚实的"数字底座"让数据、信息、知识充斥四维时空；过去孤身奋斗的工业软件厂商，正在啸聚云端，扎实营盘，数百开发团队，正在快速成长，整合协同。

随着华为新一代"工业软件云战略宣言"的发布，新一代研发制造场景、新一代工业软件架构、新一代工业软件标准体系、新一代工业软件产品研发模式、新一代工业软件推进模式，已经集结成伍，齐头并进，形成了规模性的换代超车和换道超车；工业数字化转型赛道的价值获取方式正在被重新定义；工业软件的中国开发模式正在悄然形成。

未来中国工业软件应该向何处去？外部是历史积淀和技术门槛组成的乌江天险，内部是眼界格局和利益取舍的灵魂拷问。在当前的境遇和条件下，什么是中国工业软件的理想发展路径？如何确保中国工业软件"出生即领先"而不是"出生即落后"？这恐怕不是一两家国内工软厂商能够回答的问题，甚至不是所有的工软厂商能够回答的问题。技术固然极其重要，但是答案肯定不仅仅是在技术上，而是在"技术＋组织模式＋开发模式＋商业模式＋格局＋趋势＋机遇＋……"，尤其是，"C"中的重要代表——云。

云并不仅仅是技术模式，也是商业模式，亦是应用模式，甚至是认知模式。在这个意义上讨论和宣示"工业软件云战略"，才具有准确的领悟、超前的认知、研发的潜力、倍增的逻辑，甚至是变身为世界前列的强大内生动力。在云端易筋洗髓，强身壮体，从来没有像今天这样显得如此关键和急迫。云梯，可能是突破乌江天险的重要设施。

C 在变，P 在变，因而 S 必变，而且"万变不离其 C"——"C"领域广袤无垠，足够容纳当今的物理世界和生物世界的孪生映射，足以容纳亿万开发者的创意和智慧，足以承接所有的大模型 AI，也足以让当今的"计算机帮助人做事的技术（CAX-Computer Aided X）"工业软件，变成"人辅助计算机做事的技术（MAX-Man Auxiliary X）"下一代工业软件，甚至发展到高度智能的"工业软件机器人（ISR）"。

目标既定，道阻且长。当今新工业革命之大变局，叠加当今严峻之国际形势，任何部分的任何事物有任何变化，都不用感到惊奇和意外。过去的变化，我们不得已被动应对接受，今日之变化，我们已经可以主动布局迎战，这也是一种自信心和技术底蕴的变化。

优化工业软件，决战赛博空间，抢占工软之巅，是百年难遇的机会窗口。

从"一九"格局，到"三分天下"，是万千工软人的众志成城。

以变应变，以变治变，这个世界基本规律变来变去都有其定数。

卡链断供也好，排挤打压也罢，不过是外部的不确定性，终归会过去。

乌江天险也好，雪山草地也罢，不过是路途中另类风景，早晚要看尽。

千秋邈矣，万阵对垒。百战归来，读书写书。

几十位作者，多数未曾谋面，云端协同，凝聚共识，殚精竭虑，无私奉献。

几十周努力，始于梳理大纲，对齐章节，裁剪素材，优化内容，终成此书。

应联盟之邀，以参与者和见证者身份，始于"C"，终于"C"，凑些词句，权作后记。

工业软件领域从业 40 年的老兵

赵敏

2023 年 4 月 28 日